書系緣起

早在二千多年前，中國的道家大師莊子已看穿知識的奧祕。莊子在《齊物論》中道出態度的大道理：莫若以明。

莫若以明是對知識的態度，而小小的態度往往成就天淵之別的結果。

「樞始得其環中，以應無窮。是亦一無窮，非亦一無窮也。故曰：莫若以明。」

是誰或是什麼誤導我們中國人的教育傳統成為閉塞一族？答案已不重要，現在，大家只需著眼未來。

共勉之。

Hal Brands
霍爾・布蘭茲——編 吳煒聲——譯

一戰和二戰時期的戰略，
如何形塑之後的國際政治

3 當代戰略全書

全球戰爭時代的戰略

THE NEW MAKERS OF MODERN STRATEGY

THE NEW MAKERS
OF MODERN STRATEGY

獻給 Richard Chang

致謝

這部著作主要歸功於所有撰稿人。他們放下手邊的其他重要專案，不僅花了不少心思，同時得忍受編輯的經常催稿。其次要歸功於許多作家，因為他們的學術研究為這本書奠下了知識基礎。

我也要感謝一些人提供建議。他們影響了這本書的不同進行階段，也就是勞倫斯・佛里德曼（Lawrence Freedman）、邁可・霍洛維茨（Michael Horowitz）、威爾・英伯登（Will Inboden）、安德魯・梅伊（Andrew May）、亞倫・麥克林（Aaron MacLean）、湯瑪斯・曼肯（Thomas Mahnken）、莎莉・佩恩（Sally Payne）、艾琳・辛普森（Erin Simpson）、休・斯特拉坎（Hew Strachan）等。我特別感謝艾略特・科恩（Eliot Cohen），因為他在處理其他的事務之前幫我構思了這項專案。普林斯頓大學出版社的艾瑞克・克拉漢（Eric Crahan）先建議我出版《當代戰略全書》（The New Makers of Modern Strategy: From the Ancient World to the Digital Age）的第三版，然後見證這本書的完成。該出版社的許多人都在過程中協助我。在準備和設計章節方面，有幾位研究助理支援我；他們是露西・貝爾斯（Lucy Bales）、史蒂芬・霍尼格（Steven Honig）、雅各・派金（Jacob Paikin）以及裘瑞克・威利（Jurek Wille）。納撒尼爾・汪（Nathaniel Wong）則負責監督流程。此外，克里斯・克羅斯比（Chris Crosbie）也大力協助。

最後，我非常感謝一些重要的機構，包括約翰霍普金斯大學的高等國際研究學院和美國企業研究院（The John Hopkins School for Advanced International Studies and The American Enterprise Institute）提供了良好的學術氛圍；美國世界聯盟（America in the World Consortium）則提供寶貴的財務支援。最重要的是，如果沒有亨利・季辛吉全球事務中心（Henry Kissinger Center for Global Affairs）及其董事法蘭克・蓋文（Frank Gavin）的幫助，這項專案根本不可能完成。法蘭克從一開始就幫忙規劃專案。他和該中心的工作人員共同合作，功不可沒。在他的領導下，該中心已經變成獨特的組織，致力於宣揚與這本書相同的價值觀，並且在未來的許多年會有歷史和戰略相關的開創性成果。

國際權威作者群

瑪格麗特．麥克米倫（**Margaret MacMillan**）是多倫多大學的歷史系教授，也是牛津大學的國際史系名譽教授。她專攻十九世紀和二十世紀的國際史，著有《結束和平的戰爭：通往一九一四年》（*The War That Ended Peace: The Road to 1914*）、《戰爭：暴力、衝突與動盪如何形塑人類與社會》等書。

威廉森．莫瑞（**Williamson Murray**）已取得耶魯大學的歷史系學士和博士學位。他曾經在美國空軍服役五年，並撰寫和編輯過許多書籍。目前，他是俄亥俄州立大學的名譽教授，也是海軍陸戰隊大學的馬歇爾教授（Marshall Professor）。

羅伯特．卡根（**Robert Kagan**）是布魯金斯學會（Brookings Institution）的資深研究員。他曾經在美國國務院工作，並寫過許多關於外交政策和國際事務的書籍和文章。目前，他正在撰寫《危險國家三部曲》（*Dangerous Nation Trilogy*），也就是關於美國外交政策的三卷歷史著作。

塔米・戴維斯・貝特爾（Tami Davis Biddle）從美國陸軍戰爭學院退休後，擔任軍事研究的伊萊休・路特教授（Elihu Root Chair），著有《空中戰爭中的修辭與現實》（*Rhetoric and Reality in Air Warfare*）。她也寫過許多關於第二次世界大戰的文章。目前，她正在撰寫《掌握指揮權：美國的戰爭史，一九四一年至一九四五年》（*Taking Command: The United States at War, 1941-1945*）。

安德魯・艾哈特（Andrew Ehrhardt）在約翰霍普金斯大學的高等國際研究學院擔任亨利・季辛吉全球事務中心的博士後研究員。

約翰・比尤（John Bew）在倫敦國王學院的戰爭研究系擔任歷史與外交政策課程的教授，並曾經在二〇一九年擔任英國首相的外交政策顧問。他寫過五本書，也擔任過國會圖書館的季辛吉教授（Kissinger Chair），並榮獲歐威爾獎（Orwell Prize）和菲利普・利弗胡姆獎（Philip Leverhulme Award）。

布倫丹・西姆斯（Brendan Simms）在劍橋大學擔任歐洲國際關係史的教授，同時也是地緣政治學論壇（Forum on Geopolitics）的負責人。他的著作包括《歐洲：從一四五三年至今的霸權之爭》（*Europe, the Struggle for Supremacy, 1453 to the Present Day*）、《英國的歐洲：千年來的衝突與合作》（*Britain's Europe: A Thousand Years of Conflict and Cooperation*）、《希特勒：唯獨世界足

矣》（*Hitler: Only the World was Enough*）。

莎拉・潘恩（S.C.M. Paine）在美國海軍戰爭學院的戰略與政策學系擔任歷史與大戰略課程的威廉・西姆斯大學教授（William S. Sims University Professor），著有《亞洲戰爭：一九一一年至一九四九年》（*Wars for Asia, 1911-1949*）和《大日本帝國》（*Japanese Empire*），並與布魯斯・埃爾曼（Bruce A. Elleman）合著《現代中國：一六四四年至今的延續與變革》（*Modern China: Continuity and Change 1644 to the Present*）。她也與其他人共同編輯了五本關於海軍行動的書籍。

目次

推薦序／了解過去的決策方式，啟發面對未來的判斷

王立 「王立第二戰研所」版主

很榮幸可以向各位讀者推薦這套《當代戰略全書》，可說是戰略的教科書入門。本書歷經時代考驗，收集從古代到現代的戰略名家學說，不論是對戰略有興趣，或是想研究地緣政治的朋友，都不能錯過。

戰略學到底是不是一門學問，關鍵在戰略是否能被定義，很可惜的是至今戰略的定義仍是沒有公論，唯一可以確定的，是定義不停地被擴張。因為戰略一詞的使用是在近代，若我們從戰略思想史追溯源頭，會發現戰略的本意很接近「謀略」，是一種為了追求目標而制定的手段，也可以說是思想方法。

會被納入西方戰略思想研究內容者，多是其思想方法被推崇，而不是手段本身。也就是戰略的本質，更接近於方法論，每個時代的大戰略家不外乎兩種，一種是結合當代社會發

展、技術層次、政治制度諸多不同要素，完善了一套軍事理論，使其可以應用到軍隊；另一種則是在軍事思想停滯的年代，找出突破點並予以擴大。

這也是讀者在閱讀本書時會產生的疑惑，更是多數人對戰略的困惑。談到戰略（Strategy），中文的「戰」字給人連結到軍隊上，強烈的暴力氣息，但原意其實偏向策略。故可說國家政策本身就是一種戰略，為了追求國家目標制定的手段也是戰略。

回到戰略本質是思想上，那麼用兵手段、軍隊編制、政治改革，其實都可以算進戰略中。而要了解戰略，從這就可發覺需要接觸的範圍太廣了，於是了解戰略史、地緣政治史、重要決策者如何判斷，統統變成戰略教科書的一部分。於是戰略研究的第一步是歷史，第二步則是了解當代環境，從中抽絲剝繭，追尋決策者為何在當下的環境中，做出正確或錯誤的決策。而為了還原情境，現代戰略學已經納入人類學、民族學、心理學、行政學諸多領域，不停地更新過往的論點。

無論戰略研究變得多複雜，起步都是戰略思想史，從古代到現代，唯有了解過去的決策方式，才能啟發我們面對未來的判斷。而不同時代的戰略思想史，看似沒有重複之處，實則處處相合，我們不是在找尋模板套用到現代上，戰略研究是希望從過往，確認做計畫的方向，是否合乎古今中外的原則。

有人會覺得遺憾，本書除了孫子兵法外，沒有收錄任何的中國古代戰略史。這其實沒有影響，戰略至今仍然無法明確定義，恰好證明大道歸一，東西方戰略思想，最終追求的都沒有差別。

《當代戰略全書》，收錄各家學者對古今戰略思想、重要決策的詮釋，對於初窺戰略一道者有極佳幫助。你不見得能認同詮釋者的意見，但透過專家的解讀，對已有一定程度者更能有所啟發。

推薦序／戰略的本質、意義與影響力

張國城
台北醫學大學通識教育中心教授、副主任

《當代戰略全書》系列（原文書名為The New Makers of Modern Strategy: From the Ancient World to the Digital Age），集結了當代西方戰略、軍事學者的一時之選，合計四十五位的重要著作，二〇二三年五月於美國出版。這類大部頭的書（原文書高達一千二百頁），雖然是研究戰略、軍事及安全者的寶書，畢竟和一般讀者的閱讀習慣有些差異。因此商周出版將繁中版拆為五冊，將原文書中的五篇各自獨立成冊，對於這種普及知識的作為，筆者要表達最大的敬意。

「戰略」這個詞，經常為人所聞，但究竟什麼是「戰略」，根據書中所述，是指一種操縱和利用某個國家資源（或幾個國家組成的聯盟）的技巧，包括軍隊，以確保重要的利益能有效地維持，並免受敵人的威脅，無論是實際、潛在或假設的情況都一樣。重點是「資源」

和「利益」這兩者之間的衡量與運用，因此，「戰略」是一門涉及治國方略的多樣化學科，適用於和平與戰爭時期，也適用於國家、團體與個人的策略規劃。

就筆者看來，本書的價值在於：

首先，明確闡述了戰略的意義，以及戰略思想家形成這些思想的脈絡，還有他們產生這些思想的歷史背景。戰略思想多半源於「思想家對於當時的重要戰爭和國際衝突的分析與詮釋」，關於這點，這套著作提供了完整的歷史敘述（如第二冊），許多是在相關歷史著作中也不易論述完整的。因此，本書還可作為重要的歷史參考書使用。

其次是與時俱進。原文書於一九四三年發行第一版（書名為Makers of Modern Strategy），一九八六年發行第二版。一九八六年時冷戰還沒有結束，眾所周知冷戰結束後，全球的軍事與安全環境都面臨了巨大的變化，因此又推出第三版，這次由約翰霍普金斯大學（Johns Hopkins University）高等國際研究學院霍爾・布蘭茲（Hal Brands）教授主編，堪稱是西方戰略學者所共著、在這一個領域的九陰真經。

第三，本書內容非常豐富。揭露的原則不僅是研究國際關係和安全者所必知必讀，同時也能運用在管理甚至人際關係上。譬如書中揭櫫一個重要的戰略原則，就是「……當你擊敗一個對手，另一個對手又出現，或者優先事項有所變化之際，正確列出主要對手的順序非常重要。」對筆者這種無論工作還是興趣都是戰略研究的人來說，這個原則並不陌生，但對一般讀者來說，釐清「要解決的問題其順序」，不僅是毛澤東擊敗國民黨的指導原則，在日常工作上也適用。但是，作者用了大量的歷史資料去論證這一個簡單卻清晰的原則，這對於易於淺碟化思考的現代社會，更是令人心折。

對於台灣的讀者而言，對韓戰、越戰、波斯灣戰爭等多半耳熟能詳，但世界上仍有許多地方有衝突，對於國際關係的影響一樣重要，譬如許多殖民地的反殖鬥爭。書中提出印度和許多國家在反帝國主義殖民作法中「自我去殖民化」的過程，非常寶貴。此外，書中指出國家權力只要採取脅迫、專橫的手段，就會面臨各種形式的異議與抗爭，事實上從中東到香港，異議和抗爭始終是國際新聞長期的焦點；但反殖民思想家也提醒我們，相較於「策略」（結果論）考量，去殖民化的關鍵更在於找回倫理思維的能力。對台灣讀者來說，幾百年來的歷史充滿著外來政權，今天許多問題根源於此。另一方面，要理解中國領導人的想法，也不能僅從西方人的角度出發，理解（當然不一定要同意）中共長期「反帝反殖」的民族主義號召也是非常必要的（所以他們對香港人爭民主會有那樣的詮釋）。本書是在這一方面提供台灣人反思並找回倫理思維的重要工具。

今天中國實力的崛起，從本書中可以看出，雖然中國實力大幅躍進是近二十年（軍事方面），但是其來有自。潘恩（S・C・M・Paine）在第三冊第八章（原文書第二十六章）中指出，羅斯福（Theodore Roosevelt）會在整個總統任期中尋求與蘇聯合作的原因。他認為蘇聯缺乏海軍實力，對美國不構成軍事威脅；也因為蘇聯是獨裁者中唯一處於其他獨裁者之間的國家，他預見到蘇聯有朝一日可能會樂於協助美國，甚至提供協助。後來美國撤銷對台北的外交承認，和北京建立外交關係，和羅斯福與蘇聯合作的邏輯相同。目前美中間的關係，也和二戰後杜魯門（Harry S. Truman）和蘇聯進入冷戰很類似。但是之後會如何？

克里斯多福・葛里芬（Christopher J. Griffin）在第五冊第一章（原文書第三十五章）中寫道，「……冷戰結束後，美國的國防戰略基本上都離不開國防部長理查・錢尼（Richard Cheney）和參謀長聯席會議主席科林・鮑爾（Colin Powell）首次闡述的政策路線。簡單說，就是美國會尋求捍衛並擴大在冷戰中取得勝利的「自由區」（zone of freedom），同時將其軍事力量從圍堵與蘇聯的全球戰爭轉向於因應區域危機上。」但是本書認為，這個作法主要是因應冷戰後國防資源的減少，不是真的意會到新的地緣政治。在面臨中國這種霸權崛起時，筆者認為就會捉襟見肘。因為因應區域衝突的軍事力量，壓倒伊拉克、塔利班（Taliban）並無問題，但很難壓倒中國這種大國。但美國長期卻是習慣成自然，把美國在冷戰後成為唯一主導大國的事實，很快地看做是影響其他政策選擇的前提假設。但現實狀況是和區域霸權客觀實力對比，美國作為唯一主導大國的地位已經相當削弱。

這些都是我們身處台灣，不得不認清的殘酷現實。但這並不等同於簡單地化約為「疑美論」或「親美論」，要做的是在和他國互動的過程中，釐清手中資源和利益的相對關係。畢竟國際關係理論中有具體定義的「後冷戰」時代已經結束，一個尚未命名或定義的新時代已經開始。在這個時代，國際關係的發展對台灣的每一個普通人來說，影響力會超過以往；所以，我們有必要對影響國際關係的「戰略」增加更多了解。對於無暇進入學術環境研讀，但又不想被片面、局部的知識所誤導的聰明人來說，本書是無與倫比的選擇。

推薦序／藉由經典史籍，一探領袖人物的戰略思維

張榮豐、賴彥霖　台灣戰略模擬學會理事長、執行長

對於何謂「戰略」，東西方文化長期以來存在著各式各樣的詮釋與說法，過去多年從事國安工作的經驗告訴我，凡是定義不明確的概念，都難以實際操作，最終只能成為抽象的名詞。因此，我個人認為對「戰略」二字最適當、通俗且實用的定義就是：根據明確的目標，在對的時間、對的地點、投入正確的資源。

在制定戰略時，首先必須要有清晰的願景與／或明確的目標。「目標」是整個戰略中最關鍵的部分，所以美國陸軍參謀指揮學校在訓練學員時特別強調，在擬定戰略方案的實務操作上應投入至少三分之一的時間針對目標進行討論。其次則是必須盡可能地了解「未來的戰場」和「對手的行為模式」。接著則應對「現況」進行客觀、完整的盤點，包括自身的優劣勢、所掌握的資源，以及在執行方面的限制條件。最後，在上述關鍵元素都確認後，再利用

動態規劃（dynamic programming）的概念，以逆向推理（backward induction）的方式，從「目標」逐步往「起始點」逆向推導出最佳的戰略路徑，在此路徑上，包含了每一個子局所需要達成的次目標與相關的戰術方案及資源配置。至此，一個完整的戰略規劃方可完成。

在「當代戰略全書」系列中可以看到，歷史上許多具備戰略思維的頭腦，其實都呼應了我們對於戰略制定程序的理解。這些被世人冠以「雄才大略」的領袖人物，具備明確的願景與目標作為引導，熟知自身的優劣勢，並能夠客觀分析當下所處的戰略地位及未來的戰略環境，因此能制定出各種影響深遠的偉大戰略。以馬漢（Alfred Thayer Mahan）為例，他分析出未來的戰略競爭為海權的競爭，美國面臨的軍事威脅最好發生在領土之外，因此呼籲無論在和平或戰爭時期，都必須充分準備好海軍的實力。這不僅影響了美國建軍發展，更奠定了美國近百年來國家戰略最關鍵的底層邏輯——決戰境外，保持戰略優勢。

國家戰略的考量自不限於軍事層面，事實上，就國家整體戰略的規劃與執行上，更著重的會是國與國之間在政治、經濟、社會、產業等方面長期政策的博弈。以過去李登輝總統時期為例，李總統在進行通盤考量後，為當時的台灣所訂定的國家整體戰略目標就是「民主化」，當時身為李總統幕僚的我曾問總統「要如何處理統獨問題？」李總統明確地告訴我：「統獨議題和民主化無關，所以我不會處理，事實上目前也沒有處理這個問題的條件」。由此可見其對目標有清晰的理解。為了達成此目標，李總統首先宣布終止「動員戡亂時期」，讓凌駕於憲法之上四十三年的《動員戡亂時期臨時條款》走入歷史，但為了不讓此動作的「副（負）作用」影響到推動民主化的目標，因此提出了《兩岸人民關係條例》且設立了「國統會」、頒布了《國統綱領》。此外，為了達成民主化最關鍵的績效指標（KPI）——總統直接民選——也透過民主機制修憲，來推動國會全面改選，讓所謂的「萬年國會」走入歷史。除了在政治上讓台灣完成民主化，李總統亦在兩岸戰略競爭上提前布局，提出當時被工商界質疑、批判的「戒急用忍」政策，限定「高科技、五千萬美元以上、基礎建設」這三類的對中投資，其戰略作用有二：其一是盡可能保持台灣對中國在科技上的優勢，其二是避免台灣的資金與人才於短時間內大量流入中國，導致對本國的產業與市場產生負面效果。最後，為了最大限度減低中國對我們推動民主化所可能施加的阻礙，李總統也在任內提升國防，尤其針對海、空軍的強化以及新式飛彈的研發。由上面的例子可以看出，國家整體戰略的規劃不但需要有清晰的願景，其規劃與執行上更是需要整合諸多不同領域與部門，而當所有預期的結果在不同的時空逐步產生時，其所獲得的綜效就會形成一股「看不見的力量」，推動著國家達到預定的戰略目標。

實務經驗有助於培養戰略思維，然而我們的生命經驗有限，沒辦法親自參與歷史上每一場戰爭和戰役的規劃，也不可能親身走過人類社會發展過程中，那些足以影響世界或區域發展之大戰略的年代。每個時代根據時空背景、國家發展目標的不同，領導者制定出不同的戰略，但其規劃原理卻有相似之處。藉由閱讀高品質的經典史籍，能夠幫助我們俯視不同時空背景下，不同戰略理論的興起背景、互動，以及不同國家所制定的戰略方針，推薦《當代戰略全書》給對戰略思維有興趣的讀者。

推薦序／以全面的視野，理解戰爭、戰略及其深層原因

蘇紫雲 國防安全研究院國防戰略與資源研究所所長

晶瑩剔透的光芒在身著德國灰軍服的士兵手中顯得格格不入，但是德軍官兵異常小心地捧著這些精緻琥珀，這是來自元首的直接命令。經過一番苦戰攻入列寧格勒（Leningrad），目標之一就是要將俄國視為國寶的琥珀宮給搬回德國，發現這藝術瑰寶令德軍欣喜不已。零下二十度是一九四一年十月德國北方集團軍面對的戰場氣溫，這只是俄國早冬的開始。同一時間，遠在半個地球外的普林斯頓大學（Princeton University），一位學者看著窗外的美國晚秋，思索著希特勒（Adolf Hitler）的軍事戰略，以及人類文明史中占據重要地位的戰爭。

這位學者正是厄爾（Edward Mead Earle），當然不會知曉希特勒掠奪藝術是戰爭願望清單的小心思，但在二十世紀的前四十年美國就第二次面對大型現代戰爭令他憂心忡忡，於是嘗試著手解釋情勢的發展過程，以利更加了解並協助戰略的制定，他構思的《當代戰略全書：

從馬基維利到希特勒的軍事思想》（Makers of Modern Strategy: Military Thought from Machiavelli to Hitler），就是由一群學者共同寫就，跳脫傳統純軍事框架，寫手包括經濟、政治、外交乃至於地理學者，這本書詳細地介紹了自文藝復興時期以來，歷史上具代表性的戰略制定者和思想家，以及他們對戰爭和國際關係理論的重要觀點。其後跨越世代多次改版，由全領域來透視國家競爭與戰略的規劃，對新時代的戰略進行補充。可以說，這本書從馬基維利到核時代，探討了一系列戰略制定者的思想和行為，讓我們一窺歷史上的戰略大師們是如何指點江山、謀劃戰略，堪稱是總統級的教科書。

傳統的戰略著重軍事領域，就如同經典的「坎尼會戰」（Battle of Cannae），迦太基（Carthage）將領漢尼拔（Hannibal）只有一萬餘名雜牌部隊，對上的是四萬名重裝羅馬軍團，在依靠鐵器與肌肉能量的冷兵器時代，人多好辦事是戰場鐵律，任誰也不會看好劣勢的迦太基可以擊潰羅馬大軍。但是漢尼拔跳脫戰場規律將老弱部隊置於方陣中央，精銳部隊則配置於兩翼，因此兩軍接觸後，強勢挺進的羅馬軍團將迦太基中央陣線擠壓後退，但迦太基青壯兵力則在兩翼奮力抵擋，使得戰場呈現新月型將羅馬軍隊包圍在中央，勝利女神開始向原本居於劣勢的迦太基招手，漢尼拔的騎兵再由後方包圍，造成羅馬大軍團滅，以寡擊眾的勝利為軍事研究者所樂道。

但拉高視角來看，迦太基與羅馬的戰爭是因著地緣政治與經濟衝突的深層原因，也就是地中海區域的貿易與制海權爭奪導致兩國長期的布匿戰爭（Punic War），這就說明了「戰爭構造」，軍事只是其中的一項手段，也是使用暴力改變現狀的激烈選項。此正是本書作者以跨領域方式闡明戰略的初衷。

與一般的經驗法則不同，戰略從來不會是直線思考，反而是曲線的思維。軍師燒腦的是，戰略需同時考慮所處環境、政治、外交、經濟、軍事條件以設定目標，困難的是由於資源並非無限，因此這些條件的運用往往是相互制肘，需要拿捏優先順序。更傷腦筋的是，外部環境的情報資訊也是有限，因此即使是「情報國家隊」也不乏預測「翻車」窘況，英法誤信希特勒「善意」並縮減自己軍費導致二次大戰，美國蔑視日本帝國海軍新興的航艦戰力，使珍珠港遭到突襲，以色列梅爾（Golda Meir）政府誤判戰略情報遭突襲幾近亡國，以及二十一世紀二〇年代的俄烏戰爭，都是輕忽敵人遭致侵略的實證。

或許可以這麼說，只想倚賴敵人的善意，或過度自信、貶抑對手，都使己方成為攻守中的弱勢，誘使對手軍事冒險。進一步說，筆者借用社會學領域的「自證預言」（self-fulfilling prophecy）理論，潛在敵對雙方對於情感的投入不同，形成「避戰」、「備戰」的不同認知，一旦實力失去平衡，雙方認知交集的「戰爭」惡夢就會成真。因此，在經歷一、二次大戰災難後，西方國家面臨核大戰恐懼發展出較為成熟的「嚇阻」模式，以確保足夠反擊的「第二擊」能力作為靠山，就可避免先下手為強的誘惑，也同時阻卻對手的偷襲意圖。事實也證明「相互保證毀滅」的確成功避免核大戰的爆發。

整體而言，這本書有著讓人無法停止閱讀的魔力，除了對歷史上戰略思想回顧與綜整，筆觸紙間更訴說著當代戰略問題的思考和探討。比較戰爭史中的不同戰略思想與國際情勢分析，作者們提煉出的戰略原則與規律即使在技術進步的今日依然適用。不同的年代與案例，作者將戰略思想置於歷史切片和文化的底蘊中進行解讀，可以帶著讀者穿越時空，廣泛地與不同思想家對話，身歷其境地感受君王、總統、將軍的視角以及其觀點背後的思路。再以春秋之筆對各個時期的戰爭和衝突深入描繪，從而使讀者理解並體會應對實際戰爭和國際關係問題時，戰略家出謀劃策的底氣何來。如同北京派遣海警船、軍機、軍艦騷擾台灣，並不是因著誰當台灣總統而改變，其真正企圖是國家戰略的轉型：由一個陸權國家走向海權強國，就此而言北京可說是海權論之父馬漢（Alfred Thayer Mahan）的好學生，也符合人類發展由江河文明走向海洋文明的歷史脈動，但軍力擴張與國家權力槓桿的過度操作將可能重蹈希特勒敗亡的風險。

從古代到現代，每位戰略大師都有自己獨到的思路和手路。從馬基維利的城府機心、拿破崙的軍事天才，到冷戰時期的核戰略，再到今日醞釀中的新冷戰，每一個時代都有獨特的挑戰和策略。戰略思維伴隨著人性和權力的思考。這些戰略大師的故事，刻劃人類本性和權力本質的糾結，如同量子纏繞般地啟發人心，我們可以從中汲取智慧，並將其應用到我們自己的生活和工作中。也許你不是一位將領、政治家或企業家，但是你也可以從大師們的成功或失敗中，領悟、掌握自己的人生戰略，採取明智的決策，做自己的軍師。

前言

無可取代的一門藝術：現代戰略的三代制定者

霍爾．布蘭茲（Hal Brands）在約翰霍普金斯大學的高等國際研究學院擔任亨利．季辛吉全球事務特聘教授，同時也是美國企業研究院的資深研究員。

戰略無可取代。在混亂的世界中，戰略讓我們的行動有明確的目標。如果我們要在思維和行動上戰勝敵人，戰略則十分重要。缺乏戰略的行動，只不過是隨機且漫無目的，白白浪費了權力和優勢，無法有效運用。在缺乏良好戰略的情況下，也許強大的帝國可以存活一段時間，但沒有任何的帝國能夠長久興盛。

戰略非常複雜，卻也非常簡單。戰略的概念一直都是辯論的主題，也不斷被人誤解和重新定義，包括戰略的本質、涵蓋的範圍、最佳的實行方式。即使是有才華的領袖，也曾經努力克服戰略的困境。但是，戰略的本質其實很容易理解——在全球事務的摩擦中，以及在競爭對手和敵人的抵制中，戰略是一種召喚力量的技巧，能運用力量去實現核心的目標；戰略是不可或缺的藝術，能讓我們運用本身擁有的條件去實現願望。

從這個角度來看，戰略與武力的使用密切相關，因為暴力的陰影籠罩著任何有爭議的互動關係。如果世界充滿了和諧，而且每個人都可以實現自己的夢想，那麼就不需要一門鑽研競爭性互動的學科了。這本書完成時，恰逢俄羅斯入侵烏克蘭，為歐洲帶來了二戰之後最大的洲際陸戰。不幸的是，這一點能提醒我們：軍事力量並沒有過時。然而，戰略也包括利用各種形式的勢力，在難以駕馭的世界中蓬勃發展。其實，戰略基本上屬於樂觀的活動，前提是強制性的手段能達到建設性的效果，以及領導者可以掌控事件，而不是被事件控制。[1]

那麼，戰略是永恆的。但我們對戰略的認識並不是如此。戰略的基本挑戰對修昔底德（Thucydides）、馬基維利（Machiavelli）或克勞塞維茲（Clausewitz）而言，並不陌生。這就是為什麼他們的作品至今仍然是必讀經典。戰略研究的領域根植於這種信念：它的基本邏輯能超越時間和空間的限制。但，「戰略」這個詞的基本含義並未定型、僵化，我們總是透過自己關注的焦點去重新詮釋，就連存在已久的文獻也不例外。因此，如果戰略令人覺得難以捉摸且變化多端，那只是因為每個時代都教導我們一些關於有效執行戰略的概念和條件。

如今，我們有必要更新理解戰略的方式。嚴謹的人不該再像過去的世代那樣認為，戰爭和戰略已經在後冷戰的和平時代過時了。現代充滿了激烈的競爭，伴隨著災難性的衝突威脅，明擺著是殘酷的現實。民主世界的地緣政治霸權和基本安全，面臨著幾十年來最嚴峻的挑戰。當風險變得太高，而且失敗的後果很嚴重時，戰略便顯得寶貴。也就是說，良好的戰略以及人們對戰略歷史的深刻理解，變得愈來愈重要了。

I

「當戰爭來臨時，我們就無法主宰自己的生活。」愛德華・米德・厄爾（Edward Mead

Earle）在《當代戰略全書》初版的前言中寫道。[2] 該書是在歷史上最糟糕的二戰時期構思而成，於一九四三年出版。當時，衝突跨越了海洋和大陸。在這種背景下，該書的的主要內容在強調戰略研究對世界上僅存的幾個民主國家而言，已成為生死攸關的問題。

這版本的撰稿人是由美國與歐洲的學者組成。他們試著追溯馬基維利、希特勒（Adolf Hitler）等關鍵人物的軍事思維演變，[3] 藉此增進人們對戰略的認識。但是，該書也強調第二次世界大戰無法迴避的另一個事實：國家的命運不只取決於戰鬥中的卓越表現。「在當今世界，」厄爾寫道：「戰略是一種操縱和利用某個國家資源（或幾個國家組成的聯盟）的技巧，包括軍隊；以確保能有效地維持重要的利益，並免受敵人的威脅，無論是實際、潛在或假設的情況都一樣。」[4] 這是一門涉及治國方略的多樣化學科，適用於和平與戰爭時期。

《當代戰略全書》強調的觀點是，富勒（J.F.C. Fuller）、李德哈特（Basil Liddell Hart）等英國思想家曾經在兩次世界大戰之間提出：戰略不只是偉大軍事指揮官的專屬領域，也屬於經濟學家、革命家、政治家、歷史學家以及民主國家的公民。[5] 該書說明了如何深入研究歷史，進而認識錯綜複雜的戰略，以及戰爭與和平的動態關係。因此，該書的初版有助於使戰略研究變成現代的學術領域，並針對當前的問題，將過去當作洞察力的主要來源。

如果說戰略研究是熱戰的產物，那麼，冷戰期間則促使了戰略進入發展成熟期。當時，美國變成了超級大國，有負起龐大的國際責任的理智需求。核武革命引人深思的基本問題是：戰爭用途以及武力與外交之間的關係。在許多案例中，新一代的學者紛紛研究並修訂了這門學科所仰賴的歷史知識體系。學者和政治家彷彿透過冷戰難題的稜鏡，重新詮釋了舊作品，例如克勞塞維茲的著作。[6]

經過不只一次的失敗嘗試後，這就是促成《當代戰略全書》第二版於一九八六年問世的背景。[7]該書由彼得・帕雷特（Peter Paret）編輯，並得到了戈登・克雷格（Gordon Craig）和菲利克斯・吉爾伯特（Felix Gilbert）的協助，內容深入探討核武戰略、激烈叛亂等議題。這些議題已成為冷戰政治的焦點。[8]該書將一戰和二戰視為獨立的歷史時代部分，而不是時事。第二版著重於美國戰略的歷史發展，同時也重新詮釋了重要的議題和人物。但有趣的是，帕雷特當初編輯的這本書對戰略有相對狹隘的看法，賦予的定義是「為實施戰爭政策而發展、掌握和利用國家的所有資源」。[9]該書的整體主旨是，人們對軍事戰略的認識變得非常重要，因為現代戰爭的風險極高。

初版和第二版都是經典作品，讀者可以從不同文章中的見解，以及內文分析的西方世界戰略演變中，得到有益的知識。兩者都是聚焦在如何運用學術知識的典範，教育民主國家的大眾，讓他們更懂得捍衛自己的利益和價值觀。雖然，這兩版本的出版年份久遠，但也同時提醒著我們：戰略會隨著時間以及技術的發展而改變。

II

從一九八六年以來，世界發生了巨大的變化。冷戰結束後，美國贏得了現代歷史中無可匹敵的主導地位，卻也面臨著新、舊問題的考驗。核武擴散、恐怖主義、叛亂、灰色地帶衝突、非正規戰爭以及網絡安全的問題，都列入（或再度列入）不斷增加的戰略關切項目表。新的技術和戰爭模式，考驗著受到認可的戰略和衝突模式。曾有一段時間，美國有機會免於強國的地緣政治競爭。但是，這段時期已經結束了，因為中國挑戰霸權，俄羅斯試圖對歐洲平衡進行重大的修正，還有許多修正主義者考驗著華盛頓及其帶領的國際秩序。

如今，全球的現狀陷入激烈不斷的爭議。擁有核子武器的國家之間可能會爆發戰爭，確實令人驚恐。沒有人能保證民主國家在二十一世紀會像二十世紀那樣，在地緣政治或意識形態方面占上風。經過了前所未有的主導時期後，戰略的疲乏效應已緩和下來，美國和同盟國都發現自己處於一個需要戰略紀律和洞察力的時代。

隨著未來變得不樂觀，我們對過去的理解也有所改變。在過去的四十年間，國際政治、戰爭以及和平的學術研究愈來愈國際化，伴隨著新開放的檔案和新納入的觀點。學者為看似熟悉的研究主題帶來了新的見解，包括經典文本中的涵義、世界大戰和冷戰的起因與過程。[10] 或許這是進行戰略研究的挑戰性時刻，卻也是我們重新認識戰略的好時機。

首先，關於「戰略制定者」是誰以及條件為何的疑問，戰爭的理論家和實踐家仍然十分重要。許多偉大的戰略家都在早期書籍中寫下自己的思想和功績，例如馬基維利、克勞塞維茲、拿破崙（Napoleon Bonaparte）、約米尼（Antoine Henri Jomini）、漢彌爾頓（Alexander Hamilton）、馬漢（Alfred Thayer Mahan）、希特勒、邱吉爾（Winston Churchill）等，全都在這本書中再度出現。[11] 個別的制定者依然被賦予最高榮譽，因為是他們制定和執行戰略，而且透過他們的思想和經驗，我們才能理解每項任務中的堅持不懈。

然而，個人並不是在孤立無援的情況下制定戰略。戰略受到了技術變革、組織文化、社會力量、思想運動、意識形態、政權類型、世代心態、專業團體等的塑造。[12] 例如，美國的冷戰核武戰略是否主要來自末日巫師（Wizards of Armageddon）的巧妙分析，還是來自難以理解、乏味且缺乏人情味的官僚程序，還有待商榷。[13] 或許更重要的是，非西方制定者（孫武、穆罕默德、特庫姆賽、尼赫魯、金正恩、毛澤東等，早期書籍中沒有提到的人物）的戰略思想和行動已發揮影響力，塑造了我們的世界，也影響著我們對這門藝術的認知。這並不是風靡一時或「政治正確」的問題。在陌生的領域尋找戰略，可以防止思想停滯，而這種停滯的原因往往是一再採用相同的策略。

何謂「現代」的概念也改變了。新的戰爭領域已出現。數位時代也改變了情報、祕密行動以及其他存在已久的戰略工具。決策者在未來幾十年關注的議題列表，以及議題對相關的歷史產生的影響，皆與一九八六年或一九四三年截然不同。此外，現代人可以全面研究充滿殺戮和騷亂的二十世紀。冷戰和後冷戰時代都象徵著不同的歷史時期，能教導我們關於核武戰略、反恐行動、流氓國家的生存機制等議題。因此，《當代戰略全書》中有大約一半的文章都在探討二十世紀以後的事件。

最後，何謂「戰略」呢？起初，這個詞是指將領用來智取對手的詭計或藉口。在十九世紀，戰略漸漸與軍事領導藝術有關。後來，在兩次世界大戰和冷戰中，更廣泛的戰略概念變得更普遍，但這種概念仍然主要與軍事衝突有關；[14]這方面也需要進行修訂。

有些偉大的美國戰略家其實是外交家和政治家，而不是軍人，例如約翰·昆西·亞當斯（John Quincy Adams）和富蘭克林·羅斯福（Franklin Roosevelt）。和平時期的競爭戰略與軍事衝突的戰略一樣重要，主要原因是前者通常能決定後者是否發生，以及在什麼樣的條件下發生。地緣政治競爭在國際組織、網際網路以及全球經濟中展開。財政和祕密行動等各種手段，以及道德等無形因素，都可以變成治國方略的有效武器。甚至連非暴力抵抗的戰略，也深刻地影響到了國際秩序。

更確切地說，戰爭研究和準備措施對戰略的研究仍然很重要。這純粹是因為在用於解決爭端的戰略方面，暴力衝突是最終的仲裁者。當戰爭來臨時，我們的生活確實會受到支配。考慮到當代的國際和平遭遇了諸多威脅，軍事脅迫和有組織的暴力歷史可說是關係重大。但是，如果善於使用暴力的拿破崙帶領國家走向毀滅，而憎惡暴力的甘地幫助國家實現了自由，那麼這無疑是讓我們瞭解到戰略的條件。

III

《當代戰略全書》的努力方向是，試圖理解戰略的持久特性，同時考慮到新的見解和思維方式。這系列共分為五冊。

第一冊《戰略的原點》，其中有許多文章重新探討相關的經典作品，深入研究有爭議性的涵義和持續的相關性，不只鑽研我們對戰略的理解所衍生的長期辯論，也談論到了財政、經濟、意識形態、地理等基本議題如何塑造戰略的實務。無論好壞，這些文章還說明了現代戰略仍然受到不同人的思想和行動影響，而這些人早已離世。

第二冊《強權競爭時代的戰略》，從十六世紀和十七世紀的現代國際國家體制的崛起，延伸到二十世紀的大動盪前夕。本書的內容聚焦在早期的多極化世界中，戰爭與競爭模式在重要的發展背景下如何運作，包括知識、意識形態、技術、地緣政治等，促成了同樣顯著的戰略創新。內文追溯了權力平衡、戰爭法則等概念的興起，而這些概念的宗旨是，同時利用和規範國際體系內的對抗力量。最後，內文探究的戰略是如何抵制當時已成熟或新興的大國，包括北美洲的印第安部落聯盟、英屬印度及其他地方的反殖民主義的理論家和實踐者。

第三冊《全球戰爭時代的戰略》，多著墨在一戰和二戰中的主要思想、教義和實務的發展。內文提到的劇烈變動都是人類不曾見過的，有可能摧毀文明。這些變動使先進的工業社會互相競爭，為了生存鋌而走險的加入長期鬥爭，以無法挽回的方式打破了既有的世界秩序。領導者制定戰略，是為了應對現代戰爭固有的新挑戰和新機會。他們也提出了重建全球事務的願景。而從這些衝突中出現的戰略也同時塑造了國際政治，持續影響到二十世紀末以後的時期。

第四冊《兩極霸權時代的戰略》。二戰結束後，美國和蘇聯變成對立的兩個超級大國，掌控著分裂的國際體系。歐洲帝國解體後，產生了新國家和普遍的混亂局面。核子武器迫使政治家重新思考全球事務中的武力作用，以及如何在和平時期的競爭中利用戰爭方法取得優勢。各地的領導者都必須制定戰略，在全球冷戰時代中保護自己的利益，不只是在莫斯科和華盛頓。本書涵蓋了二十世紀後期的主要議題，例如核武戰略、結盟與不結盟、正規戰爭與代理人戰爭、小國的戰略與革命政權，以及如何融合競爭與外交等。這些議題在現代仍然具有重要性。

第五冊《後冷戰時代的戰略》，也就是以美國主導及其引發的反應為特色的時代。占優勢的美國試圖充分利用本身的優勢；然而，勢力並沒有為戰略的長期困境提供出口，例如平衡成本與風險，或調整手段與目標，同時也不允許迴避競爭對手制定戰略的行動，而且對手的用意是破壞或推翻美國主導的國際秩序。到了二十一世紀初，戰略的普遍認知受到了技術變革的考驗。這種變革將競爭和戰爭帶入新的戰場，並加快了國際互動的速度。因此，本書的內容主要是分析美國霸權時代的戰略問題，以及地緣政治所引發的各種威脅。

這五本書的寫作，作者都有考慮到時限和不受時間影響的部分，包括產生某種思想或行動的具體歷史情境、戰略性的洞察力或想法，不只侷限於特定的背景。書的內容收錄了不少主題式或比對式文章，主要是為了凸顯相關議題和辯論的重要性。[15]

整體而言，這五本書中的文章涵蓋了失敗與成功的戰略例子。有些戰略的意圖是為了打勝仗，而有些戰略則是為了限制或拖延戰爭；還有一些戰略受到了宗教和意識形態的影響。某些例子指出，參與者相信鬥爭本身就是一種戰略；無論是否有效，反抗的行為就是一種解放的形式。戰略的類型分為航海與大陸、消耗與殲滅、民主與專制、轉型與平衡。最後得出的結論既豐富又複雜。在重要的議題、事件或個人方面，撰稿人的意見不一定相同。即便如此，有六大關鍵主題貫穿了這五本書及其講述的歷史。

IV

首先，戰略的範疇很廣泛。即使是在一九四三年的全球戰爭中，普林斯頓大學教授艾德華・米德・厄爾（Edward Mead Earle）已意識到戰略非常重要且複雜，不該完全交給將領決定。他的看法在現代變得更重要。不論是俄羅斯總統佛拉迪米爾・普丁（Vladimir Putin）的暴力修正主義；或是中國令人稱羨的海軍部隊，以及強制要重新調整西太平洋秩序的威脅，我們必須理解戰爭及其威脅仍然是人類事務的核心。同樣地，當我們看到北京爭取國際主導權的積極度，這包括在國際組織中掌握主動權、與其他國家建立緊密的經濟依賴網、爭奪二十一世紀重要技術的支配地位、利用情報戰分裂民主社會，以及提升中國意識形態在世界各地的影響力等，就能理解戰略遠比戰爭或其威脅更加多元。[16]

戰略的最高境界是加乘作用：可結合多種手段，包括武器、金錢、外交，甚至是能實現遠大目標的理念。戰略的本質在於將權力與創造力結合在一起，以便在競爭中獲勝，無論這種權力的具體形式是什麼。這意味著當我們想進一步了解戰略時，必須要擴大資訊來源。

第二，探討戰略時需要瞭解政治的重要性和普遍性。這不只是肯定克勞塞維茲經常被誤解的名言：戰爭是政治的另一種延續手段。重點在於，雖然戰略的挑戰普遍存在，但戰略的內容很難脫離產生它的政治體系。

在西元前四三一年的伯羅奔尼撒戰爭中，雅典和斯巴達的戰略植基於其國內制度、傾向以及分歧。拿破崙的軍事戰略創新，是法國大革命帶來的劃時代政治與社會變革的產物。美國第六任總統約翰·昆西·亞當斯（John Quincy Adams）為十九世紀的美國所制定的成功外交戰略，有一部分就是利用美國在國外推行的意識形態力量。至於二十世紀專制君王所追求的地緣政治革命戰略，則是與他們在國內追求的政治與社會革命的戰略密切相關。所有的戰略都充滿了政治色彩，這就是政治與社會變革（民主政體的崛起、極權主義的興起、殖民地自治化的開端）經常驅動戰略發展的原因。

這也是為什麼戰略競爭（strategic competition）不僅是對領導體系的考驗，也是對個別領袖的考驗。關於自由社會是否能勝過不自由社會的辯論，可追溯到修昔底德和馬基維利的時代。這正是美國分別與中國、俄羅斯之間互相競爭的根本問題。這五本書的重要主題（但存在爭議）是民主國家或許在戰略上更具優勢。權力集中可以在短期內展現靈活度和才智，但權力分散終究能創造出更強大的社會，並做出更明智的決策。[17]

第三，戰略的寶貴之處是在意想不到的方面展現力量。即使是最強大的國家，也需要戰略。運用勢不可擋的力量，可說是一種致勝的方式。但，依賴蠻力並不是最有說服力的戰略形式。競爭互動的結果也不一定是由重要的權力平衡所決定。最令人印象深刻的戰略，則是透過創造新優勢來改變力量平衡的戰略。[18]

這些優勢可能來自意識形態的承諾，進而揭開致命的新戰爭方式，例如先知穆罕默德（Prophet Mohammed）在阿拉伯半島的實例；優勢也可能來自聯盟的協調、策劃，例如大同盟（Grand Alliance）在二戰中的謀劃；或者來自巧妙運用多種治國手段，例如特庫姆賽（Tecumseh）在對抗美國向西擴展的戰爭中所展開的行動。此外，優勢還可以來自對敵人的脆弱或敏感部分施壓，例如俄羅斯和伊朗針對非正規戰爭所制定的策略。矛盾的是，優勢甚至可以出自劣勢，例如冷戰時期的小國利用了本身的脆弱，迫使超級大國讓步。此外，優勢也可以出自對賽局性質的獨特見解，毛澤東最後在國共內戰中獲勝，因為他利用區域性與全球的衝突來贏得局部戰爭。儘管戰略可以在行動中被彰顯，但卻是一門很需要智力的學科，才能熟練地評估複雜的情勢和關係，並從中找到重要的影響力來源。

誠然，創造力不一定能使權力的殘酷算計失效。擁有強大的軍隊和大量資金並沒有害處。不過，「變得更強大」並不是有用的建議。也許真正有用的是瞭解優勢來源的多樣性，以及如何透過良好的戰略使局勢變得更有利。

那麼，制定有效戰略的關鍵是什麼呢？長期以來，思想家和實踐家一直在尋找普遍的成功法則。威廉・特庫姆賽・薛曼（William Tecumseh Sherman）說過，「作戰和戰略的原則，就像乘法表、萬有引力定律、虛擬速度定律，或自然哲學中的其他不變規則一樣。」[19] 然而，這五本書的第四個主題是：無論我們多麼希望戰略是一門科學，它始終都是一門不精確的藝術。

當然，書中的文章提出了許多通用的準則和實用的建議。熟練的戰略家會找出對手的弱點，藉此發揮本身的優勢。他們從不忽視保持手段和目標平衡的必要性。知道什麼時候該停下來十分重要，因為自不量力可能會導致嚴重的後果。要瞭解自己和敵人雖是老生常談，卻仍至關重要。如果說，戰略失敗通常是想像力有缺失，那麼戰略家需要找到檢查和驗證假設的方法。[20] 然而，尋找固定的戰略法則通常是行不通的，因為敵人也有發言權。戰略是一種持續互動的投入。其中任何一個具有思維能力的對手隨時可能破壞最精巧的設計。[21]

以下的文章凸顯了意外無處不在，以及戰略優勢缺乏持久性。希特勒的擴張戰略創造了傑出的成果，直到不再有效為止。在冷戰後時代，美國的主導地位使對手設計出不對稱的應對策略。新的戰爭領域出現後，通常會使戰略家希望能取得永久性的優勢。只有當其他人迎頭趕上時，現實又回到原點。幾乎在每個時代，傑出的領導者都會參戰，並期待在短期的衝突中致勝，但最後卻都陷入漫長又難熬的戰鬥中。

這些都確保了戰略是永無止境的過程。其中的適應性、靈活性以及良好的判斷力，都與任何初步計畫背後的才智同樣重要。或許這就是民主國家在整體上表現得更好的原因，但並不是因為民主國家不受戰略判斷失誤的影響，而是因為他們重視責任，並提供內建的程序修正機會，有助於糾正錯誤。這也提醒了我們，為什麼歷史對良好的戰略很重要：並不是因為歷史揭露了實現卓越戰略的清單，而是因為歷史能舉出在世界上的風險、不確定性以及失敗的打擊下，仍然有許多成功領導者的例子。

這引出了第五個主題：對戰略和歷史不熟悉可能會帶來災難性的後果。如果戰術和軍事行動的掌握最重要，那麼，德國應該會贏得不只一次而是兩次的世界大戰。實際上，兩次擊垮德國（以及在現代的大國對決中經常失敗的國家）的因素都是嚴重的戰略誤判，最終使他們陷入絕望的困境。良好的戰略抉擇，能帶來修正戰術缺失的機會。一連串的戰略錯誤並不明智。[22]從古至今，戰略的品質決定了國家的興衰和國際秩序。

這就是歷史的價值所在。謙遜地汲取過去的教訓是必要的。我們很容易忘記：「永恆」的文本都是特定年代、地點以及議程的產物，與我們的處境並不完全類似。亨利・季辛吉（Henry Kissinger）曾說道，「歷史並不是一本烹飪書，沒有提供預先測試的食譜。歷史無法產生通用的行事準則，也無法從我們的肩上卸下很難選擇的重擔。」[23]

然而，儘管歷史是個不完美的老師，但它仍然是我們擁有的最佳選擇。歷史讓我們能夠研究哪些優點造就了良好的戰略，以及哪些缺點造成了差勁的戰略。歷史的研究讓我們的知識超越個人經驗，因此，即使是面對前所未有的問題，也不致讓人感到全然陌生。[24]戰略不能被歸納為數學公式的事實，使這種間接經驗變得更重要。歷史是磨練判斷力和培養成功治國所需的智力平衡最直接的方式。更重要的是，研究過去能提醒我們：賭注是——世界的命運可能取決於正確的戰略。

這是歷史最重要的教訓。第一版《當代戰略全書》在可怕的暴政統治地球大部分地區，民主生存受到質疑的時期出版。第二版在經歷了一場漫長而艱難的鬥爭、考驗自由世界之際出版。第三版則是在競爭與衝突加劇，專制黑暗似乎即將逼近的時刻問世。我們對戰略歷史的理解愈深，在面臨嚴峻未來時就愈有可能做出正確的決策。

因此，最後一個主題是：《當代戰略全書》的內容可能隨著時間改變，但其重要目的從未改變。戰略研究是一項深具工具性的追求。由於它關乎國家在競爭世界中的福祉，因此不可能是保持客觀中立的。前兩版《當代戰略全書》的編輯對此事實毫不掩飾：他們明確目的是幫助美國及其他民主社會的公民更好地理解戰略，以便在對抗致命對手時能夠更有效地實踐它。這是在其最具啟蒙意義的形式上的參與性學術研究——這也是本新版《當代戰略全書》今天所希望效仿的模式。

Chapter

1

戰略、戰爭計畫和第一次世界大戰

瑪格麗特．麥克米倫（Margaret MacMillan）是多倫多大學的歷史系教授，也是牛津大學的國際史系名譽教授。專攻十九世紀和二十世紀的國際史，著有《結束和平的戰爭：通往一九一四年》（The War That Ended Peace: The Road to 1914）、《戰爭：暴力、衝突與動盪如何形塑人類與社會》等書。）

「德國將軍指出，戰爭是正確的，和平是錯誤的。」一九一二年春天，就在第一次世界大戰爆發前兩年，《紐約時報》（*New York Times*）對德國著名軍事理論家弗里德里希・馮・伯恩哈迪將軍（General Friedrich von Bernhardi）在其最新著作《德國與下一場戰爭》（*Germany and the Next War*）中表達的觀點感到震驚。伯恩哈迪認為，戰爭「不僅是文明的必要因素，而且是文明人民權力和生命的最高體現。」[1]在一九一四年以前，許多（也許是多數）歐洲政治和軍事領袖可能沒有抱持跟伯恩哈迪一樣的哲學思維，但他們都認為戰爭是有效的國家工具，可藉此以能夠接受的成本去實現國家目標。拿破崙戰爭（Napoleonic wars）[2]結束以來的一個世紀局勢似乎證明了這一點。義大利和德國的統一戰爭只在兩強之間進行，期間發生決定性的戰役，而且結束時勝敗分明。此外，許多殖民戰爭（從美國和美洲印地安人之間的戰爭到德國在非洲西南部的戰爭）進一步證明，只要打贏幾場勝仗，便可獲得有利的結果。

歐洲政策制訂者擬定一戰前的戰略時，首先會做基本假設，認為無論國家目標是擴張領土或抵禦外侮，戰爭仍是落實這種目標的一種選項。[3]擬定戰略通常仍被視為打算發動戰爭，而目標則是擊敗敵人，使其投降。當然，隨著國內和國際情勢改變，所謂的敵人也會有所不同，例如英國在一八九〇年代將法國和俄羅斯視為未來的潛在敵人，而在後續十年裡，面對德國海軍和經濟競爭時，又轉而將德國視為主要敵人，於是向法國和俄羅斯靠攏。然而，英國卻繼續避免與法俄兩國建立軍事聯盟。現在戰爭規劃中常顧慮的經濟問題，亦即確保有效利用國家資源或破壞敵人的經濟，但當時尚未被視為戰略的一部分。陸軍部一般參謀和參與規劃的政治領袖認為，不必諮詢銀行家或實業家。

軍方還會試圖爭辯（就這點而言，德國軍方比別國軍方做得更成功），指出擬定戰略大致上是他們的事，而一旦戰爭開始，別人就完全不能插手了。文職領導人（civilian leader）[4]通常會接受這一點，因此不知道自己的軍隊有何計畫。一九〇〇年，德意志帝國傑出的外交政策制訂者弗里德里希·馮·霍爾斯坦（Friedrich von Holstein）發現阿佛列·史里芬將軍（General Alfred von Schlieffen）打算違反比利時的戰時中立立場[5]，他只是說道：「如果總參謀長，特別是像史里芬這樣傑出的戰略權威者，認為這項措施勢在必行，那麼外交便有責任與其協同努力，盡一切力量從旁協助。」[6]陸軍和海軍之間的溝通往往也好不到哪兒去。在一九一一年帝國國防委員會（Committee of Imperial Defence）審查英國戰略的會議上（一九一四年前最後一次的這類會議），政治人物沮喪地發現，陸軍計畫在法國遭受襲擊時會傾向派遣一支遠征軍前往歐洲大陸，而海軍則打算封鎖德國港口並偶爾進行兩棲襲擊，但認為它不負責讓陸軍部隊安全抵達歐陸。

一如既往，每個國家採取戰略和做出選擇時，都會受到各種因素的影響，包括各自的社會性質和地理特性。由於歷史原因，英國人厭惡常備陸軍（standing army），但德國卻將軍隊視為國家最高貴的組織，至少在其軍官和支持者眼中是如此。此外，英國和日本認為海軍（sea power）[7]對於防禦國家以及發揮武力和影響力時至關重要，但德國、法國、俄羅斯和奧地利礙於陸地邊界易受襲擊，不得不依靠陸軍來確保安全。

歷史是另一個因素。特別是人們在十九世紀研究拿破崙戰爭並廣泛傳播從中得到的公認教訓。這些研究似乎表明，要贏得戰爭，必須由鼓舞人心的領袖發揮勇氣去執行聰明的戰略。因此，從戰略和戰術角度來看，進攻通常優於防守。即使發動戰爭時目標很小，也該按照拿破崙的**全面戰爭**（guerre à outrance）模式，以最殘酷的方式消滅敵人。奧斯特里次（Austerlitz）、特拉法爾加（Trafalgar）和滑鐵盧（Waterloo）等戰役深切影響了十九世紀的人們，幾乎沒有軍事規劃者曾停下來思考，拿破崙最終還是在消耗戰（war of attrition）中被更優勢武力所擊敗。無論在陸地或海上，部隊的機動、分裂敵軍或包抄、決戰的能力仍是最終戰勝敵人的關鍵。然而，如果敵方戰敗後仍不願投降時該怎麼辦？一八七〇年色當（Sedan）戰役以後，法國這個國家[8]（而非其軍隊）仍繼續與德意志聯邦（German Confederation）作戰。某位德國將軍看見同袍計畫在二十世紀初進行新的決定性戰鬥時提出警告：「你不能像帶走袋子裡的貓一樣帶走大國的軍隊。」[9]

海上戰略反映了陸地戰略，這或多或少得歸功於極具影響力的美國理論家阿爾弗雷德·賽耶·馬漢（Alfred Thayer Mahan）。馬漢認為，英國能在十八世紀統治全球，乃是因為它掌控了海權，以及能夠奪取法國殖民地、封鎖其主要港口和截斷其貿易；然而，他也認為，海軍的主要目的是尋找敵方的作戰艦隊，然後封鎖它使其無用，或者與其戰鬥去摧毀它。馬漢和他的許多追隨者駁斥法國綠水學派（Jeune Ecole）[10]的構想，這派人士提倡使用水雷（mine）和成群魚雷快艇（torpedo boat）攻擊敵方海軍，並以**航道之戰**（guerre de course）[11]破壞敵方貿易。

然而，負責制訂戰略的人雖對拿破崙及其偉大的詮釋者普魯士軍事理論家克勞塞維茲（Clausewitz）和法國歷史學家安托亨利·約米尼（Antoine-Henri Jomini）十分欽佩，卻心緒不安，意識到自己正處於瞬息萬變的世界，新技術、新思想和新大眾政治（mass politics）不斷湧現。在這個世界裡，戰鬥時可能不太容易實現拿破崙式的快速移動縱隊攻擊。由於炸藥和冶金學、膛線（rifling）和後膛裝彈技術（breechloading）的進步，步兵武器和火炮皆有所改良，因此攻擊部隊移動時被籠罩的射界（field of fire）[12]日益增長，讓防禦者掌握愈來愈大的優勢，而且守軍點火藥時毫無煙火，又躲在戰壕，基本上是隱蔽的。歐洲的軍事規劃者試圖改變戰術而非戰略來因應這一點。根據一九〇四年的「法國步兵野戰條例」（French Infantry Field Regulations），部隊前進時應更加分散，利用自然物來掩護。相應的德國規定則強調要包圍敵軍防線而非正面攻擊。（沒人想過像西方戰線〔Western Front〕[13]這樣的情況，不可能包圍從瑞士邊境一直延伸到大西洋的戰線。）如果火炮增加且更為致命而導致更大的損失，攻擊者還必須集結並運用壓倒性的砲兵和步兵。至關重要的是，指揮官必須激勵部隊，使將士能夠承受巨大傷亡，面對如雨點般的火炮襲擊時，仍然願意向前挺進。

工業革命之後，軍隊規模便得以擴大，但在擴展甚大的戰場上調動和控制大批軍隊也成了問題。伯恩哈迪和史里芬都勾勒出一個美好的未來，那時有了氣球、電報、駕駛快速機動車輛的傳令軍官／信史（courier）、電話或特殊的光學訊號設備，偉大軍隊的指揮官便可坐在舒適的辦公室裡指揮地面行動。史里芬說道，屆時「現代的亞歷山大將可在地圖上綜觀整個戰場。」[14]到了一九一四年時，科技還不能辦到這點。隨著軍隊持續前進，電報和電話線容易被切斷，而且也很難鋪設。從德軍在一九一四年夏天進攻的經驗可以得知，後方數英里外的指揮部很難了解戰場發生的情況。雖然無線電將在二戰時發揮至關重要的作用，但一戰時仍嫌笨重，編碼和解碼速度也太慢，無法成為替代的通訊手段。

一九一四年之前的歐洲長期承平時期，軍隊可以在受控條件（controlled condition）下進行演習或軍演，因此能夠盡量減少襲擊時所面臨的日益嚴峻情況。奧匈帝國年度軍演的觀察員看到演練竟然不考慮戰爭情況而感到震驚。騎兵向前衝鋒，彷彿不用擔心火炮，步兵則集體筆直前進，攻擊同樣站立的守軍。總參謀部擅於依賴統計數據、地圖和鐵路時刻表去制訂周密的計畫，因此對克勞塞維茲所謂實戰中的「摩擦」（friction）視而不見：所謂「摩擦」，就是不確定性、混亂、事故或錯誤，「能讓看似簡單之事變得困難重重的力量」。[15]史里芬即使在一九〇五年退休，其影響力和思想仍然主導德國最高統帥部（German High Command）[16]的工作，而史里芬認為從動員到勝利是無縫進展。某位德國將軍後來抱怨他在戰爭學院（war academy）接受的教育，說在校時從未討論可能在實戰中下達的命令。

I

儘管歐洲的軍隊經常認為自己在某種程度上與社會有距離，但他們仍然受到當時的思想潮流和假設所影響。十九世紀時，科學有長足的進步，促進了實證主義（positivism）[17]，此乃希望可以研究和測量所有的人類活動。

美國海軍戰爭學院（US Naval War College）創始人以及馬漢的導師海軍代將史蒂芬・盧

斯（Commodore Stephen Luce）認為，「我們應該借助科學去更真實地理解海戰（naval warfare），這似乎是很自然且合理的事情。」[18]綜觀整個歐洲，軍事思想家試圖找出支配戰爭和勝利的規律。克勞塞維茲和約米尼竭盡全力尋找明確的指導。在法國，專家們爭論是否有二十四條或者四十一條法則。戰略愈來愈被視為一種公式，而非一套可不斷適應環境變化的指導方針。

在歐洲大陸，透過徵兵（conscription）和徵召後備軍人（reserve）去組成龐大軍隊的動員計畫成為一種重要的戰略因素。法國曾於一八七〇年動員失敗，近期則有俄羅斯於一九〇四年動員失敗。有人研究了這類案例，作為不有效和及時集中武力而陷入危險的例子。如同法國陸軍參謀長約瑟夫．霞飛（Joseph Joffre）於一九一四年向法國總統聲稱的那樣，動員每拖延一日，德國人便將占領十五至二十公里的法國領土。動員機制相當「科學」（scientific），總參謀部會全心投入，制訂詳細的動員時間表，利用不斷擴展的鐵路網絡，甚至會向政府施壓，要求他們修建鐵路以因應其計畫。到了一九一四年，德國總參謀部鐵路部門（Railway Section）擁有六十名參謀人員，其中包括某些最為聰明且最具野心的軍官，他們擬訂了詳細計畫，要動員和運輸二百一十萬名人員及其物資（包括六十萬匹馬），一旦時刻來臨，數十萬英里的鐵路、電報和電話員工便會被用來運送這些人員和物資。

雖然浪漫主義（romanticism）及其對情感和個人的尊崇似乎與實證主義相反，但軍方卻從中汲取下面的信念：作戰時愈來愈仰賴武器，但透過正確的訓練和適當的激勵，人類可以發展意志和能力去加以對抗。士兵只要有足夠的氣魄，便可無懼於槍林彈雨。克勞塞維茲的狂熱愛好者法蘭西斯・寇恩沃利斯・莫德上校（Colonel F. N. Maude）寫道：「能否順利進攻，取決於如何事先訓練士兵，使其知道如何死亡或避免死亡。」[19]心理學的新學科，特別是法國哲學家亨利・柏格森（Henri Bergson，他宣揚人類的**生命力**〔élan vital〕）的著作，影響了主要軍事思想家，譬如戰前法國軍事行動指揮（Director of Military Operations）路易斯・德・格蘭梅森上校（Colonel Louis de Grandmaison）。他在一九〇六年探討步兵訓練的經典著作中寫道：「有人告訴我們，心理因素在戰鬥中至關重要，他們說的沒錯。但這還不是全部：正確而言，沒有其他的因素，因為其他的因素（包括武器和機動力〔maneuverability〕）都只是透過激發道德反應來間接影響……一切的戰爭問題都是出自於人心。」[20]

而實證主義以及浪漫主義促成了戰前其他的大趨勢，包括了社會達爾文主義（Social Darwinism）、國族主義（nationalism）和軍國主義（militarism）。第一個主義提出一種「科學的」種族分類法，按照進化程度，從最低排列到最高，但此舉誤用了達爾文的進化論。國族主義透過神話來煽動百姓情緒，而神話通常偽裝成歷史、象徵和文化，將個體連結到名為國家（nation）的神祕事物。由於當時是帝國主義列強激烈競爭的時期，以武力奪取和征服殖民地居民經常被視為國家生命力和實力的另一項標誌。國家若不準備為生存而戰，便不配存活。其實，國家透過戰爭會變得更強大。歐洲領袖擔心的是，年輕一代是否會像祖先一樣英勇戰鬥。年輕人過慣了現代生活，是否變得軟弱和被動？也許，正如某些主要思想家所言，戰爭是必要的補品，可以讓年輕人堅強起來，灌輸他們愛國情操。軍國主義在某種程度上就是因應這種擔憂，旨在灌輸平民軍事價值觀（想想那些穿著小號軍服的學童），但它也有助於在社會中提升軍隊和戰爭的神祕感和地位。

在一九一四年之前的幾十年，學術界和民眾對軍事議題漸感興趣。一九〇九年，牛津大學聘請了第一位軍事史教授，這位令人敬佩的戰地記者替新大眾報紙和雜誌撰稿為文。綜觀整個歐洲，陸軍和海軍聯盟有時在軍方的祕密支持下動員平民去提出更多要求，無論是要求募集更大批的軍隊或打造新的戰艦。政府面對民眾施壓時，偶爾會心不甘情不願地回應。這段時期也出現了軍備競賽，加劇了列強之間的緊張關係，並且讓公民突然恐慌起來，害怕敵人會突襲或入侵。

俄羅斯在日俄戰爭（Russo-Japanese War）戰敗之後，從一九〇五～〇六年陷入了動盪，國內幾乎爆發革命，讓整個歐洲不寒而慄，因為這表示國家只要戰敗或未能以足夠的活力進行戰爭，便會面臨內部崩潰的風險。戰爭拖得愈久，壓力就愈大，因此人們普遍認為，未來的戰爭必須速戰速決。多數政策制訂者也認為，歐洲各個經濟體緊密相連，戰爭造成的經濟混亂將在幾個月內使經濟停滯。各國必須做好規劃，要進行短期、決定性的戰爭。這符合軍官階級的傳統和精神，他們通常來自地主和貴族階級，從小就習慣打戰。十九世紀的歐洲變化迅速，中產階級崛起，社會主義運動蓬勃發展，這些軍官擔心自己的社會地位不保。在他們看來，防禦性戰爭會導致軟弱和分裂，而進攻性戰爭不僅光榮崇高，更能團結國家。軍官階層要捍衛國士，社會地位便可獲得保障。

在一九一四年之前的高度全球化世界之中，思想和假設跟商品和資本一樣會跨境流動，因此各國軍隊接受相似的教育、抱持類似的觀點，以及擁有雷同的制度。在十九世紀下半葉，普魯士（後來的德國）總參謀部是別國的榜樣，不僅歐洲如此，遠至日本都建立這套體系。一八八〇年代，普魯士陸軍部長布隆薩特．馮．謝倫多夫將軍（General Bronsart von Schellendorff）編寫的總參謀部職責手冊被翻譯成多種語言版本，甚至還發給英國軍官來啟發他們。軍官們都會閱讀克勞塞維茲和馬漢的著作，以及研究相同的戰鬥。（迦太基名將漢尼拔〔Hannibal〕在坎尼〔Cannae〕包圍羅馬軍隊，這場經典戰役最受歡迎。然而，古羅馬軍事家費邊．麥西穆斯〔Quintus Fabius Maximus〕採用拖延戰術騷擾迦太基軍隊，挽救羅馬於危難之中，但他卻被人忽視了。）軍官們透過軍事期刊可了解各國的最新動態。在倫敦，《皇家聯合軍種研究所期刊》（Royal United Services Institute Journal）經常刊登從德文、法文或俄文翻譯的文章，到了一九〇〇年，它會定期刊登外國軍事期刊的內容。在一九一四年之前，在外國首都派駐的陸軍武官以及觀察彼此演習或戰爭的人數不斷增加，這有助於建立一個知識共享和分享觀點的共同體。日俄戰爭深切影響一九一四年之前的作戰規劃，吸引了來自十六個國家的八十多名軍官，他們長時間彼此討論，經常對日本的優勢和俄羅斯的劣勢得出類似的結論。

一九一四年之前有許多值得觀察的戰爭，而且有足夠的跡象表明，在現代戰爭中，攻擊耗費的成本更高，而且決定性的勝利更難以取得。歐洲軍方在很大程度上解釋了麻煩的案例，並且針對自己對進攻戰爭的偏好挑選了「教訓」。正如美國政治學家傑克．斯奈德（Jack Snyder）和美國國際政治學教授巴里．波森（Barry Posen）等人所言，他們所受的訓練和高度的凝聚力使他們傾向於陷入「團體迷思」（group-think），不願挑戰盛行的正統觀念。波蘭裔俄羅斯金融家伊凡．布洛赫（Ivan Bloch）曾經撰寫一篇探討一八九〇年代戰爭的重要研究報告，他將軍隊描述為祭司階層（priestly caste）。在美國內戰中，進攻部隊一次又一次對抗裝備精良且防守嚴密的守軍，結果前者死傷慘重，傷亡不成比例。某位歐洲將軍告訴布洛赫，說那不是一場真正的戰爭，他絕不鼓勵麾下軍官去參閱他的報告。英國軍方說服自己，說他們在南非對抗躲藏在地下的歐裔非洲農民時最初有所損失，但這只是一種失常，因此無法從中汲取任何教訓。一位英國少將自豪說道，他的同袍認為不可採取守勢，因此很少對此進行研究。[21]雖然觀察家鐵定注意到近期的日俄戰爭中，圍困旅順港（Port Arthur）[22]的日軍傷亡人數幾乎是俄羅斯守軍的兩倍，但當時以及隨後的大量官方歷史主要吸取的教訓是：日本人之所以能取得勝利，乃是因為他們抱持正確的精神。正如格蘭梅森所認為的那樣，日本人能夠取勝，歸功於他們有「絕對和毫無保留的進攻精神，而這激勵了官兵們。」[23]一九一三年，法國通過了一項新規定，指出「法國軍隊回歸傳統，在實施進攻以外的行動時不受任何法律管轄。」[24]一九一二年和一九一三年的巴爾幹戰爭（Balkan Wars）顯然證實了法國有卓越的進攻能力：由法國訓練的保加利亞和塞爾維亞軍隊戰勝了由德國訓練的鄂圖曼土耳其帝國軍隊。

布洛赫有先見之明，他提出警告，指出由於防衛優勢日益增加，現代國家調動資源的能力也逐漸提升，這將導致戰事僵局，也會讓戰爭持續多年。一位英國將軍聽到布洛赫演講後的反應是「婆婆媽媽的所謂人道主義」，偉大的德國歷史學家漢斯・戴布流克（Hans Delbrück）則稱布洛赫的著作只有「業餘水準」，沒有太多值得推薦的內容。法國主要社會主義者尚・饒勒斯（Jean Jaurès）在他一九一〇年的《新軍》（*L'armée nouvelle*）中提出與布洛赫類似的論點。饒勒斯警告說，法國軍隊先前遭到拿破崙欺騙，誤以為打仗只能進攻，防禦是不光彩的，法國人不搞這套。他們研讀克勞塞維茲的著作時，忽視了他探討防守價值的教導。英國歷史學家朱利安・科貝特（Julian Corbett，又譯朱利安・柯白）也看到了海戰中防禦的重要性，並批評海軍戰略家過度強調決定性戰役和制海權（command of the seas）。此外，科貝特也槓上認為海軍足以決定戰爭結果的專家，其中最重要的是馬漢。「人是生活在陸地而不是海上，」科貝特寫道，「要決定交戰國家之間的重大問題，總是（最罕見的情況除外）靠你的軍隊能對敵人的領土和百姓採取何種行動，不然就是讓敵人擔心艦隊會幫助你的軍隊做什麼。」[25]由於英國海軍在經濟戰、兩棲戰和防禦戰方面擁有長期的經驗，科貝特的論點被海軍界傾聽了，但也遭到嚴厲的批評。

商人、社會主義者或赫伯特・喬治・威爾斯（H.G. Wells）之類的科幻作家，都可能因為是平民而沒人理會。如果高級軍官中有任何一人對未來的戰爭有疑問，他們基本上都會保持沉默；然而，從他們一再保證進攻是成功的關鍵便可感覺到，他們在下賭注，認為自己的計畫很快便會成功。他們並沒有打算進行長期的消耗戰，而到了一九一四年，他們大多放棄了交替和防禦性的戰略和計畫。只有瑞士、比利時或塞爾維亞等歐洲小國要面臨更強大的敵人，才會繼續進行防禦性思考和擬定相關計畫。

Ⅱ

芭芭拉・塔奇曼（Barbara Tuchman）和艾倫・約翰・珀西瓦爾・泰勒（A.J.P. Taylor）等歷史學家指出，列強（Great Power）其餘的進攻計畫並未僵化到讓歐洲在一九一四年陷入戰爭。這種觀點早已被一些人士質疑，他們認為，像國族主義或軍國主義這些長期力量，以及一九一四年當權者在特定情況下的決策才是關鍵。至於第一次世界大戰為何爆發，另有一個長期存在的迷思，亦即錯誤描述的「同盟制度」（the alliance system）及其權力平衡，讓奧匈帝國和塞爾維亞之間的巴爾幹半島衝突幾乎不可避免地陷入全面戰爭。無論是德國、奧匈帝國和義大利的三國同盟（Triple Alliance），或是英、法、俄的三國協約（Triple Entente），這些條約都是防禦性的，唯有在成員國遭受無端攻擊時才生效。由於是奧匈帝國向塞爾維亞發動戰爭，所以義大利在一九一四年沒有參戰。在三國協約中，法國和俄羅斯之間有雙邊條約。英國與法俄達成了諒解，儘管外交大臣愛德華・格雷爵士（Sir Edward Grey）針對此事談到了「履行義務」（obligations of honor），但沒有與這兩國簽訂正式協議。並非所有的計畫都像德國的計畫（俗稱史里芬計畫〔Schlieffen Plan〕）那般仔細制訂。那項計畫精心設計，有詳細的動員和部署方案，但法國只有總體方向，大都仰賴戰區指揮官主動提出計策。英國幾乎沒有任何大規模參與歐陸戰爭的計畫。

到了一九一四年，列強制訂的戰略和計畫都是軍隊內部（有時與文職領袖）多年來討論的產物，也是針對國內政治、新技術和戰術以及國際舞台轉變等各種因素來改變和修訂的結果。在一九一四年，法國已經制訂十七項針對德國的動員計畫，而可能有多個敵人的奧匈帝國則針對義大利、俄羅斯、塞爾維亞、蒙特內哥羅（Montenegro）[26]和阿爾巴尼亞（Albania）制訂了計畫。計畫偶爾是單獨的，但更多時候是彼此組合的。值得注意的是，列強都逐漸轉向進攻戰爭，放棄防禦性戰爭的作法，或者，就俄羅斯、德國和奧匈帝國而言，一次只針對一個敵人發動戰爭。不同策略的演變非常引人入勝，但為了理解一九一四年所發生的事情，我們需要了解歐洲領導人當時的想法和計畫。到了一九一五年，如果沒有第一次世界大戰的介入，他們的戰略和計畫很可能會再次改變。例如，英國愈來愈擔心俄羅斯帝國的競爭，而某些俄羅斯政治家則主張與德國和奧匈帝國等其他保守君主政體和解。

III

第一次世界大戰之前，三國同盟是權宜聯姻（marriage of convenience）[27]，但彼此的戰略利益日漸不同，聯盟似乎逐漸要觸礁。義大利最意興闌珊，而且也是最弱的。義大利剛踏上國際舞台，社會嚴重分裂且經濟疲弱不振，雖看似大國，卻虛有其表。如果說整個歐洲的軍民關係都不好，義大利的軍民關係就糟糕透頂了。政客不鼓勵軍事領導人直接與政府部長對話，也很少與他們磋商政策。一九一四年之前三度擔任首相的喬瓦尼・喬利蒂（Giovanni Giolitti）展現出許多文職領袖的典型態度：「將軍不值一提，他們退伍的時候，很多家庭都把最愚蠢的兒子送進軍隊，因為他們不知道如何安置這些笨兒子。」[28]軍方對於政府的外交政策或政府與別國達成的協議知之甚少。一九一二年三國同盟續約時，義大利總參謀長四處抱怨，說沒人告訴他同盟的條款是什麼。義大利軍方只好著手規劃戰爭，可能是策劃一場進攻戰爭，同時等待政府告訴他們敵人是誰。

基於地理和歷史因素，義大利有兩個潛在敵人，分別是法國和奧匈帝國。雖然義大利與奧匈帝國結盟，但義國領導人卻考慮對其開戰，同時努力改善與法國的關係。義大利特別心痛自己的某些領土仍被奧地利統治，但若不向奧匈帝國發動戰爭，便無法實現野心，奪取義大利沿阿爾卑斯山（the Alps）和多洛米提山（the Dolomites）高點的「自然」邊界。奧匈帝國不想喪失任何領土，故其總參謀部仍繼續更新與義大利作戰的計畫。參謀長法蘭茲・康拉德・馮・赫岑多夫（Franz Conrad von Hötzendorf）特別仇視義大利人，並且加強奧匈帝國沿著共同邊界的防禦工事以及調派更多軍隊駐紮。義大利軍方見狀，便擬定了東北邊境的動員計畫。

儘管如此，義大利仍在繼續討論若發生全面戰爭時，能如何對三國同盟做出軍事貢獻，包括阻斷從法國北非殖民地穿過地中海前往法國的軍隊行動，不讓那些部隊在法國南部海岸進行兩棲登陸，或者穿越法國阿爾卑斯山來發動進攻。義大利最受關注的策略是派遣步兵師和騎兵師前往上萊茵（Upper Rhine）[29]支援德國左翼。問題是如何讓部隊抵達那裡。雖然瑞士擁有良好的鐵路系統，但保持中立，不可能同意義國借道。德國最高統帥部對於破壞比利時的中立一點都不會感到內疚，但之所以對於攻擊瑞士猶豫不決，主因是瑞士多山，防禦堅固，更難以攻擊。另一條路線是向奧匈帝國借道，奧匈帝國不願意看到潛在敵人的大軍進入其領土，這點是可以理解的。義大利內部也存在分歧，他們優柔寡斷，行事猶豫。義大利曾在一九一一年入侵鄂圖曼帝國屬利比亞（Ottoman Libya），義國軍隊付出了慘痛的代價，故派軍至萊茵河支持德國就更加窒礙難行。然而，在一九一四年危機爆發時，義大利軍方至少仍在盤算攻擊法國並向德國派遣軍隊。然而，義國百姓卻另有想法，八月三日，義大利宣布中立，讓其盟友和國內軍隊甚感訝異。德國元帥赫穆特．馮．毛奇（Moltke）憤怒地寫信給康拉德，談論義大利的「罪行」，因為義國的舉動嚴重影響了德國本身的戰爭計畫。[30]

數十年來，德國一直認為自己被夾在兩大國之間，西邊是復仇心重的法國，東邊則是資源豐富的俄羅斯。儘管英國是潛在的敵人，但多數德國戰略家認為德國的命運將在陸地上決定。德國試圖修補與俄羅斯的關係，但俄法之間關係日益密切，譬如兩國不僅簽訂共同防禦條約，也有聯合的軍事規劃，法國更大規模投資俄羅斯鐵路，這在在讓德國人相信，他們肯定得面對一場兩條戰線的戰爭。因此，總參謀部面臨的問題是，該如何贏得勝利。

史里芬於一八九一年至一九〇六年之間擔任德軍總參謀長，期間提出讓德國於一九一四年參戰的方案，該方案被冠上他的名字，稱為「史里芬計畫」。儘管美國軍事史學家特倫斯．祖伯（Terence Zuber）懷疑「史里芬計畫」是捏造的，並認為德國的戰略其實是防禦性的，但祖伯的批評者提出了令人信服的理由，指出如果戰爭爆發，德國打算進攻敵人來自我保護，而且會率先採取攻勢。[31] 史里芬最初設想在東部對俄羅斯發動大規模戰役，並且牽制對法軍行動，但法國的軍事實力不斷增強，鐵路網也持續發展，因此史里芬認為應該先在西部對法國發動致命的一擊。德國在東普魯士（East Prussia）的軍隊將繼續防禦俄羅斯軍隊，由於俄羅斯國土遼闊，鐵路也簡陋不堪，動員軍隊的速度必然緩慢。然後，利用德國高效的鐵路系統，將剛戰勝法國的軍隊派往東方迎擊俄羅斯，而俄羅斯一旦失去法國這個盟友，也可能傾向於講和。

法國一直加強德法共同邊境的防衛，因此透過洛林（Lorraine）的傳統[32]進襲路線愈來愈窒礙難行。史里芬想到坎尼（Cannae）的誘人先例，便打算派一支龐大的軍隊從右翼橫掃千軍，借道荷蘭、盧森堡和比利時的平坦土地，從後方包抄法國人。史里芬及其繼任者毛奇皆知，此舉將讓低地諸國（Low Countries）[33]無法維持中立，特別是德國和其他歐洲列強都致力於讓比利時保持中立，而且這將讓英國決定參戰；然而，兩人都認為英國部署緩慢，軍隊規模也太小，故無足輕重，影響不大。

史里芬退休後於一九一三年去世，但此後過了甚久，總參謀部構思和擬定計畫時依舊受到他的理念所影響。在他漫長的任期內，德國一直擬定動員計畫，而接替他繼任總參謀長的小赫爾穆特・馮・毛奇將軍（General Helmut von Moltke the Younger）也照樣不停修改計畫，因此到了一九一四年，德國其實採納的是史里芬—毛奇計畫（Schlieffen-Moltke plan）。德國軍方在戰後發現，乾脆辯稱史里芬制訂了一套確保勝利的傑作，而毛奇更改了它，故導致德軍失利。其實，毛奇更改計畫是為了因應局勢變化。有跡象表明，法國人打算從洛林進攻德國，這促使毛奇加強左翼防衛。他還決定，從右翼包抄法國時將繞過荷蘭，只穿越比利時和盧森堡。從毛奇的推理可知，他根本不相信德軍能迅速取得勝利。如果像他擔心的那樣，戰爭被拖得很長，德國就必須透過荷蘭各港口的「氣管」（windpipe）去獲取急需的物資。這項決定就表示德國的前進部隊將被擠進更狹窄的空間，並且無法像以前那樣避開位於列日（Liège）的比利時堅強堡壘。在一九一四年的危機中，德國政府為了率先奪取列日，發動敵對行動時承受了更大的壓力。

英國軍事史學家修．斯特拉坎（Hew Strachan）指出，之所以有這些變化，表示毛奇對德國能夠擊敗法國和俄羅斯存疑。斯特拉坎還認為，雖然毛奇未能向德國指揮官灌輸單一的戰略願景，讓德國在戰爭頭幾個月的作戰能力受損，但他卻不必對德國的根本困境負起責任：德國及其夥伴奧匈帝國只有一百三十六個師，法國和俄羅斯則有一百八十二個師。[34]話雖如此，德國最高統帥部卻在一九一三年放棄東部部署計畫，該計畫原本能使德國單獨對俄羅斯進行單線戰爭，而德意志皇帝（kaiser）[35]隔年察覺這一點後甚感沮喪。一九一三年以後的動員時間表寫著：「只準備了一**種部署**，亦即德國主力部署**在西線以對抗法國**（*Only one deployment* is prepared in which the German main forces deploy on the *western front against France.*）。」[36]

俄羅斯在一九〇五年以後逐漸復甦，軍事實力也不斷增長，於是有人擔心派去東普魯士的少數德國軍隊能否抵擋俄羅斯的「蒸氣壓路機」（steamroller）37，即便如此，德國的東部計畫早已退居第二位。德國政壇壓根不願去想德國可能會因戰略撤退而損失眾多領土。德國人（即使不是他們的奧地利盟友）也逐漸清楚：雖然史里芬先前推估可以迅速擊敗法國，在戰爭開始後二十七天便能將增援部隊轉移到東部，但這種時間表愈來愈不切實際，因為增援部隊還要過好幾週才能抵達東側。德軍對奧匈帝國的軍隊評價不高，也不相信這個盟友能夠抵禦俄羅斯的進攻，但德國依舊繼續敦促他們要制訂自己的進攻計畫。毛奇讓康拉德沉浸於一幅美好的畫面中：德軍從北方突襲俄屬波蘭（Russian Poland），奧匈帝國則從南方包圍並摧毀當地的俄軍。值得注意的是，對於這個現代坎尼策略並沒有擬定詳細的計畫，毛奇迴避了德軍何時開始進攻波蘭的問題。人們經常引用毛奇在一九一三年對康拉德的一句話，這句話與史里芬曾對前任說過的話相互呼應：奧匈帝國的命運將取決於巴黎附近的塞納河（Seine River），而非波蘭的布格河（Bug）。德國的戰略就是一場豪賭，毛奇知道這一點，但他麾下的許多軍官和奧地利人並不知情。

奧匈帝國和德國從一八七九年簽署條約的那一刻起，兩國的關係便一直處於緊張狀態。畢竟，普魯士先前在創建德國（德意志帝國）的過程中擊敗了奧匈帝國。只是一八九〇年代時，法國持續抱持敵意以及俄羅斯日益疏遠，德國才會依賴某位德國政治家口中的「多瑙河上的那具屍體」。[38]這兩個盟友互不信任，經常很久都沒有針對共同戰略進行磋商，也不會分享軍事計畫。奧匈帝國和德國地理位置不同，抱持的興趣也不一樣，所以目標往往分歧。德國將法國視為主要敵人，而奧匈帝國則不斷留意東邊的敵人俄羅斯，往南則望向塞爾維亞，尤其是塞爾維亞在一九〇三年發生政變之後，反奧地利但親俄羅斯的王朝在貝爾格勒（Belgrade）上台掌權。德國將義大利視為有用的盟友，認為義大利能在戰爭時向法國施壓，但奧匈帝國則將義大利視為敵人，認為義大利圖謀其領土。

到了一九一四年，奧匈帝國的戰略地位已經大幅削弱。它不僅要面對更為強大的俄羅斯，還必須應付塞爾維亞，而在一九一二年和一九一三年的巴爾幹戰爭之後，塞爾維亞的面積幾乎增加了一倍。蒙特內哥羅可能會支持塞爾維亞。曾是盟友的羅馬尼亞已經倒戈，它的十六個半師很可能會加入協約國的部隊。此外，奧匈帝國的國內情勢也同樣動盪不堪。它是一個多民族帝國，礙於波蘭、羅馬尼亞和捷克等地不同國族主義的增長而受到了威脅。奧地利當局特別關心自己的南斯拉夫人，對他們來說，塞爾維亞就像磁鐵和海妖，讓人心懷願景，聚集所有南斯拉夫人，建立龐大獨立的新國家。奧匈帝國領導階層有理由擔心，萬一戰爭爆發，帝國失去領土以後很可能會崩潰。此外，一八六七年的妥協方案[39]削弱了匈牙利和奧地利領土之間的聯繫，以至於兩者其實是獨立的實體，軍隊是僅存的少數帝國體制之一。

即使是帝國的鐵路網（在這段時期的戰爭中，鐵路是關鍵因素）也由兩套不同的系統組成，幾乎沒有連接路線。匈牙利議會多次阻止增加共同軍事預算。因此，奧匈帝國能夠訓練的軍隊愈來愈少，軍人占其人口的比例一直下降，而且軍隊裝備不足，武器也已經過時。一九一二年開始的改革到一九一四年才產生影響，但當時奧匈帝國投入武裝部隊的經費仍然遠低於俄羅斯。此外，它的兩個潛在敵人俄羅斯和塞爾維亞近期爆發了重大戰爭，奧匈帝國從那裡獲得了教訓和汲取了經驗，但它最後一次重大戰爭是在一八六六年對陣普魯士。

康拉德在一九〇六至一九一七年擔任總參謀長時（期間曾短暫下台）面對這些障礙依舊毫不畏懼，仍一手主導奧匈帝國的軍事規劃。儘管他知道軍隊的缺陷和帝國的弱點，卻認為奧匈帝國要維繫大國地位，甚至要求生存，唯一的辦法就是準備與敵人作戰。康拉德與許多同時代人一樣，吸收了社會達爾文主義的思想，熱衷於進攻，於是擬定一項又一項計畫以便取得全面勝利。他充滿活力且自信十足，激勵了一代又一代的年輕軍官。然而，他的上級，尤其是王儲法蘭茲．斐迪南大公（Archduke Franz Ferdinand），見他一再呼籲對奧匈帝國的敵人發動預防性戰爭，便抱持謹慎的態度。義大利是最初的主要目標，但從一九〇九年起，康拉德逐漸將塞爾維亞視為主要的威脅；此外，如果俄羅斯履行保護巴爾幹半島小國的角色，那麼奧匈帝國也更可能與其對戰。這位總參謀長繼續更新分別對義大利和俄羅斯發動戰爭的計畫，同時擬定針對這兩國的兩條戰線戰爭的方案。然而，到了一九一三年，義大利與其聯盟夥伴的關係明顯改善，這項計畫就似乎沒有必要了。

奧匈帝國若是進攻塞爾維亞和蒙特內哥羅，但俄羅斯保持中立，它獲勝的機會便很大。然而，康拉德不知哪來的樂觀，認為即使俄羅斯參戰，他也有時間對付這兩批敵人。在理想的情況下，戰事將會如下依次發生：塞爾維亞會在幾週內先被擊敗，然後預計動員速度較慢的俄羅斯將面臨增強的奧地利軍隊，因為奧匈帝國可以從巴爾幹地區快速調動軍隊，德國也會同時入侵波蘭領土。康拉德將軍隊分成三支，以便讓奧匈帝國盡量能靈活因應情況。A小組擁有大約一半的可用步兵師，將駐紮在俄羅斯邊境附近的加里西亞（Galicia），以便因應俄羅斯的主要攻擊。（如果義大利成為潛在敵人，A小組可能會被派往南方。）巴爾幹小組大約由八個步兵師組成，主要駐紮在塞爾維亞附近，其餘的十二個步兵師則組成B小組，可以根據需要部署到任一戰區（theatre）。這一切調度都是樂觀假設軍方人員可以利用鐵路去管理物流。到了一九一四年，俄羅斯的動員速度已經增快許多，這或多或少要歸功於俄國鋪設了新鐵路，反觀奧匈帝國，其動員仍然緩慢，而且關鍵線路極易受到攻擊而癱瘓。更慘的是，因為阿爾弗雷德．雷德爾上校（Colonel Alfred Redl）叛國，俄羅斯人知道了奧地利的部署計畫及其堡壘細節。這個叛國事件直到一九一三年才被人揭發出來。也許是因為這個原因並為了縮短奧匈帝國在加里西亞的戰線，康拉德決定將部隊部署在距離邊界更遠的地方。這意味著如果要向東發動攻勢，奧地利軍隊將必須再往前推進。

德國和奧匈帝國進入攸關命運的一九一四年之際，彼此在整體戰略上並未協調得更好。雙方都沒有向對方公開要部署的部隊規模或軍隊就位的時間表。要說毛奇不太坦率揭露德國進攻俄羅斯的計畫，康拉德亦是如此，他從未向德國人明確表示他打算迅速擊敗塞爾維亞，然後轉而進攻更北的俄羅斯。根據奧地利戰後的官方歷史，這兩位參謀長「就核心問題拐彎抹角」；德國官方則聲稱，「毛奇和康拉德都不會透露內心深處的想法。」[40]即使是時不時會出現的東線單一指揮官的明智想法，但是奧匈帝國和康拉德都不願臣服於德國，這種構想便胎死腹中。德奧兩國都認為對方能夠做出超出其現有軍力的事情。德國最高統帥部需要奧匈帝國在戰爭爆發前幾週內首當其衝，承受來自俄羅斯的東部攻擊，而奧匈帝國則需要德軍協助，使其稍微能夠與俄羅斯抗衡。

Ⅳ

三國協約的核心關係（亦即法國和俄羅斯之間的關係）則要牢固得多。這項協議以一八九二年首次達成的協議為基礎，在隨後數年中受到確認和闡述完善。法國出資幫助了俄羅斯發展經濟和建構基礎設施，包括鋪設至關重要的鐵路網絡。法俄雙方皆承諾，如果對方受到德國攻擊，無論是德方單獨行動或支持第三國發動攻擊（在法國的情況是義大利，俄羅斯的情況則是奧匈帝國），都會施以援手。有鑑於德國實力堅強，法國和俄羅斯一致認為，擊敗德軍應該是他們的首要目標。到了一九一四年，對德國發動攻擊將是擊敗他們的關鍵。法國和俄羅斯官員會定期會面並交換計畫的訊息。

到了一九一四年，法國人和俄羅斯人也清楚敵人有何計畫。除了從雷德爾透露的寶貴情報得知奧匈帝國計畫之外，俄羅斯人還從德國的準備工作以及東普魯士的軍事演習中得出結論，認為德軍的主攻將會針對法國。法國人也逐漸獲致同樣的結論。他們一直追蹤通往比利時和盧森堡邊境的德國鐵路線，以及萊茵河上橋梁的加固情況。此外，法國情報部門還成功攔截德國戰爭演習和動員計畫的詳細訊息，包括一九一四年春季的軍事方案。法國和俄羅斯在一九一三年達成協議，倘若德國進襲法國，俄羅斯將在兩週以後發動進攻，而要辦到這點，俄羅斯必須能夠快速動員和部署軍隊。

然而，與三國同盟中的義大利情況一樣，法國和俄羅斯無法確定另一個夥伴英國會做什麼。英國人自己也不知道，因此偏向於盡量保持開放的態度。基斯．尼爾森（Keith Neilson）

指出，在一九一四年參戰的國家之中，唯有英國沒有固定的計畫，也沒有與人達成具有約束力的承諾。英國的戰略由兩個主要因素所決定：一是大英帝國要承擔哪些義務和有哪些擔憂之事，二是根據英國附近發生的事情來決定。雖然英國當時擁有全球最強大的海軍和帝國，但它在南非戰爭[41]中陷入困境，意識到自己缺乏友邦，以及採納「光榮孤立」（Splendid Isolation）[42]有其風險。此外，德國海軍的實力不斷增強，挑戰了英國在全球和本土水域的制海權，而德國軍事和經濟實力出眾，日後有可能主導歐陸，封鎖英國於歐陸的商業活動和投資。為了保衛其東方帝國，英國於一九〇二年與正在崛起的日本簽訂了一項海軍條約；此外，為了加強國內安全並保護通往東方的航線，英國還與兩個潛在敵人修復了關係。在《摯誠協定》（Entente Cordiale）[43]中，它解決了與法國懸而未決的殖民問題，然後又在一九〇七年與法國的盟友俄羅斯解決了這類問題。

英國文職和軍事領袖仍對俄羅斯保持警惕，直到一九一四年夏天才同意舉行海軍會談，但他們卻對於和法國商議持更開放的態度。從一九〇六年開始，英軍便與法軍舉行一系列祕密會談，商討若是爆發重大戰爭，英國遠征軍可能抵達並部署於何處等諸如此類的問題。英國從未堅定承諾會派遣軍隊，但根據商談的本質，以及自一九一一年起擔任英國陸軍部（War Office）軍事作戰局長（director of Military Operations）的亨利・威爾遜將軍（General Henry

Wilson）明顯對法國表現得很熱情，讓法國對英國寄予厚望。一九一三年，英法兩國海軍會談達成協議，法國海軍將多數艦隊聚集在地中海，英國則負責防衛法國的大西洋沿岸。這些都不足以構成全面的軍事聯盟，但法國人以及包括格雷在內的英國政府關鍵人物認為，隨著一九一四年的戰爭臨近，他們共同做出了承諾。英國即使參戰了，也等了兩天才決定向法國派遣遠征軍，可是它沒有決定派遣的地點（到底是派往法國左翼的莫伯吉〔Maubeuge〕，或是更南邊的亞眠〔Amiens〕，並在那裡自由行動），直到八月十二日才拍板定案。

法國不像英國，沒有選擇盟友或隨意參戰的自由。法國曾想過會針對殖民爭端而對義大利或英國發動戰爭，但在一八七〇年到一八七一年的普法戰爭慘敗並喪失阿爾薩斯（Alsace）和洛林之後，法國仍然主要是盯緊德國。德國的經濟和軍事實力不斷增強，嬰兒出生率也較高，而且法國內部還在分裂，因此法國人起初別無選擇，只能構思如何採取守勢。在十九世紀的最後二十五年，法國投入大量資源，在與德國接壤的東部邊境建構防禦工事和鋪設鐵路網。與盧森堡和比利時的邊界威脅較小，部分原因是比利時維持中立，也因為法國的規劃者不認為德國能擁有足夠的兵力從右翼橫掃法國，除非德國膽敢動用其後備部隊。法國人對自己的後備部隊評價很低，誤以為德國人也抱持同樣的想法。結果，法國的規劃者（包括最重要的人物，亦即從一九一一年起便擔任參謀長的約瑟夫・霞飛將軍〔General Joseph Joffre〕）

認為德國右翼不會轉移到比利時東側的默茲河（Meuse River）以西。

一連串醜聞，特別是德雷福事件（Dreyfus affair）[44]，以及軍隊與政府之間的危機，在在打擊了軍隊的威信和士氣，也阻礙法國的戰略規劃，而法蘭西第三共和國（Third Republic）戰爭部長也是五日京兆、頻頻換將。此外，對武裝部隊的控制以及軍隊與政府之間的協商也不一致。然而，到了一九一一年，法國在摩洛哥問題上面臨來自德國的新挑戰[45]，當時人們有理由感到樂觀，甚至可以促成民族復興，法國長期的孤立狀態已經結束，如今有了英國和俄羅斯兩個強大盟友。新世代的改革者正在徹底改造軍隊並引介新的進攻戰術理論。一九一三年，法國通過新法，延長義務役役期，有望解決法國對抗德國時兵力短缺的問題。文職和軍事領袖之間的關係也有所改善，新成立的國防最高委員會（Superior Council of National Defense）的成員包括政府資深官員和最高軍事領導，有助於考量和更加適切協調國防事宜。

法國無意率先與德國起衝突，卻與其他歐陸強國一樣，已經放棄了打防禦性戰爭的策略，一九一三年便是個案例。在霞飛的指導下，法國於一九一四年四月發布最後一項戰前計畫，亦即第十七號計畫（Plan XVII），將法國主力集中在東北部，準備德國一旦展開進攻，便沿著法國防禦工事北邊或南邊的東側邊境反擊，或沿著包括比利時和盧森堡在內的戰線向北進襲。根據第十七號計畫，無論是哪種情況，「總司令打算集結部隊，對德軍發動攻擊。」[46]霞飛要求在德國派兵進入比利時之前便先派軍占領比利時，但法國政府為了顧及英國人，拒絕了霞飛的這項請求。法國的最終計畫不同於德國的計畫，並未詳細規定未來的戰鬥方向，只是根據敵人行動概述可能的行動方案，讓軍隊指揮官擁有相當大的自由裁量權。

法國盟友俄羅斯也曾經歷類似的慘敗和復興運動，但時程比法國要短得多。俄羅斯政權經歷一場叛亂後得以倖存，然後開始進行急需的改革，其中包括軍事改革；從近期的對日戰爭吸取教訓來改良軍事訓練、戰術和裝備。雖然影響力十足的「東方派」（Easterners）繼續關注日本，而其他派系則主張揮軍進入黑海（Black Sea）並在陸地上對抗鄂圖曼帝國，但俄羅斯戰略家愈來愈關注來自德國和奧匈帝國（無論是雙方聯手或是單獨出手）的威脅。俄羅斯國土遼闊，足以進行防禦性戰爭，拖到敵人喪失攻擊動力後便加以反擊，如同拿破崙戰爭中的情況。精力充沛且為人能幹的弗拉基米爾・蘇霍姆利諾夫（Vladimir Sukhomlinov）自一九〇九年起擔任俄羅斯帝國的戰爭大臣，他提議放棄俄羅斯西部脆弱的突出領土，亦即北部東普魯士和南部加里西亞之間約二百三十英哩的突出波蘭土地。他的一九一〇年動員計畫提議將俄羅斯軍隊撤回俄羅斯內陸，同時放棄珍貴的堡壘線。高級將領不滿此舉而違抗命令，甚至驚動沙皇及其叔叔國防委員會主席尼古拉斯大公（Grand Duke Nicholas）。此外，到了一九一二年，俄羅斯軍事規劃者從一開始便被迫要規劃進攻戰，而這些戰爭若有必要，還必須同時針對德國和奧匈帝國。具有改革意識的俄羅斯軍官與日俄戰爭的觀察家得出相同的結論，認為日本人能贏得勝利，乃是因為他們無論要付出多大的代價，都會去進行攻擊。俄羅斯的命令、法規和軍事教育便愈來愈強調進攻所能展現的力量。

如今俄羅斯人擬定戰略時念茲在茲的，是要先攻擊德國或奧匈帝國。有人認為法國一直主張前者而支持後者，而這種假設是認定俄羅斯擁有顯著的軍事優勢，但事實證明這種假設是錯誤的。此外，奧匈帝國若是敗於俄國人之手，其眾多民族的某些人可能會叛亂。同理，如果奧匈帝國最初取得成功，俄羅斯的波蘭臣民也可能叛變。統管奧匈帝國前線基輔軍區（Kiev Military District）的米哈伊爾·阿列克謝耶夫將軍（General Mikhail Alekseev）主張，一旦全面戰爭爆發，應「毫不猶豫」便將俄羅斯的多數軍隊派遣到那裡，但俄羅斯軍需官（Quartermaster General）尤里·丹尼洛夫（Yuri Danilov）主張扭轉部署，並向東普魯士發動全面進攻。一九一二年，蘇霍姆利諾夫主持的一次會議達成了一項並不令人滿意的妥協，亦即「讓主力部隊進攻奧地利，但總體上不排斥進攻東普魯士」。某位俄羅斯將軍後來指出，這是最糟糕的決定。[47]

一九一二年期間出現的新動員計畫「第十九號計畫」（Plan XIX）有兩種變體：「A」表

示對奧匈帝國發動大規模進攻，同時對德國採取行動；「G」表示如果德國能夠盡早強力攻擊俄羅斯，就讓大部分的俄羅斯軍隊對抗德國。當然，假使德國如俄羅斯所期望的那樣首先想在西側取得勝利，俄國要採取哪項措施，在很大程度上取決於法國能夠做什麼。第十九計畫預計（但沒有具體說明如何）讓俄羅斯各軍隊之間協調溝通，但其最大的弱點是俄羅斯軍隊分散，在兩個戰區都不具有壓倒性的優勢。在東普魯士，進攻的俄羅斯軍隊將被擠進馬祖爾湖區（Masurian lakes）[48]兩側的走廊，而德國人一直都在當地加固防禦工事。然而，另一個問題是，俄羅斯雖然大量修建鐵路，但並未在邊境附近建造南北線路，讓更多部隊能夠在兩個主要戰區之間移動。雖然本該有第三項選擇，亦即俄羅斯只要動員起來對抗一個敵人，但這從未實現，而沙皇發現，如同他的堂哥威廉二世（Wilhelm II）[49]於一九一四年在柏林所體察的那樣，這場戰爭只能是一場兩線作戰。

V

在一九一四年時，在各國的戰略和計畫中，有些像德國那般詳細，有些卻像英國只是概略草圖，它們著眼於進攻以及贏得決定性戰役，而且不準備打防禦性戰爭，甚至不準備只在一條戰線上作戰，如此便減少了決策者的選項。然而，這些計畫並非憑空存在的。國家競爭、人們的恐懼和驕傲、探討國家興衰的社會達爾文主義理論，以及戰爭將是短暫且能決定局勢的信念，這些都有助於營造擬定戰略和計畫的背景和假設。這些計畫顯得非常科學，讓戰爭看似更有可能，甚至無法避免。

在一九一四年時，某些掌權者批准捲入戰爭步驟，某些人則拒絕如此做，而我們也必須考慮他們所做或未做的決定。當時的統治階級仍然抱持貴族價值觀，榮譽和義務扮演著重要角色。無論是俄羅斯和法國在對方受到攻擊後立即動員，或者俄羅斯要去保衛塞爾維亞，若是違背這些承諾，都是不光彩的。值得注意的是，在一九一四年八月一日，法國駐倫敦大使甚至表示，倘若英國不支持法國，就應該將「honor」（榮譽）這個字從英語中刪除。50

這些計畫和準備措施增加了開戰的壓力，因為對於歐陸強國而言，必須隨時擬訂調動大軍的時間表，以免敵人進攻時措手不及。歐洲的規劃者在確認潛在敵人時，會根據自己一直想定的情境去下結論，猜想對方會採取哪些行動以及抱持何種想法。法國人認為德國人不會在他們的右翼使用後備部隊，因此德國人希望入侵比利時不會讓英國捲入戰爭去對付他們。當你還有獲勝的機會時，去戰鬥可能會更好。一九一四年時，德國最高統帥部擔心，要是拖到一九一七年，德國將不再是俄羅斯的對手。同年，在維也納，康拉德也在狐疑，心想法國和俄羅斯尚未強大到足以入侵奧匈帝國或德國，目前就開戰是否不是最好的選擇。一九一四年戰爭爆發前夕，康拉德在泡溫泉浴時遇見了毛奇，問他若是輸給了法國會發生什麼事。「嗯，」毛奇說道，「我會盡力而為。我們不比法國人強。」[51]

關於一九一四年的各國決定，仍需記住一點，就是自一九〇〇年以來，國際危機一再發生，震撼了歐洲，而且這些危機愈來愈接近，使歐洲人習慣了相互矛盾的兩種觀念。首先，一旦戰爭爆發（而且很有可能），將會是一場牽扯多數或所有大國的全面戰爭。其次是相反的情況，外交官先前憑藉著武力威脅，設法想出了各種維繫和平直到一九一四年的解決方案，而他們將能夠再次如法炮製。即使某些大國開始備戰，如同奧匈帝國和俄羅斯先前在巴爾幹戰爭中所做的那樣，但威脅升級之後歐洲列強會再度聯合起來維護和平。如果不是這樣，戰爭可能會像一場掃清污濁空氣的雷暴，如同普魯士戰爭部長於一九一四年八月四日所言：「即使我們會滅亡，那也很好。」[52]最終，宿命論以及罕見少有的樂觀主義，加上人們對即將到來的戰爭其性質的假設，多方因素結合之下，導致歐洲走向了崩潰的邊緣。

Chapter

2

決戰策略 VS 消耗戰策略

威廉森·莫瑞（Williamson Murray）已取得耶魯大學的歷史系學士和博士學位。曾經在美國空軍服役五年，並撰寫和編輯過許多書籍。目前是俄亥俄州立大學的名譽教授，也是海軍陸戰隊大學的馬歇爾教授（Marshall Professor）。

綜觀歷史，發動戰爭的人幾乎都認為自己能在短期內獲得決定性的勝利，這簡直讓人感到諷刺。克勞塞維茲曾說過最諷刺的一項評論，指出無論政治家或軍事領袖，幾乎都會無視眼前的殘酷現實，只是盲目希望獲得最好的結果。「任何人發動戰爭時（應該說，只要還有理智，就不該這樣做），無不心知肚明自己想達到何種目標，也明瞭該如何作戰。」[1]問題在於，自從工業革命和法國大革命以來，大國皆能強力動員人力和調度資源，如此一來，任何一方想獲得決定性的勝利便成為空想，但有太多國家卻如此異想天開。

其實，戰爭很少能速戰速決，或者某一方可獲得決定性的勝利。一提到戰爭，不言而喻的是，敵人總會有自己的對策，不會照著你的想法作戰，如此一來，戰況便會陷入膠著，撲朔難料，最初的盤算到頭來都將落空；敵人會有出乎意料的作法；機運（chance），或者希臘人所謂的**堤喀**（tyché）[2]，將會介入戰局，從而影響結果；或者，戰事到了最後演變成消耗戰，最好的計畫也將大打折扣。決定戰局的通常是消耗戰所造成的影響。具備人力優勢和掌握更多資源並非一定能夠主導戰局，但肯定能影響戰果。消耗戰最終會影響交戰雙方，占優勢的一方若是無法主導戰局，消耗戰對於較強一方的政治影響便會促成戰爭的結果。

某些歷史學家認為，戰略是一種新概念，因為十九世紀之前很少有這種想法，直到二十世紀，人們才真正普遍運用戰略的概念。這種詭辯忽略了一項事實，亦即人不必擁有「戰略」（strategy）這個詞，便能理解這個概念。最能清楚說明這一點的，莫過於公元前四三一年斯巴達國王阿希達穆斯（Archidamnus）[3]和民選長官[4]斯提尼拉伊達（Sthenelaidas）在斯巴達（Sparta）之間進行的辯論。此後，戰略難題一直糾纏著西方戰爭，而其基本現實在那場辯論中展露無疑。一方面，斯提尼拉伊達認為戰爭將是短暫、迅速以及有決定性的。另一方面，國王則明確警告，說不會有決定性的初步戰鬥，斯巴達將面臨曠日持久的衝突，需要因應在先前戰爭中從未遭遇的情況。

值得研究阿希達穆斯提出的論點，因為這些論點指出發動消耗戰原本就得面臨的困難，以及提到在現實環境中可能沒有其他的選擇。這位國王向斯巴達議會發表演說時，劈頭便坦率指出戰爭的基本性質：

> 各位斯巴達人，我一生參加過諸多戰爭，而我看到在場的某些人與我同年齡。他們和我都有過作戰經驗，不太可能對戰爭興致勃勃，也不會認為戰爭是件好事或安全的事情。[5]

阿希達穆斯警告議會，針對雅典的戰爭將是他們從未經歷過的武裝衝突，不會像他們對伯羅奔尼撒半島（Peloponnesus）上對過去三百年敢於挑戰斯巴達霸權的城市所做的那樣，只需將重裝步兵（hoplite）排成方陣（phalanx）[6]便可打垮雅典人。反之，斯巴達人將面對一個雅典人組成的國度，其國力源於他們對海洋的控制，並且他們擁有巨額財富，人口也是希臘之最，而雅典的盟友更是對他們繳納了大量貢品。

阿希達穆斯接著提出關鍵的戰略問題：「那麼，我們怎麼能率性便對這種民族發動戰爭呢？如果我們毫無準備便貿然開戰，又該如何應對呢？我們的海軍在哪兒？……還是我們可以依靠我們的財富？……我們要打一場什麼樣的戰爭？」這位斯巴達國王隨後明確警告他的戰士：

> 我們誤以為摧毀了他們的土地，戰爭很快就會結束，但我們絕不能這般癡心妄想。我擔心我們更有可能會收拾不了殘局，把戰事留給我們的後代。[7]

阿希達穆斯隨後向議會提出一項策略，打算增強斯巴達的經濟和財政實力，特別著眼於補強海軍的弱點。那是一項長遠的戰略，認為對雅典宣戰是現代歷史學家所謂的「前所未見的戰爭」（a war like no other）。[8]在判斷是否開戰這個關鍵問題時，總有人能提出合理的論點，認為有可能快速獲得決定性的勝利，但這些人幾乎都是錯的。這正是問題所在，因為政治家和強國在開始發生衝突時，無不相信他們即將發動的戰爭將會迅速結束且能獲得決定性的戰果。其實，自一五〇〇年以來，西方列強之間的戰爭幾乎都是曠日持久的消耗戰，這類戰爭正如拿破崙所言：「天助強者」。[9]我們可能會發現，打從一八一三年以來[10]，上帝也一直站在擁有最多資源的一方。

I

尋求決定性的勝利與消耗戰的沉重負擔，這兩者之間落差甚大，法國大革命和拿破崙戰爭將其表現得最為突出。法國某些較為激進的革命分子起初向普魯士和奧地利宣戰而開啟戰爭，因為他們相信若能快速取得勝利將可鞏固自己的地位。然而，結果並未如此，此舉反而鼓勵普魯士人和奧地利人（他們當時主要著眼於幫助俄羅斯人吞併波蘭的殘餘地區[11]）正視法國大革命所代表的威脅。

其實，捲入革命的法國所發動的戰爭只是讓其他大國震驚並處於劣勢。法國人調集了人力和資源，將奧地利人、普魯士人和俄羅斯人擊退。法國軍隊起初大多是烏合之眾，但他們後來歷經死亡，不斷把同袍屍體裝入屍袋，從中學習，記取教訓。法國人能夠承受更高的人員耗損率，故能逐漸統治西歐。拿破崙無疑是史上最偉大的將軍，但他卻以驚人的方式改變了戰場。到了一八〇〇年，這位科西嘉島人（Corsican，指拿破崙）已經奪取法國政權。他曾有一段時間接受和平方案，同時處理法國的政治、經濟和軍事問題。然而，英法兩國不到一年便撕破臉。

拿破崙是軍事天才，除了亞歷山大大帝（Alexander），歷史上沒有任何將軍能與之匹敵。此外，他還擁有非凡的政治和行政天賦。話雖如此，拿破崙缺乏一種界限感，不知何時該收手。他最初打算入侵不列顛群島（British Isles）。然而，到了一八〇五年夏天，當奧地利人和俄國人集結要進攻法國時，入侵不列顛群島顯然是不可能的。[12]因此，拿破崙派遣大軍（Grand Army）橫掃德國[13]，並於一八〇五年十月在烏爾母（Ulm）擊潰了「不幸的」麥克將軍（General Mack）及其麾下的奧地利軍隊。一八〇五年十二月，拿破崙在奧斯特里茲戰役（Battle of Austerlitz，又名「三皇會戰」）[14]中徹底摧毀了奧地利和俄羅斯的聯軍。這場勝利剷除了奧地利人。一八〇六年，拿破崙在耶拿—奧爾施泰特戰役（Battle of Jena-Auerstädt）中於一天之內摧毀了整個普魯士軍隊和國家。一八〇七年，輪到俄羅斯人遭殃了，這位法蘭西皇帝在弗里德蘭戰役（Battle of Friedland）中摧毀了俄羅斯軍隊，迫使沙皇亞歷山大（Tsar Alexander）講和。拿破崙在這三年戰功彪炳，歷史上沒有哪位將軍能與其相提並論。

到了一八一三年，拿破崙的世界卻發生了變化。當他試圖從遠征俄羅斯的災難中恢復之際，卻發現即便在戰場上獲勝，也不足以能取得暫時的成功。在戰役的前半段，亦即奧地利人於一八一三年春天促成停戰之前，拿破崙在包森（Bautzen）和呂岑（Lützen）贏得了兩場重大的勝利。普魯士人和俄國人仍然堅守在戰場上。隨著停戰協定破裂，奧地利人於一八一三年夏末參戰。盟軍的戰略是要避開拿破崙主力，轉而打擊他的其他軍隊。這位皇帝再次於德勒斯登（Dresden）取得了重大的勝利。然而，七週以後，聯軍在萊比錫（Leipzig）將法軍逼入絕境。等到法軍棄械投降時，雙方已發射了二十萬發砲彈。聯軍損失五萬四千人；法蘭西折損將近七萬人。[15]

拿破崙於一八一三年獲得數次的勝利，但聯軍為何先前沒有崩潰？因為英國提供了大量的財政和經濟援助，讓同盟國能夠對法國軍隊進行消耗戰。綜觀一八一三年，除了提供經濟援助，英國還向普魯士和俄羅斯供應了十萬支步槍，而瑞典人則收到四萬支步槍。[16]與此同時，英國人還為伊比利亞半島的西班牙人和葡萄牙人以及威靈頓（Wellington）[17]的軍隊提供裝備。英國之所以能夠如此大規模提供援助，一切皆得益於他們的工業革命。英國的經濟早在一七七〇年代便已經起飛。到了一八〇〇年，英國的煤炭產量是法國的二十倍。[18]最能顯示英國經濟實力大幅成長的標誌，莫過於其厚實的商業實力。一七六一年時，英國商船噸位

（tonnage）為四十六萬噸；到了一八〇〇年，噸位已經增至一百六十五萬六千噸。[19]拿破崙戰爭的諷刺之處在於，到了戰事結束之際，只要敵方擁有人力、資源和繼續戰鬥的意願，便不再可能獲得決定性的勝利。

II

克勞塞維茲在他的獨創性著作的末尾提了一個難以回答的問題：「未來會一直如此嗎？從現在開始，歐洲的每一場戰爭都會動用國家的全部資源，因此只能解決攸關人民的重大問題才能進行戰爭嗎？」[20]以後將會證明這個答案是模稜兩可的。在一七九二年至一八一五年可怕的戰爭災難之後，大國試圖將民族主義的妖魔鬼怪放回盒子裡，並且或多或少取得了些許成功。然而，大西洋彼岸發生的事件卻讓人警醒，知道一旦戰事發生，顯然會拖延成長期的消耗戰。

一八六一年，美國內戰如同噩夢一樣爆發，對戰雙方皆異常兇猛，撕裂了這個新國家的政體。這場戰爭將十八世紀末兩次偉大的軍事——社會革命（法國革命和工業革命）融合在一起。[21]戰爭剛爆發之際，雙方都不了解何謂戰爭，更是摸不清對手底細。對南方白人來說，北方對手是一群社會最底層的傢伙（工廠工人）和貪婪的資本家，而北方人的普遍看法是，多數南方白人效忠於合眾國，但被種植園主人所誤導。雙方都認為可以快速結束戰爭，取得決定性的勝利。

當時有某些人率先了解這場戰爭可能帶來什麼後果，前美國總統尤利西斯・格蘭特（Ulysses Grant）[22]便是其中之一。一八六二年二月，他的聯邦軍隊取得了一系列驚人的戰果，捕獲一整批邦聯軍隊以及占領亨利堡（Fort Henry）和多納爾森堡（Fort Donelson），從而敲開了田納西河（Tennessee River）和坎伯蘭河（Cumberland River）以及南方邦聯的中心地帶，但格蘭特的田納西軍隊卻在一八六二年四月夏羅之役（Battle of Shiloh）中面臨邦聯軍隊的猛烈反擊。這是南北戰爭中的第一場殺戮之戰，戰鬥持續了兩天，造成一千七百多人死亡，八千多人受傷。

格蘭特在他的回憶錄中寫道：

> 在夏羅之役以前，我和其他成千上萬的公民都相信，如果能夠對叛軍的任何一支軍隊取得決定性的勝利，反叛政府的勢力便會突然且迅速地土崩瓦解。多納爾森堡和亨利堡就是這樣的勝利……然而，邦聯軍隊集結以後，不僅試圖守住更南邊的防線……但我發動攻勢，並

且如此賣力去奪回失去的戰果，然後我除了徹底征服敵人之外，不再抱持其他拯救合眾國（聯邦）的想法。23

我們從格蘭特身上看到一位認清現實的將軍。他愈來愈了解戰爭更廣的戰略和政治框架，並且意志堅強，願意根據戰爭情勢去作戰，即使這樣會牽扯消耗戰略。

格蘭特看到了殘酷的現實，邦聯最偉大的將軍羅伯特・愛德華・李（Robert E. Lee）24卻沒有看到。當東線25邦聯盟軍指揮官約瑟夫・約翰斯頓（Joe Johnston）在一八六二年五月下旬的七松之役（Battle of Seven Pines）中受傷以後，李便接管了後來成為北維吉尼亞軍團（Army of Northern Virginia）的司令一職。從那時起直到戰爭結束，李將一直尋求對波多馬克軍團（Army of the Potomac）26取得決定性的勝利。他在首場戰役中便讓喬治・麥克萊倫將軍（General George McClellan）的軍隊一敗塗地，將聯邦軍隊從里奇蒙（Richmond）的大門趕了出去。然而，無論李獲得多麼關鍵的勝利，軍隊卻傷亡慘重，表示他擊敗了麥克萊倫和對抗他的聯邦將軍，卻沒有擊敗聯邦士兵。截至半島會戰結束時，南方邦聯軍傷亡人數為二萬九千二百九十八人，聯邦軍的傷亡人數則為二萬三千一百一十九人。

回想起來，李將軍必須參加某些戰鬥，特別是波多馬克軍團進入維吉尼亞中部，試圖擊敗北維吉尼亞軍團（Army of Northern Virginia）去占領里奇蒙時。菲德里克堡（Fredericksburg）[27]、錢瑟勒斯維爾（Chancellorsville）和一八六四年聯邦軍對在北維吉尼亞的攻勢就是這類的戰鬥和戰役。然而，李的戰爭方略帶有一絲侵略性，其目標顯然是要取得決定性的勝利，套用拿破崙的話來說，這將可結束戰爭。半島會戰結束之後，他率軍去攻擊北維吉尼亞州的聯邦軍隊。聯邦的約翰・波普將軍（General John Pope）不幸於維吉尼亞軍團在第二次馬納薩斯戰役（Second Battle of Manassas）[28]挫敗而飽受屈辱。從那時起，李便不斷尋求決定性的勝利，於是便在一八六二年九月入侵馬里蘭州（Maryland），結果在安提頓戰役（Battle of Antietam）損失慘重而撤軍。這場戰役的傷亡數字是美國軍事史上最慘重的一天：聯邦軍（北軍），一萬二千四百一十人（二千一百零八人死亡）；邦聯軍（南軍），一萬零三百一十六人（一千五百四十六人死亡）。[29]在上述戰役中，雖然聯邦軍的人員損失在帳面上比較嚴重，但北維吉尼亞軍團的損失卻在百分比上更為慘重。

李尋求決定性勝利，卻讓邦聯軍付出慘痛的代價，而最能清楚表明這點的，莫過於蓋茨堡會戰（Getrysburg Campaign）。李在錢瑟勒斯維爾取得重大勝利之後不久，便於一八六三年五月十八日前往里奇蒙會見邦聯[30]總統傑佛遜・戴維斯（Jefferson Davis）和戰爭部長詹姆斯・塞登（James Seddon）。這兩位平民長官敦促李釋放隆史崔特（Longstreet）的軍團以支援西部的邦聯軍隊，因為這批邦聯軍隊顯然難以應付在密西西比河東岸威脅州首府傑克遜（Jackson）和維克斯堡（Vicksburg）的格蘭特田納西州軍團（Army of the Tennessee）。李卻提出異議，並且要求這兩位長官允許他率軍入侵馬里蘭州和賓夕法尼亞州（Pennsylvania），以便能夠對波多馬克軍團取得決定性的勝利，從而結束戰爭。[31]

諷刺的是，就在同一天，格蘭特在冠軍山之戰（Battle of Champion's Hill）擊敗了彭伯頓（Pemberton）的密西西比軍團（Army of Mississippi），使西部的戰略情勢從嚴峻轉為災難重重。李率軍進攻賓州之後，卻在蓋茨堡會戰中遭受挫敗。從七月一日至三日，北維吉尼亞軍團對波多馬克軍團發動了一系列的猛攻。截至戰事結束時，南軍死亡四千四百三十六人、傷亡二萬二千六百二十五人，而北軍傷亡人數為二萬三千八百一十三人，其中死亡人數為三千一百七十九人。[32]

當李在東部尋求決定性勝利時，聯邦軍隊正在緩慢但堅定地突破西部的邦聯陣地，扎扎實實打進邦聯的中心地帶。儘管可藉由西部的河流通往南部某些生產力最高的農業地區，但更大的戰略困難在於距離遙遠，其距離比歐洲大上一個量級。[33]那麼，聯邦軍隊面臨的問題主要在於，該如何在這般遙遠的距離上部署軍隊。

格蘭特在回憶錄中指出，某些將軍在衝突爆發初期宣傳複雜的戰爭理論（他顯然指的是約米尼[34]的弟子，亦即南北戰爭時期的北軍高級將領亨利・哈勒克〔Henry Halleck〕），但從格蘭特的角度來看，這種理論根本無關緊要。對格蘭特和他頑強的副官威廉・薛曼（William Sherman）來說，關鍵在於要解決一系列困難且相互關聯的問題，譬如：遠距離部署軍隊、所需的後勤支援，以及敵人如何回應聯邦軍隊的舉動。換句話說，格蘭特和薛曼不是戰爭理論家，而是解決問題的將領，會努力去應對面臨的情況。格蘭特在一八六三年十一月於查塔努加戰役（Battle of Chattanooga）中擊敗田納西州軍團以後，開始從戰術指揮官轉變成作戰指揮官。坎伯蘭軍團（Army of the Cumberland）在奇卡莫加戰役（Battle of Chickamauga）中敗北之後，林肯政府不得不任命格蘭特為西部戰區聯邦軍隊的總司令，而格蘭特完全沒有辜負他們的期望。儘管如此，林肯直到一八六四年二月底才提拔格蘭特，命其全權指揮聯邦軍隊。

格蘭特於西部指揮軍隊的三個月裡，他和薛曼制定了爾後薛曼將在一八六四年執行的戰略。需要進行大量的後勤準備，才能向亞特蘭大（Atlanta）推進，而這取決於北方的工業資源，能否提供枕木、鐵軌、電報線路和口糧，以及滿足火車頭和貨車的主要訂單。在冬季期間，格蘭特和薛曼徹底重建了納什維爾（Nashville）[35]和查塔努加之間的主要鐵路線，同時在關鍵地點駐紮工程維修部隊，並建造堡壘來保護每個主要渡口的橋梁。他們還在查塔努加設置補給站，如此一來，當薛曼的軍隊往南向亞特蘭大推進時，工程師便可隨著他前進時延伸這條後勤補給線。結果是，邦聯軍隊無法讓薛曼的鐵路交通線中斷超過一天。[36]

薛曼進攻亞特蘭大時獲得足夠的後勤支援，凸顯了美國內戰已經大致轉變為物資爭奪和消耗戰。《俄亥俄人報》（*The Ohioan*）估計，薛曼的軍隊向亞特蘭大挺進時，每天需要接收十六列以上的火車，每列火車大約拉動十四節貨車，因此每天運抵前線的物資總共高達一千六百噸。從五月初到十一月十二日，這些補給線支援了一支由十萬名士兵和三萬五千匹馬和騾子組成的軍隊，而在十一月十二日，薛曼突破了他的補給線，開始向喬治亞州（Georgia）的中心地帶挺進。薛曼在他的回憶錄中指出，若沒有這些鐵路，北軍不可能打贏亞特蘭大戰役（Atlanta campaign），而即使如此，聯邦軍隊能夠獲勝，乃是因為「除了戰勝敵人必需的手段，我們還能維持和保護這些鐵路。」[37]

格蘭特指揮聯邦軍隊以後，制訂了一項雙重戰略，打算無情消耗邦聯軍並摧毀他們的作戰能力（製造業和農業），然後迫使南方人不願意繼續戰鬥。他明確向薛曼告知他的整體戰略：「如果敵人保持沉默，讓我採取主動，使軍隊的各個單位共同努力，並且在某種程度上有個共同的核心。而根據我的設計，」薛曼的任務是：「對抗約翰斯頓的軍隊，將其擊潰並盡可能深入敵軍，盡量破壞他們的戰爭資源。」格蘭特對波多馬克軍團指揮官下達的指令是：「你的目標將是李的軍隊。無論李走到哪裡，你就去哪裡。」[38]

對北維吉尼亞州的進攻變成了一場漫長、可怕、致命的征戰。從一開始，李將軍便無法抵擋聯邦軍的進襲。維吉尼亞的戰鬥以平局結束，但南軍傷亡不斷，逐漸耗盡了氣力。在西部，約翰斯頓打了一場不那麼激烈的戰鬥，但薛曼的軍隊卻逼近了亞特蘭大。然而，約翰斯頓的拖延策略卻惹怒了傑佛遜．戴維斯；因此，這位邦聯總統在一八六四年七月，指派約翰．貝爾．胡德（John Bell Hood）取代約翰斯頓，但這步棋卻是下錯了。這位田納西州軍團的新任指揮官跟李一樣採取相似的侵略作戰，可惜他欠缺後者的軍事能力。胡德很快便丟失了亞特蘭大，讓薛曼得以施展「向大海進軍」（March to the Sea）的戰略，直逼喬治亞州，使其陷入危險的境地。胡德為了尋求決定性的勝利，卻在一八六四年十一月和十二月的富蘭克林戰役（Battle of Franklin）和納什維爾戰役（Battle of Nashville）中讓他的殘餘部隊遭到殲滅。

薛曼和他的精銳軍隊沒有受到任何抵抗，直搗喬治亞州，並於一八六四年十二月底抵達沙凡那（Savannah）[39]，全軍毫髮無傷。他在那裡從聯邦海軍的補給船上收到六十萬份口糧。薛曼估計，他的部隊向大海進軍時，給喬治亞州造成了一億美元的損失（這在當時是天文數字）；二百萬美元用於支持他的部隊，其餘的則完全是肆意破壞的結果。[40] 一八六五年二月，薛曼向大海進軍之後，又在南卡羅來納州（South Carolina）發起一場毀滅性的戰役，將當地的建築物全部夷為平地。

最終，人員和物力的優勢決定了美國內戰誰勝誰負，南方白人消沉到底，鬥志全無，除了投降，別無他法。然而，我們不應該認為格蘭特採取的消耗策略在某種程度上是一種盲目的作法，只是利用北方占優勢的人力和資源來粉碎敵人。一八六四年的戰略，旨在對邦聯及其軍隊施加最大壓力，因為北軍認為此舉可讓邦聯防禦崩潰，最終令其抵抗意志全面潰散。

那項戰略花費的時間比應有的時間要長，因為有三個關鍵部分（向雪倫多亞河谷〔Shenandoah Valley〕[41]的推進、對莫比爾〔Mobile〕[42]的進攻，以及從百慕達百戶邑〔Bermuda Hundred〕[43]對里奇蒙的進襲）都是由政治將軍（political general）[44]所指揮，而姑且不論這些將才如何，林肯要尋求連任都必須仰賴他們。此外，領導波多馬克軍團的將軍奉行迂腐的軍事文化，不僅缺乏主動，幹勁也不足，並且總是不遵守上級指示。儘管有這些弱點，格蘭特的戰略最終還是打破了南軍抵抗的大壩，給邦聯及其軍隊帶來難以承受的壓力。他的戰略是迫使邦聯打一場持久的消耗戰，而南方既欠缺所需的人力，也不具備資源，根本難以求生存。格蘭特其實制訂了一項成功的策略，不僅充分利用了北方的優勢，也顧及林肯要連任總統的政治現實。

III

當美國內戰逐漸在北美大陸平息時，中歐卻爆發一系列戰爭，給歐洲人留下了截然不同的印象。從一八六四年起，普魯士首相（Prussian Chancellor）[45]俾斯麥（Otto von Bismarck）一方面讓普魯士與奧地利發生戰爭，另一方面又讓普魯士與丹麥爆發衝突，打算從根本上改變歐洲的權力平衡[46]。俾斯麥之所以如此有趣，乃是因為他有非凡的頭腦，他不僅能用英語、拉丁語、法語、俄語和義大利語說話和寫作，也了解自己有哪些缺陷。某位歷史學家曾如此描述：「認識俾斯麥的人都認為他傲慢無比，但令人驚訝的是，俾斯麥卻認為自己能力有限，承認政治家的理解力和能動性（agency）[47]非常有限。」[48]普魯士軍隊日後會取得一系列驚人的勝利，但其作戰時，這位鐵血宰相是深刻了解普魯士當時置身的歐洲外交和戰略環境。最重要的是，我們必須明白，俾斯麥沒有擬訂宏偉的戰略計畫。正如他曾言：「人無法創造當前的事件，只能隨波逐流並掌舵前行。」[49]

俾斯麥能夠善用他那個時代的特殊局勢，同時看穿敵人的弱點。最重要的是，他的目標是讓他所事奉的君主得以擴展權力和提升威望。就其最重要的戰爭而言（亦即一八六六年對奧地利的戰爭），俾斯麥能夠操縱奧地利宣戰，使其看起來像是侵略者。此外，當普魯士人與奧地利人爭奪中歐的控制權時，他能夠讓其他歐洲大國持觀望態度，保持中立。軍事分析家認為奧地利擁有更強大武力。他們錯了。奧地利之所以在柯尼希格雷茨戰役（battle of Königgratz）中慘敗，不僅是普魯士軍隊在戰場上表現出色，也是俾斯麥使出手段的政策，孤立了維也納，再加上奧地利本身無能懦弱。俾斯麥隨後介入，阻止老毛奇（elder Moltke）和他的將軍們向這個奧地利首都進軍。這些將官發現自己無法在維也納環城大道（Ringstrasse）舉行勝利遊行，因此暴跳如雷。然而，俾斯麥能夠締造和平，確保普魯士能夠直接或間接控制德意志邦國，而奧地利則沒有失去任何領土，也不必賠償。

俾斯麥解決戰爭時，打算讓奧地利人不會因為戰敗而承受太大的痛苦，進而會接受失敗而不會想要復仇。此外，他有充分的理由懷疑法國皇帝拿破崙三世（Napoleon III）會忍不住去干涉仍然獨立的南德意志各邦國的事務。一八七〇年夏天，普法戰爭爆發，俾斯麥運用戰略，幫助普魯士和德意志軍隊對抗法國。奧地利和俄羅斯當時袖手旁觀，而俾斯麥則命令毛奇不可讓軍隊進入比利時邊境和英吉利海峽，以確保英國不會插手這場戰爭。

毛奇和麾下眾將軍充分善用他們發動的單線戰爭，在梅茲（Metz）和色當包圍並擊垮了拿破崙三世的軍隊。然而，戰爭還沒結束。當偽帝國[50]崩潰時，當時在巴黎掌權之士宣布成立共和國[51]，透過革命煽動民族主義，讓百姓齊力對抗入侵者。其實，俾斯麥早已打著德意志民族主義的旗纛，將德意志南部各邦國納入德意志帝國（German Reich）。因此，當時絕對有可能發生五年前美國剛結束的那種內戰。然而，由於法國的軍隊葬身於梅茲和色當的要塞城市，幾乎沒有下級軍官和士官可以訓練法蘭西共和國徵召的新兵。因此，嚴格來說，戰爭雖在隔年春天才結束，但其實前一年的夏末便已告終。在過去五百年來，只有在為數不多的戰爭中曾經有某一方取得決定性的勝利，德意志的統一戰爭便是其中之一，最終創建了德意志帝國。即便俾斯麥之後的德意志皇帝和希特勒帝國的戰略領導能力一塌糊塗，統一戰爭的成果依舊保存了下來。德意志統一戰爭的不良示範在於，它們給人的印象是歐洲大國之間未來若發生戰爭，戰事是短暫且決定性的。

Ⅳ

在一九一四年的災難發生以前，歐洲人又收到了一次警告，但這項警告大致上卻是模稜兩可。一九〇四年，日俄戰爭爆發，雙方爭奪滿洲的勢力範圍。在戰術層面上，這場衝突凸顯出一點，就是火力將比以往在戰場上發揮更關鍵的影響力。在戰略層面上，這場戰爭只會強化許多軍事領袖及其政治國師的信念，亦即下一場戰爭絕對必須是短暫且決定性的。

這兩個強國發生了衝突。俄國沙皇尼古拉二世（Tsar Nicholas II）尤其遲鈍，做出諸多蠢事，其中之一就是將日本人描述為「黃猴子」（yellow monkeys）。[52]反觀日本人，他們卻也抱持樂觀態度。從雙方起初在旅順港（Port Arthur）[53]和滿洲的戰鬥起，這場戰爭就變成了消耗戰。日本封鎖旅順港並進行近乎自殺式的猛烈攻擊，最終迫使俄羅斯人交出港口。與此同時，滿洲的戰鬥演變成一場兇狠的混戰，日本人緩慢但穩定進逼，最終擊退俄羅斯人。沒有什麼決定性的勝利。

雙方看不到能從戰場取得重大的勝利，於是同意由美國總統西奥多・羅斯福（Theodore Roosevelt）[54]居中斡旋來結束衝突。有兩個因素迫使日俄上談判桌和解。對俄羅斯來說，各大城市爆發了大規模示威活動，幾乎引發內戰而威脅到政權的穩定。簡單來說，這場戰爭從一開始就不受人民歡迎，而俄羅斯在陸地和海上一系列挫敗只是加劇了這個因素。在日本方面，儘管英國和美國提供了大量貸款，但帝國政權仍然面臨嚴重的財政困難。

許多歐洲軍事分析家得出的教訓是，日俄戰爭凸顯了一點，亦即雙方都未能取得決定性勝利，這在在顯示下一場戰爭最好是短暫且決定性的。如果軍隊未能獲勝，國家就會真正陷入危險，有可能會破產或引爆革命，甚至兩者接踵而來。這場戰爭凸顯了現代火力的戰術和作戰現實，強國對此幾乎都心知肚明；然而，這個因素卻被更大的戰略信念所掩蓋，亦即從政治角度來看，必須取得決定性的勝利，如此便得犧牲大量士兵的生命。這種信念所導致的結果是，到了一九一四年十二月，歐洲軍隊為了追求幻想中的決定性勝利，已經犧牲了大約**三百萬**士兵。

德意志帝國的悲劇在於沒有政治家追尋俾斯麥的理念。相反的是，德皇威廉二世（Kaiser Wilhelm II）無法理解德意志面臨的戰略問題。更危險的是，在檢視統一戰爭時，德意志「總參謀部的作者將勝利完全歸功於正規軍……尤其是參謀人員。」[55]德意志的軍事人員忽視了戰略和克勞塞維茲的格言，亦即「戰爭是透過其他方式的政策延續」。其實，他們根本懶得閱讀文獻，更遑論研究戰略歷史學家了。第一次世界大戰前不久甫從（普魯士）戰爭學院（Kriegsakademie）畢業的蓋爾．馮．施韋彭堡將軍（General Geyer von Schweppenburg）於第二次世界大戰後寫信給英國軍事史學家與理論家李德哈特（Liddell Hart）：「如果你聽到我從未讀過克勞塞維茲、戴布流克或德國地緣政治學家豪斯霍弗爾（Haushofer）的書，一定會非常震驚。我們總參謀部對克勞塞維茲的看法是，他是理論家，其著作值得教授去閱讀。」[56]

從一八七一年到一九一四年，各大國之間維繫了相對的和平。當時的大多數軍事專家和理論家認為，從德國統一戰爭看來，下一場戰爭將是短暫的。話雖如此，還是有人以卡珊德拉式（Cassandra）[57]的方法看待未來。曾帶領德意志軍隊在統一戰爭中取得勝利的老毛奇在擔任總參謀長的最後幾年提出警告：

如果戰爭爆發，無法預見戰爭會持續多久，以及如何結束……在這些（大國）中，沒有一個會在一場，甚至兩次戰役中被徹底擊潰而被迫宣布戰敗或締結一項要負法律義務的和平……先生們，這可能是七年戰爭（Seven Years War）[58]，也可能是三十年戰爭（Thirty Years War）[59]；那些先把火柴丟進火藥桶、點燃歐洲戰火的人有禍了。[60]

在一九一四年的災難發生以後，歷史學家和其他評論家認為，總參謀部及其計畫的目的是要取得短暫且決定性的勝利，忽略了現代步槍、機關槍和火砲的殺傷力。其實，軍方早就很清楚現代科技的殺傷力。問題在於，當時的經濟學家和金融家極力主張現代世界極為脆弱，無法承受長期的衝突。[61]因此，如果不能取得決定性的勝利，要嘛會引發革命，要嘛會導致金融崩潰。

戰爭初期最重要的將軍或許是一九〇五年以前一直擔任普魯士總參謀長的史里芬。德意志的地理位置特殊，接壤兩個敵對的大國，因此史里芬認為，「可能會爆發一場彈盡糧絕的壕溝戰（trench warfare），甚至非常有可能」，而敵方的封鎖會讓帝國陷入極大的困境。此外，他認為這類衝突很可能會促成革命，讓帝國的政局動盪不安。[62]然而，從史里芬的觀點來看，消耗戰「在國家需要不斷從事貿易和發展工業方能生存時是不可能的：其實，如果要再次啟動已經陷入停頓的機器，迅速做出決定是至關重要的。」[63]史里芬的解決方案是集中帝國的軍力，在一場決定性的戰役中擊垮法國，從而在一開戰便消滅它。

然而，將計畫（以及希望）建立在一場短暫而決定性的戰爭之上的，並非只有德國人。法國人也拼湊出一套更不切實際的計畫，打算派遣部隊越過法德邊境發動進攻，然後運用必定會造成重大損失的戰術學說而承受嚴重的人員傷亡。[64]顯而易見的是，幾乎沒有人準備去打長期的消耗戰。法國的計畫漏洞百出，在開戰後的頭幾個月就失去大部分的重要工業區。在德意志方面，一九一四年八月對帝國九百家最大的工業企業進行的調查發現，平均而言，這些廠家的庫存僅能夠維持連續六個月持續生產。[65]唯有英國皇家海軍實際做足準備，打算對德國發動經濟消耗戰，可惜英國卻沒有做好政治布局，以便順利執行這項戰略。[66]

歐洲列強根據缺陷的假設發動戰爭，但到了一九一四年年底，面對各處悶燒的廢墟，他們驚覺自己陷入了一場大規模的消耗戰，無論透過軍事手段或政治管道，都無法從這場泥淖中逃脫。交戰各國唯有繼續嚴重消耗人力和資源，此外別無他法。十八世紀的兩次偉大的軍事──社會革命，亦即工業革命和法國大革命，相互結合在一起，為歐洲國家提供了前所未聞的動員力量，以及利用人口和資源的能力；自從拿破崙戰爭結束以來，這兩種能力都成長了一個量級。此外，第一次工業革命已經演變成第二次工業革命，徹底改變了製造業的本質。說句實話，一九一四年的現代國家絕非脆弱的人類組織。它擁有龐大的政經實力，而參戰各國當時都著眼於殺死敵手或讓對方挨餓。此外，英國和法國也能夠善用農業革命，這場革命不僅發生在大西洋彼岸的美國，也發生在遙遠的澳洲和紐西蘭。[67]

不僅敵對國家的經濟和政治實力大幅增長，支持民間社會及其軍事組織的技術也已經發生了巨大的變化。無煙火藥（smokeless powder）[68]、硝化甘油炸藥（nitroglycerine）、射程可達數英里而非數公尺的大砲，連鐵絲網、機關槍、機動車輛和飛機等簡單的民間發明物都已問世。然而，包括軍方在內的人士無法完全理解該如何組合這些東西，然後將其運用於戰場。海軍艦隊司令要指揮速度超過二十節（knot）的大型戰艦，但他們先前只有以見習軍官（midshipman）[69]的身分乘坐部分由風帆提供動力的船隻出海觀摩。此外，讓問題變得更加複雜的是，某位歷史學家曾經估算，敵對雙方在打戰時會在戰場上引進不少於四十四次的技術變革，每一次變革都會大幅影響如何實施戰術和做出行動。[70]

結果會導致一場可怕的消耗戰，從法蘭德斯（Flanders）[71]和法國的巨大墓地和紀念碑便可略見一斑。將軍們並不愚蠢，他們其實在某些方面會在下一次大戰中勝過對手，因為他們必須適應瞬息萬變的世局，因為交戰雙方隨時都在發生巨大技術變革，同時還會試圖發展全新的作戰手段。

英國人歷來描述索姆河戰役（Somme）[72]時，大多認為那是一場慘烈的失敗戰役，直到最近才改口，不再這般定論。英國人此前忽略英國軍隊曾不斷適應他們在西線所面臨的條件。一九一六年八月，某位英國軍官指出：

觀測氣球、彈藥庫、輕軌、預製的「艾德里安」（Adrian）兵營；一切都不是臨時拼湊，每一種可能性都在預料之中，前線就像一座運轉中的巨型工廠，遵循任誰都無法脫軌的計畫。[73]

除了英國在索姆河戰役第一天遭受的慘重損失以外，英法傷亡人數約為五十六萬人，德國則損傷了四十六萬五千名士兵。然而，在嚴峻的消耗戰中，德國人其實是失敗了，因為他們已經承受不了士兵傷亡。

然而，即便交戰各國不斷承受消耗戰的殘酷損失，某些將軍卻堅持要獲得決定性的勝利來結束衝突。對於索姆河和法蘭德斯的攻勢，英國遠征軍（British Expeditionary Force）司令道格拉斯·黑格（Douglas Haig）堅信有可能取得重大突破，然後擊敗德國人，取得決定性的勝利。德國名將魯登道夫（Ludendorff）在一九一八年春季發起攻勢時也跟黑格同樣樂觀。然而，他雖然相信有可能徹底突破，但不願為進攻部隊分配作戰目標，遑論戰略目標了。

一九一八年春天，德軍憑藉戰術，取得了一系列令人震驚的勝利。他們不僅在西線首次突破敵軍前線，更深入了敵人的後方。[74]然而，魯登道夫發起這些進攻之後，軍隊卻損失慘重，有將近一百萬名士兵傷亡，德軍流血過多，在秋季時便潰不成軍。英國第三集團軍（British Third Army）[75]近期的歷史回顧總結了這場慘烈衝突的消耗情況：

一九一八年的百日戰役並未發生滑鐵盧事件。在第一次世界大戰時，大部分時間都是一系列嚴峻的消耗戰，而非一場驚心動魄的戰鬥，戰爭是在這種情況下結束的。這場戰爭廝殺激烈，雙方都艱苦對抗到底，德軍傷痕累累，雖然倒下了，卻還沒死亡。當它最終在十一月崩潰時，其崩潰速度之快，程度之徹底，超出一個月前任何人的預期。[76]

V

消耗大量人力和資源以後滿目瘡痍，軍事專家和民間評論家對於到底發生了什麼深感困惑。這點並不奇怪，德國人大致上很少留意導致他們失敗的戰略因素。他們通常會說，德軍在戰場上所向披靡，未嘗敗績，只是被猶太人和共產黨人從背後捅了一刀。在第一任地下參謀總部總長的領導下，德軍確實徹底審視在戰爭中使用戰術後得到的教訓，這對德意志國防軍（Wehrmacht）[77]在下一場戰爭中取得初步勝利發揮了關鍵作用。[78]那位總長的結論是，德國人在戰爭初期非常危險，因為他們將分散的侵略戰術體系與裝甲機械化部隊結合起來。

德軍內部的某些人察覺到更嚴重的戰略問題，亦即德意志帝國的地理位置不佳，無法獲得現代消耗戰所需的原材料，特別是石油產品。[79]然而，德國人考慮或準備長期消耗戰時絲毫沒有納入這類觀點。希特勒在一九三三年一月下旬上台以後，發起了大規模重整軍備的計畫，但當時其實並沒有戰略或經濟框架。這位元首[80]只是給了各軍種大量資源，允許他們分頭做事，並未全面指導他們彼此該如何協調。戰後，國防軍最高統帥部（Oberkommando der Wehrmacht）[81]經濟部門負責人格奧爾格．托馬斯將軍（General Georg Thomas）如此描述戰前的經濟體系：「我只能說，在希特勒所謂的『領導國家』（Leadership State）中，領導力蕩然無存，而且疊床架屋、職責重複且工作相互矛盾。」[82]

德國人根本不去認真思考其戰略地位，到了一九三〇年代，只知道拼命努力防止金融崩潰，同時尋找重新武裝軍隊所需的原料。為了解決德國缺乏原物料的問題，希特勒於一九三六年開始實施「四年計畫」（Four-Year Plan），但這只是在浪費資源，進一步讓帝國陷入經濟窘境。同時，各軍種繼續完全獨自實施大規模的重整軍備計畫。

在英國，思考如何打下一場戰爭大致上仍屬外部評論員的權限。在一九三九年三月以前，英國政府一直得到絕大多數民眾的支持，仍然堅持以動用軍隊干預歐陸事務的政策。英國軍事理論家約翰·弗雷德里克·查爾斯·富勒（J.F.C. Fuller）和李德哈特極力主張要讓軍隊機械化以及建立坦克部隊。英國軍隊確實在英格蘭中南部的索爾茲伯里平原（Salisbury Plain）進行了多次引人關注的演習；然而，諷刺的是，德國人從這些演習獲得的收穫似乎比英國人更多。到了最後，李德哈特為了淡化他呼籲軍隊機械化的主張，認為英國應該重拾其所謂的十八世紀戰略，盡量少派士兵投入歐陸，並強調藍水學派（blue-water school）[83]理論，從外圍攻擊敵人。其實，他對英國十八世紀戰略的看法是錯誤的。最終，李德哈特為張伯倫政府護航，從中駁斥主張歐陸戰略人士的論點。

唯有蘇聯人和美國人認真思考了未來消耗戰所涉及的問題。史達林（Stalin）深受布爾什維克主義（Bolshevism）偏執多疑的影響，於一九二九年開始實施偉大的「五年計畫」（Five-Year Plan），而當時蘇聯尚未面臨真正的軍事威脅。這些計畫的成本高得離譜，尤其是人員傷亡慘重。到了最後，蘇聯確實因為這些計畫而奠定了經濟基礎，得以堅守陣地並擊退德意志國防軍於一九四一年夏秋兩季的猛烈攻勢。蘇聯對未來戰爭的態度也反映出馬克思主義強調工業實力的意識形態本質。在史達林於一九三〇年代末期進行死傷慘重的清洗行動之前，紅軍認真進行了一項研究，該研究強調在蘇聯境內如何進行遠距離軍事行動，而我們可以從弗拉基米爾・特里安達菲洛夫（Vladimir Triandafillov）和米哈伊爾・圖哈切夫斯基（Mikhail Tukhachevsky）等將軍的思想中看到這點。這並非一種強調決定性勝利的策略。

當許多美國人民仍然像個鴕鳥把頭牢牢埋在沙裡時，美軍便研究了長期消耗戰所牽扯的問題，率先建立軍隊工業學院（Army Industrial College，如今是德懷特・艾森豪國家安全和資源戰略學院〔Dwight D. Eisenhower School for National Security and Resource Strategy，簡稱艾森豪學院〕）去研究動員所涉及的問題。美軍之所以要在這方面投入心血，原因是美國在一九一七年動員行動時表現得一塌糊塗，也因為美國若要參與任何重大戰爭，都必須將軍事力量投射到遠洋。只有倡導空中武力[84]的人士才會一直認為有可能打一場決定性戰爭。一般來說，除了德國人之外，主張空中武力的人士無不認為，只要出動飛機進襲，便不必重演一戰大量消耗人力和資源的噩夢。[85]兩次世界大戰期間鼓吹空中武力的人其實都沒有吸取前一次戰爭的教訓。義大利人朱利奧．杜黑（Giulio Douhet）是第一位重要的空權理論家，他無論在戰爭期間和戰後都認為，派遣轟炸機編隊作戰，既可以縮短戰爭時間，又可以降低戰爭成本。他的著作壓根沒有提及如何防禦空襲。唯一的防禦之道就是攻擊敵人；國家不需要投入任何資金去建立陸軍或海軍。

直到一九四三年以前，杜黑在義大利以外幾乎沒有任何影響力，但英國和美國也有人提出類似想法，認為空中力量有可能作為贏得決定性戰爭的武器。英國皇家空軍（Royal Air Force，簡稱RAF）指揮官認為，轟炸機是空中力量的關鍵要素，英國應該將轟炸機當作主要，甚至唯一的攻擊武器。除了讓民眾放心之外，防空毫無意義。轟炸機的目標應該是敵方的人口中心，因為正如一戰所示，平民受到轟炸之後，士氣會迅速瓦解。他根據自己對戰爭看法，堅信派遣轟炸機必定能夠成功。幸好張伯倫政府在一九三〇年代末期強調防空，同時投資成立戰鬥機司令部（Fighter Command），並非他們相信防空的功效，而是因為戰鬥機更便宜。

美國飛行員也著眼於戰略轟炸（strategic bombing），但他們關注的是，攻擊之後能否重創敵人的工業網絡。[86]在他們看來，攻擊滾珠軸承、石油、交通和電網等產業將引發廣泛的騷亂，進而逐漸癱瘓敵人的整體經濟系統。以B-17為代表的遠程轟炸機可以在沒有護航戰鬥機保護下深入敵區摧毀目標，不會遭受「難以接受的損失」（unacceptable losses）。英國人和美國人深信，戰略轟炸將是下一場戰爭的決定性武器，可以在不造成飛機或機組人員重大損失的情況下達到克敵致勝的效果。如果能夠適切支持空權，就不會重演前一次戰爭中將士因壕溝戰而損失慘重的情況。

海軍則呈現了有趣的對比。日本人知道美國人明顯擁有強大的經濟優勢，因此制訂戰略方針時認為，必須要在衝突爆發時立即痛擊實力較弱的美國才能使其棄械投降。從一九二〇年代開始，美國人抱持馬漢式（Mahanian）[87]的信念，相信美國海軍的戰艦可橫渡太平洋痛擊日本，贏得決定性的勝利。到了一九三〇年代末期，這種信念已經消失，轉變成更為複雜的太平洋戰爭概念，亦即美國人必須透過一系列兩棲行動橫渡太平洋，方能奪取基地，持續往前推進。海軍規劃者相當擔憂的是，這種戰役耗費過多的人力和資源，無法獲得美國民眾的支持。然而，珍珠港事件爆發之後，這個問題便迎刃而解。反觀歐洲，英國皇家海軍非常聰明，已經為下一場戰爭做好了準備，因為他們知道封鎖德國是至關重要的戰略步驟。可惜指揮官唯一的誤判便是低估了潛艇的威脅。幸運的是，他們面對的是似乎沒有從前次戰爭學到任何教訓的德國海軍。建立一支由戰艦和巡洋艦組成的艦隊來攻擊英國商船，這種構想比一戰時的公海艦隊（High Seas Fleet）[88]更加缺乏想像力。卡爾・鄧尼茲海軍總司令（Admiral Karl Dönitz）指揮的德國U艇（U-boat）戰爭極度缺乏想像力，而且我們應該記住，德國人曾在一戰中密碼被破譯，到了二戰還是重蹈覆轍，遭受了更嚴重的後果。

VI

第三帝國（Third Reich）[89]在欠缺大戰略和聯合軍事戰略的情況下便參與第二次世界大戰。根本沒有閃電戰戰略（Blitzkrieg strategy）這種東西。帝國的三個軍種反而分頭擬定戰術和作戰概念，幾乎沒人討論各軍種該如何配合。[90]此外，軍方將國家戰略完全交給元首處理。正如日後的陸軍元帥埃里希・馮・曼斯坦（Erich von Manstein）在一九三八年八月所言：迄今為止，元首的政治和戰略判斷已被證明是正確的，軍方不應干涉。希特勒對於希望帝國如何創建**大德國**（Judenfrei）[91]當然有宏偉的戰略願景，但他並不知道可用戰略去務實判斷手段和目標，遑論知道別人可能擁有的優勢。[92]

希特勒確實比麾下的將軍更了解帝國有哪些經濟弱點。他的政策大致上都是臨時擬定的，旨在利用局勢，而他當然也知道其他民主國家不願意採取嚴肅認真的立場。他認為英法不會因為波蘭而開戰，特別是在《德蘇互不侵犯條約》（Nazi-Soviet Nonaggression Pact）簽署之後。然而，他甘冒與他認為由弱者領導的國家發動戰爭的風險。希特勒在一九三九年指出，由於西方列強早已啟動重大的重整軍備計畫，德軍需要善用現有的軍力去迅速進襲。

一九三九年九月，英法參戰，其戰略方針最終可贏得這場戰爭，但這兩國的短期戰略有誤，將招致災難性的後果。他們的戰略完全是防禦性的，打算利用經濟實力和封鎖讓德國人挨餓，然後迫使其屈服。從各種主要的層面來看，這都是一種消耗戰略。英國和法國的戰略方針非常明確，有可能會對德國施加強大的經濟和軍事壓力。[93]他們本可以在挪威和里茲（Leeds）[94]之間放置水雷，在一九三九年到一九四〇年之間的冬季時讓重要的瑞典礦石無法運送到德意志帝國。他們也可以對義大利施加經濟和心理壓力，迫使墨索里尼（Mussolini）參戰。他們甚至可以對法德邊境的重要經濟區薩爾（Saar）發動小型的攻勢。

英法沒有這樣做。他們想打一場消耗戰，沒打算發動重大的軍事行動。一九四〇年四月，英法戰略備忘錄提醒同盟國領袖：

因此，在戰爭的頭六個月裡，德意志帝國似乎沒有遭受任何損失……同時，它也利用這段時間加強了陸軍和空軍的裝備，提升了軍官戰力，完成了部隊的訓練，更進一步增加了野戰師。[95]分析非常到位。盟軍毫無作為，讓德國人善用自身的資源，最後一擲骰子豪賭，導致了歷史上最大的災難。

德國能夠獲勝，除了運氣之外，也因為法國無能透頂，而且其國防軍在戰場上的表現也十分出色。[96]邱吉爾（Churchill）將一九三四年至一九三八年這段期間描述為「蝗蟲年」（locust years），因為西方列強放棄了戰略和軍事優勢。他們讓財政和經濟極其脆弱的德意志逃脫了消耗戰，一直要到德國人決定在一九四一年六月入侵蘇聯，並且在當年十二月對美國宣戰，他們才嚐到苦頭。

一年多以後，希特勒入侵蘇聯，堅信史達林統治的邪惡帝國將在幾週內崩潰。陸軍估計擊敗蘇聯需要十七週。他們的假設是，國防軍可在進襲的頭幾週內摧毀蘇聯紅軍（Red Army），然後要考慮如何占領廣大的土地。當然，德軍最初進展順利，似乎證明這種估計合理正確。一次次的大捷接踵而至，令人眼花瞭亂：六月，在明斯克（Minsk）俘虜三十萬名士兵；七月，在斯摩倫斯克（Smolensk）俘虜三十萬人；九月初，在基輔（Kiev）包圍圈俘獲六十萬人；在布良斯克—維亞濟馬（Bryansk-Vyazma）戰役的雙重勝利又俘虜了六十萬人。然而，這些戰役都沒有起到決定性的作用。[97]

戰略問題在於，一旦衡量蘇聯以及英美列強與德國在經濟實力上的差距時，上述這種程度的勝利根本無關緊要。儘管德軍入侵後蘇聯造成了巨大的混亂，但是到了一九四二年，蘇聯在坦克產量上仍以四比一的優勢輾壓德意志，在火砲方面則以三比一的優勢占據上風。[98]一九四二年的春冬兩季，蘇聯生產了四千輛坦克和一萬四千門火砲，比德國人產量高出一個等級。[99]

邱吉爾和美國總統富蘭克林·德拉諾·羅斯福（Franklin Delano Roosevelt）是擊敗德國人和日本人的關鍵戰略家。兩人都知道，英美別無選擇，只能打消耗戰。從最廣泛的角度來看，英國與美國皆屬於島國，有這種地理位置，以及考慮到兩國捲入衝突的情況，消耗戰便不可避免。然而，他們選擇如何動員國家去對抗軸心國，凸顯了他們根據自己面臨的軍事和政治現實來擬定戰略的能力。兩人尤其強調要對敵人發動大規模空戰。他們起初希望透過空戰能夠迅速獲得決定性的戰果，或者至少這是飛行員所下的承諾。邱吉爾和羅斯福爾後面對嚴峻的空中消耗戰時卻能堅持到底。

軸心國生產飛機時面臨難以解決的問題。早在不列顛戰役（Battle of Britain）[100]時，納粹德國空軍（Luftwaffe）的戰力便已經大幅落後。一九四〇年的最後六個月，英國工廠平均每月生產四百九十一架噴火戰鬥機（Spitfire）和颶風式戰鬥機（Hurricane），而德國工廠平均每月僅生產一百四十六架梅塞施密特Bf109戰機。[101]如果將美國生產的數量納入來比較，德國人會陷入更絕望的境地。到了一九四二年的上半年，英美兩國的戰鬥機產量跟德國比較的話，大約是三比一（一千零九二比三百七十三）。針對四門引擎轟炸機的總數，英美與德國的差距更為明顯，為二百六十八比十五。[102]

軍事史學家試圖淡化空戰對擊敗納粹德國（Nazi Germany）的貢獻。其實，同盟國最終能夠擊敗德國人和日本人，空戰發揮了最重要的作用。空戰很快就演變成大規模的消耗戰，這與戰前空權預言者推斷的完全不同。一九四三年春天，英國皇家空軍轟炸機司令部（RAF Bomber Command）向魯爾（Ruhr）[103]的主要城市投擲了三萬四千噸炸彈，直到那時才開始重挫德國經濟。德國國防軍軍備監察局（Armaments Inspectorate）回報，由於這次的轟炸，一九四三年四月一日至六月三十日之間的煤炭產量減少了八十一萬三千二百七十八噸。[104]鋼產量比同期目標減少四十萬噸。傷害逐漸蔓延到其他領域，造成鑄件、鍛件和零件短缺。[105]轟炸機聯合進攻（Combined Bomber Offensive，簡稱CBO），特別是美國針對德國飛機生產至關重要的工業進行轟炸，將在一九四三年的後半年開始產生重大影響。七月時，全新和翻新的Fw190戰機和Bf109戰機的數量為一千二百六十三架；到了十二月，產量幾乎下降了一半，跌至六百八十七架。[106]

盟軍聯合對德國進行轟炸，迫使德國人不僅拼命建造戰鬥機來直接回應，而且還嚴重扭曲整體的戰爭策略。從一九四三年起，大約德國戰時經濟百分之六十投入飛機、防空武器、彈藥以及復仇兵器V-1和V-2飛彈的生產。[107]然而，儘管轟炸機聯合進攻在二戰發揮了至關重要的作用，但代價卻異常高昂。從一九四三年四月到一九四四年五月，美國第八航空隊（Eighth Air Force）幾乎每個月都會損失百分之三十的飛官。[108]戰爭期間，皇家空軍轟炸機司令部約有十二萬五千名飛官，其中五萬五千五百七十三人（超過百分之四十四）在出勤時陣亡；八千四百零三人受傷；九千八百三十八人成為戰俘。[109]轟炸機聯合進攻讓許多才華洋溢和熱誠奉獻的飛官傷亡，損傷之慘重，與一戰不相上下。此外，機身的材料成本也比一戰高出一個量級。

VII

走筆至此，令人感到諷刺的是，一九四五年八月，兩顆原子彈就讓對日戰爭在幾天之內結束。「小男孩」（Little Boy）和「胖子」（Fat Man）似乎是戰爭的決定性武器。然而，不到五年，蘇聯卻與美國相互抗衡，雙方展開一場可怕的軍備競賽。到了一九六〇年，兩國都擁有數量龐大的核武，聲稱能夠瞬間擊潰對手，轟炸之處將只剩一片廢墟。唯一的問題是，即便對方能夠存活，他們也得住在核武肆虐後的荒原上。

即使擁有絕對的武器也無法擺脫以下的困境：在工業時代，往往沒有快速通往決定性勝利之路。邱吉爾目睹過一場從早期便打消耗戰而最終取得勝利的戰爭，他的話說得最動聽：

永遠、永遠、永遠、永遠不要認為打戰會一帆風順，或者戰果能手到擒來。只要踏上那段奇怪航程，都會經歷各種潮汐和風浪。對戰爭狂熱的政治家必須體認，一旦發出信號，他們便不再能主導政策，只會受制於難以預見和無法控制的事件……永遠都別忘記，無論你如何確信自己可以輕鬆獲勝，只要對方認為自己沒有戰勝的機會，就不會發生戰爭。[110]

Chapter

3

戰略和總體戰

威廉森・莫瑞（**Williamson Murray**）已取得耶魯大學的歷史系學士和博士學位。曾經在美國空軍服役五年，並撰寫和編輯過許多書籍。目前是俄亥俄州立大學的名譽教授，也是海軍陸戰隊大學的馬歇爾教授（Marshall Professor）。

「總體戰」（total war）是克勞塞維茲筆下的「絕對戰爭」（absolute war），其最佳定義是某個國家傾注所有的人力、資源和工業潛能，以便對單一或數個敵人宣戰。最純粹的總體戰是二十世紀前半葉的產物，在法國大革命和美國內戰中便可窺見它的面貌。總體戰通常是對抗一個絲毫沒有道德底線或政治倫理的敵人。國家若是一路下來實施總體戰，最終會忽視或摒棄在和平時期對自身文化至關重要的標準。因此，總體戰不僅是軍事行動，還摻雜各種攻擊敵人經濟和百姓的手段。

總體戰是僅存在約兩百年的一種現象。綜觀歷史，曾有許多發動戰爭的國家對敵人進行無限制戰爭（unconstrained warfare），但這些都不能稱為總體戰，因為他們沒有動員整個社會去參與戰爭。公元一世紀初期，羅馬將領瓦魯斯（Varus）率領的三個軍團慘遭擊潰，羅馬帝國見狀，讓提比略（Tiberius）[1]和日耳曼尼庫斯（Germanicus）[2]發動一系列戰役，摧毀萊茵河沿岸部落區的一切。然而，此時的羅馬帝國早已江河日下，苟延殘喘，奧古斯都大帝（Emperor Augustus）捉襟見肘，限制重重，無法重建任何一支先前遭日耳曼人摧毀的軍團[3]。向敵人發起的無限制戰爭或許可稱為一部分的總體戰，但兩者無法混為一談。

總體戰的構成要件更為複雜。國家的官僚和行政體系必須要能深入社會，才有能力去發動總體戰，同時百姓也要效忠國家，才願意支持國家徵募青年當兵、徵收稅款和提出其他超乎常理的要求。唯有在外敵危及國家生存的非常時期，人民才願意支持總體戰。要百姓自動自發支持，前提是他們要體認到唯有動用一切資源，國家才能免於覆滅。偶爾這也涉及是否了解戰略的可行性。一九四〇年夏天，邱吉爾已然明白，英國能否生存，取決於美國以及次要的蘇聯是否意識到英國若是戰敗，他們的利益也會受損。因此，他調動英國的資源時，沒忘記加入一項戰略信念，亦即其他列強將會發現自己捲入了一場對抗納粹德國的戰爭。

I

法國大革命的革命者於一七九三年對抗奧地利和普魯士聯軍入侵，我們或許能將其視為「總體戰」的濫觴。同年八月，共和國的公共安全委員會（Committee of Public Safety）面臨嚴峻的軍事情勢，宣布實施全民動員（leveé en masse）。此初版聲明在後續的幾年仍然持續引起迴響：

從現在開始，直至將敵人從共和國領土驅逐為止，所有法國人隨時都應受軍隊徵用。年輕男子要上戰場；已婚男子要鑄造武器和運輸補給；婦女將縫製軍服和帳篷，並在醫院服務；孩童要去拾荒；老年人則應被送到公共廣場鼓舞士氣，散播仇恨君主的言論，同時號召共和國全體團結一致。4

此政令的開場白已廣為人知。較不為人知的是，它還明訂了法國政府有權限制公民權利：「禁止以任何形式的結盟或集會……無論任何情況，均不允許工人集會去表達不滿；集會應予以驅散；教唆者和領頭者應予以拘捕法辦。」5爾後證明，這些對法國軍備生產者的限制與擴張法國軍隊同等重要。

其實，法國大革命就是逐步創建現代官僚暨獨裁國家，所有個體及其財產均受國家支配。共和國領袖曾呼籲要消滅所有的內部和外部敵人。某位副手便慷慨陳詞：

這是一場法國人對抗法國人、手足對抗手足、連同君主對抗國家的戰爭；這是一場對內戰爭，同時也是一場對外戰爭；這是一場權貴對抗平民的戰爭；一場特權對抗全民利益的戰爭；一場墮落惡行對抗公私道德的戰爭；一場專制暴政對抗公民自由安全的戰爭。6

全民動員以後，促成了前所未見的動員規模。克勞塞維茲在他的經典著作《戰爭論》

（*On War*）如此總結：

> 動員資源似乎並無止境。在政府與臣民[7]的活力和熱忱下，任何限制都不存在……戰爭突然再度成為人民事務。這個具有三千萬人的民族，人人自認為公民……人民參與了戰爭；以前是由政府和軍隊來作戰，而現在是傾全國之力投入戰爭。如今可運用的資源和灌注的精力遠超乎常規限制。目前已沒有什麼可以阻擋投入戰爭的氣勢，法國的敵人最終將面對極大的危機。[8]

到了一七九三年秋季，已有超過七十五萬名法國士兵投身戰場。[9]可供法國軍隊調度的士兵大幅衝擊了戰場。無論這些未經訓練的民兵原本有什麼弱點，他們都迅速學會了如何作戰。共和國在一七九三年情勢危急之際頒布了苛刻政令，但民兵能立即成為作戰新血，便不再需要嚴格執行這些法令。雖然法國革命者先前呼籲「總體戰」來對抗內憂外患，但當時能落實這種構想的行政和法律管控手段尚未存在。這些手段在法國大革命和拿破崙統治時期開始陸續浮現，但一直要到二十世紀，總體戰才並非紙上談兵。在拿破崙戰爭結束後的一個世紀裡，只有克勞塞維茲這位評論家了解究竟發生了什麼：

會有這些改變，並非法國政府擺脫了政策的束縛，而是因為法國大革命為法國，甚或全歐洲創造了新的政治環境，讓新的手段和新的力量開始運轉，從而出現先前在戰爭中不可能存在的沛然能量。[10]

熱月政變（Thermidorian coup）[11]之後，人們就不再提總體戰了，因為能對民眾施加如此殘酷要求的政治基礎已經不存在。拿破崙在十八世紀末順利掌權[12]。在許多層面上，他可謂法國大革命的產物。拿破崙才能出眾，努力不懈，但眾仙子忘了在他的嬰兒洗禮上賦予他傑出戰略的能力。這位法皇一旦遇到戰略或政治問題，唯一想到的就是訴諸戰爭。在一八一二年之前，拿破崙都無需訴諸總體戰。督政府（Directory）的徵兵法為他提供了人力，而他占領的國家則成了他的經濟來源。

到了一八一二年十二月，一切都改變了。當時大軍團（Grand Army）的四散殘軍正從俄羅斯回國，拿破崙其實已經失去了軍隊和裝備，而各路敵人正在聚集，準備推翻他一手打造的帝國。在此生死存亡之際，拿破崙決定依照法國大革命者和他共同建立行政和法律體制，實施舉國動員。他的上校副官阿爾芒—奧古斯丁—路易．科蘭古（Armand-Augustin-Louis

Caulaincourt）針對全國動員提出以下的報告：

> 法蘭西帝國全民上下無視他出征兵敗，反而競相展露出熱忱和愛戴。這不僅展現法國的典型光榮特質，也是陛下的個人勝利。他精力非凡，才智出眾，統籌所有資源，帶領全國上下齊心努力。一切猶如變魔術，所有事務全部到位。[13]

即便如此還不能稱為總體戰，那肯定也完成半套了。

一八一三年，拿破崙贏得了幾場漂亮的勝利，但此時勝利已經不足以讓他扭轉局勢。他評論其中一場戰役時說道：「這些動物終於學到了教訓。」[14]事實的確如此。他們學會了該如何在戰略和政治層面上與法蘭西角力。正如克勞塞維茲所言：「政治家至少要理解法蘭西這股力量的本質，並且嗅到現在全歐洲的新型政治情勢，才能預見到這一切將會如何廣泛影響戰爭。也唯有這樣，他們才能了解在運用這些方法時該採取何種規模，以及該如何善用它們。」[15]

歐洲列強有英國的資源做後盾，即便戰事受挫，也能苦撐下去，堅守戰地，消耗法蘭西帝國軍隊。如果奧地利人和俄羅斯人在一八一三年還不算達到總體戰的規模，憑藉著新萌芽德國民族主義的普魯士人絕對是做到了。一八一二年，俄羅斯為了對抗拿破崙入侵，反過來發動了無限制戰爭。他們一邊撤退，一邊損毀遺留的糧食和城鎮[16]。然而，俄羅斯行政能力低落，難以發動總體戰。奧地利則是多民族國家，許多組成勢力雖然敵視法蘭西，卻也同樣敵視哈布斯堡王室（Hapsburg）的統治。反觀普魯士人，他們為單一民族，不但擁有高效率的官僚體系，更被法蘭西打壓了六年。因此，普魯士雖然是東歐三列強中最小的國家，但臣民最容易接受其軍事領袖所謂的「絕對戰爭」。

II

法國大革命和拿破崙戰爭於一八一五年劃下句點，這也為歐洲帶來了一段前所未有的和平時期。然而，大西洋彼岸的英國殖民者後裔發起了一場猛烈的戰爭，為半世紀後的第一次世界大戰埋下了伏筆。美國爆發內戰，起因是南方的蓄奴州想要脫離美利堅合眾國。當時新組成的南方邦聯（Confederacy）[17]攻打桑特堡（Fort Sumter），意圖使北方以牙還牙回擊。雙方都認為戰事將速戰速決，而且勝利屬於自己。

回顧歷史，南北雙方的人口和資源有所落差，北方原本可以迅速取得決定性的勝利。當時北方正快速工業化，勢力強大，而邦聯幾乎沒有任何工業。北部各州不斷發展鐵路網絡來相互串連，一路從中西部延伸到大西洋沿岸。反觀南方，鐵路數量較少，相互連接的更少，而且多數鐵路結構簡陋，欠缺維護。就人口而言，北方人口超過南方的兩倍（而且在邦聯人口中，百分之四十為奴隸）。然而，數字是會騙人的。南方各州有高達七十八萬平方英里的廣袤土地，但多數沒有幾條道路。[18]

戰爭爆發後的頭幾年，邊境州發生了一連串的戰役。從一八六一年到一八六三年，東部的軍事行動大多陷入僵局，而聯邦軍在西部突破了邦聯對田納西、昆布蘭（Cumberland），以及密西西比河區域的控制，讓多數的田納西州區域落入他們的手中。儘管如此，邦聯依然掌握多數自己聲稱擁有的土地。到了一八六二年，南方各州宣布實施徵兵，除了負責維持少數工廠運作和管理奴隸的人，多數的人力都投入戰事。邦聯為了堅守防線，便朝著總體戰的方向邁進，他們身為農業社會，只能如此行事，尤其他們是基於州的權利來施政。

到了一八六三年底，北方各州透過募兵和徵兵，組成了一支百萬大軍，其中的六十萬人已投入戰場。然而，著名的內戰歷史學家謝爾比・富特（Shelby Foote）指出，這場戰爭對北方來說易如反掌。當其軍隊與南方邦聯作戰時，北方大力發展工業，國內生產毛額大幅增長。到了一八六四年，全美鐵產量比戰前任何時期都要高出百分之二十五，製造業也成長了百分之十三。在內戰的最後一年，聯邦的軍費支出從原本的兩千三百萬美元躍升至超過十億零三千萬美元。[19] 然而，邦聯困獸猶鬥，似乎讓戰事陷入僵局。聯邦將軍威廉・薛曼（William Tecumseh Sherman）在一八六三年底給妻子寫信，講述北方遭遇的挫折：

他們無論如何貧窮或困頓，似乎信念都未曾動搖。沒有了（奴隸），失去了財富，奢華日子不再，錢幣毫無價值，不到兩、三年就得挨餓，最勇敢的人聽到這些，都會開始顫抖，但我卻沒看到南方有任何棄守的跡象，確實是有些逃兵，也有不少人厭倦戰爭，但大多數人依然決心一戰到底。[20]

一八六四年二月底，林肯指派尤利西斯・格蘭特指揮聯邦軍隊。這位將軍在兩個月內擬訂了一套擊潰邦聯意志的軍事和政治戰略。在此戰略中，聯邦主力部隊將直搗黃龍，攻擊邦聯的心臟地帶；與此同時，格蘭特也表明這些行動是要摧毀邦聯的農業和工業基礎，從而擊垮他們頑強的鬥志。他給薛曼下了明確的指示，首先擬訂西部軍隊的軍事目標，要「對抗約翰斯頓（Johnston）的（田納西州）軍隊，並將其擊潰」，然後要求薛曼「**盡全力破壞對方的作戰資源**（all the damage you can against their war resources）。」[21]

因為幾位政治將軍搞砸了任務，導致戰役結果並不如格蘭特的預期，但兩支主力部隊大致都有所斬獲。儘管將領毫無特別之處，波多馬克軍團依舊順利將李將軍牽制在彼得斯堡（Petersburg）和里奇蒙近郊。然而，攻破邦聯心臟區的，依舊是薛曼的部隊。一八六四年五月初，西部軍隊開始進攻亞特蘭大（Atlanta），最終迫使田納西州軍團回防亞特蘭大。指揮官約翰斯頓防禦出眾，讓薛曼無法取得決定性的勝利。話雖如此，邦聯總統傑佛遜・戴維斯在七月中做了致命的錯誤決定，讓胡德取代了約翰斯頓。

胡德領導無方，讓薛曼揮軍進入喬治亞州。其實，胡德還允許這位聯邦將軍將軍力一分為二。薛曼挑選六萬精兵，命其穿越喬治亞州中部和南部，前去襲擊沙凡那，其餘部隊則派往北方抵禦胡德，並且增援聯邦在納什維爾的軍隊。在一封給格蘭特的電報中，這位來自俄亥俄州的將軍說明了他的意圖：「數以千計的海外和南方人士認為，如果北軍能出兵直搗南方各州，便是北方能夠獲勝的鐵證。這個想法一直縈繞在我的腦海中。」[22]薛曼言出必行。他的軍隊幾乎沒遇上任何阻撓，沿途掠奪了喬治亞州大部分的糧食，毀損現存的製造產業，並且燒毀所有的種植園。精兵部隊於一八六四年十二月十九日抵達沙凡那，那時喬治亞州已經蒙受大規模的破壞，十不存一。薛曼在回憶錄中估計，「向大海進軍」的行動造成了高達一億美元的損失。其中只有兩千萬用於支援士兵，其餘的純粹是恣意破壞導致的損害。[23]

喬治亞州蒙受了災難，但跟南卡羅來納州受到的損害相比，簡直小巫見大巫，因為聯邦士兵認為，這個州是南方邦聯的大本營。薛曼向格蘭特闡明他對棕櫚之州（Palmetto State，南卡羅來納州別稱）有何打算：「我認為該州的州府哥倫比亞（Columbia）以及查理頓（Charleston）[24]都很糟糕。我在想是否要放過這兩地的公共建築。」[25]薛曼即將離開喬治亞州去攻打南卡羅來納州時表示：

> 我更重視深入敵營的進襲行動，因為這場戰爭與歐洲戰爭有不同之處：我們對抗的不僅是敵軍，還有充滿敵意的人民。無論老少貧富，抑或嚴整的軍隊，我們必須讓所有人都領略戰爭的殘酷。[26]

北方各州並不覺得自己需要投入所有的人力和資源來打一場總體戰。然而，天不從人願，他們依舊發現自己陷入不得不發動猛烈戰爭的境地，而且需要動員大量的後勤補給，方能支援橫跨大陸的軍事行動。如同克勞塞維茲指出：「戰爭就是訴諸武力，從邏輯來看，這種武力使用沒有任何限制。」[27]到了一八六五年，北軍已經徹底摧毀了從維吉尼亞州到密西西比州的南方土地。不像下個世紀的兩次世界大戰，聯邦其實無意將槍口對準平民，但不可否認的是，北軍士兵的確摧毀了邦聯的基礎設施，也破壞了南方的城市。這是一場無限制的戰爭，在南方白人心裡留下萬般苦澀，這種情緒直到下個世紀都仍未消散。

此外，邦聯在人力和資源上與北方相差懸殊，所以幾乎以總體戰的方式去作戰。他們幾乎犧牲了一切，大半人口折損殆盡。到了戰爭尾聲，傷亡人員或下落不明者已接近全體人口的一半。某位邦聯婦女如此總結：

我們奮戰到底，從未屈服，直到我們手腳被綑綁，暴君腳踩我們的喉嚨；我們的人力、金錢、物資悉數耗盡，喪親者放聲慟哭，飢餓者哀號遍野；我們的城市被大火吞沒，美好事物全都灰飛煙滅；我們最優秀和最勇猛的年輕子弟都遭囚禁，全國的資源無不消耗殆盡。事已至此，除了投降，我們別無選擇。28

III

從一八六一年到一八六五年，歐洲人幾乎沒有認真思考美國內戰發生了何事。拿破崙三世的帝國垮臺後不久，法蘭西就發起了一次全民動員。然而，法國在色當和梅茲這兩地慘敗之後，已經沒有重建軍隊所需的基本軍官和士官。

被徵召入伍的士兵未受良好訓練，不斷吃下敗仗，加上巴黎左翼分子在內部叛亂，法蘭西不得不在一八七一年春天議和。在一戰爆發之前，曾有過幾場小規模衝突，包括波耳戰爭（Boer War）和日俄戰爭，但它們最終都沒演變成總體戰。在波耳戰爭中，波耳人之所以戰敗，並非欠缺鬥志，而是缺乏資源。在日俄戰爭中，交戰雙方不是沒有意願，便是財力不足，無法全面動員人力或資源。

一戰爆發時，沒人會料想這些強權之間的戰爭會演變成一場曠日廢時又代價高昂的衝突。即使某些領袖害怕長期戰爭會衝擊經濟和政治，造成負面後果，他們依然抱持樂觀的態度，將賭注押在自己能迅速取得決定性的戰果。隨著國際緊張情勢升溫，國防預算在戰前就已迅速攀升，但這些數字跟後續情況相比，根本微不足道。當時並沒有人準備要打一場長期戰爭，遑論總體戰了。

其實，無論在一九一四年之前或一戰開始之後，沒有任何強權擬訂過總體戰的戰略。戰局出乎各國領導人先前所料，於是他們踉踉蹌蹌，苦苦掙扎，此時才發現情勢緊迫，必須投入更多的資源反制敵人的行動。換句話說，各強權幾乎沒有考慮未來，並未打算擬訂長期的戰略，只著眼於眼前的威脅。因此，德國人將重心完全放在下一場重大的戰役，而英法兩國至少留意到要獲取美國的經援並非易事。換句話說，各強權是根據情況和短期目標，被迫逐步走向總體戰。德國在作戰時幾乎沒有根據任何的戰略。雖然德國的對手稍微將焦點放在戰略上，但即便法國也多半按照情勢、而非根據戰略來動員。

戰爭開始之前，英國皇家海軍（Royal Navy）已想好對策，要對同盟國（Central Powers）發動無情封鎖，以破壞德國的經濟，使其金融無法穩定。然而，海軍的計畫制訂者並未考慮到此舉可能不會在自家政府獲得多數支持，例如外交部（Foreign Office）和貿易委員會（Board of Trade）都反對針對德國實施緊縮政策。因此，這些海軍將領旋即發現自己的心血在短短幾日便付諸流水。[29] 其實，到了一九一五年二月，當德國人宣布實施無限制潛艇戰（unrestricted submarine warfare），封鎖行動就像篩網一樣出現了漏洞。

在戰略層面上有許多跡象表明，這些強權面對無期限的（可能會持續數年）戰爭時事前缺乏準備，遑論總體戰了。法國擬訂軍事計畫時，完全沒有採取任何措施去保衛西北部的工業區。英國也毫無準備，一直要等到一九一六年七月才布建出一批歐陸規模的軍隊，但即便如此，這些軍隊也因為訓練不足而遭受重大傷亡。至於德國，到了一九一四年八月，他們的工業儲備僅能勉強供應半年所需的原物料。

德國人在軍事方面享譽盛名，卻特別遲鈍，不願承認政治和戰略乃是至關重要。德國壓根本沒把英國放在眼裡，於是輕率入侵比利時和盧森堡，導致英國加入戰局。德國人處理戰略問題時，奉行軍事需要（military necessity）[30]原則，相信遵從此原則便可不顧牽扯政治、戰略和道德的問題。[31]此舉導致了一系列後果，從而加劇德國入侵低地諸國[32]所累積的負面影響。最荒謬的案例發生在一九一五年四月，當時德國在西方戰線（Western Front）[33]發動毒氣戰以測試效力如何。毒氣戰的確奏效，但也讓中立國更加反對德國。至於毒氣戰的軍事需要，由於西方戰線吹的是西風，德國反而因此居於劣勢。更糟的是，生產毒氣面罩需要橡膠，而礙於英國的封鎖政策，同盟國早已短缺這種物料。

當捲入這場戰爭的主要強權發覺無法迅速取得決定性的勝利，便爭相動員人力和工業資源，以便滿足不斷增加的武器和彈藥需求，爾後便逐漸步入總體戰。

從各國動員的情況來看，法國最接近總體戰，因為德國人肆無忌憚入侵法國，而法國人基於戰略因素，根本別無選擇。由於北方的工業區已遭占領，法國的處境特別艱鉅。在一九一六年英軍以及一九一八年美軍大規模投入戰場之前，協約國的成敗完全仰賴法國投入多少心血。

除了一九一四年的動員行動之外，法國發現自己資源吃緊，因為軍方不斷發起軍事行動，國家還得因應持續成長的軍備生產需求。回顧歷史，法國當時進展神速。他們獲得了新的產能，鋼的產量增加兩百萬噸，鑄鐵產量則增加六十萬噸。[34]到了一九一六年初，法國的火砲工廠火力全開，每月可生產一千枚口徑七十五公釐的火砲，等同於一九一五年的全年總產量。[35]然而，法國製造的飛機才真是不計其數。法國工業界在一九一五年生產了四千四百八十九架飛機，到了一九一八年卻可生產兩萬四千六百三十二架飛機和四萬四千五百六十三具引擎。[36]一九一八年，法國提供了美國所需的火砲（重型和輕型皆有）、機關槍和飛機。如果有哪個強權能說自己近乎達成了總體戰，那必然是法國。然而，法國人其實只是被壓迫到「吱吱嘎響」（pips squeak）[37]之後才逐漸達成這點，其實並未擬訂打總體戰的戰略願景。

英國在戰前生產全職業軍隊使用的地面武器甚少，只能倉促提高生產力，以供應規模更大的英國遠征軍（British Expeditionary Force，簡稱BEF）所需。到了一九一六年，英國的產量終於達到適當的程度。從一九一四年生產九十一支砲管，到一九一五年製造三千三百九十支。到戰爭結束時，年產量已高達八千零三十九支。砲彈產量由五十萬枚提高到六千七百三十萬枚；機關槍產量由三百架提高至十二萬零九百架。英國人在一九一四年還不會製造坦克，但到了一九一八年，產量已達到一千三百五十九輛。[38]到了一九一八年，英國的動員程度已相當驚人，開始接近總體戰的規模。英國或許在一九一九年就能達標了，不過德國當時已經垮臺了。在戰略層面上，英國對抗德國時需要將精力集中在西方戰線，必須要徹底動員才能達成目標。

雖然美國也是相關的強權，卻遠遠未能進入總體戰的狀態，因為伍德羅．威爾遜（Woodrow Wilson）總統的戰略極度失策。在一九一七年四月之前，他都在竭盡所能，不讓美國準備加入戰局，[39]包括禁止陸軍或海軍為可能捲入戰爭而擬訂縝密的軍事計畫，導致美國的動員行動一團混亂。若非英法向美國遠征軍（American Expeditionary Force，簡稱AEF）提供軍備，美方不可能在戰爭結束前幾個月大規模參與戰事。時任海軍助理部長（Assistant Secretary of the Navy）的富蘭克林．羅斯福（Franklin Roosevelt）未曾忘記美軍在一九一七年的不知所措和一團混亂，因此而確保二十年後再次爆發戰爭時[40]，美軍早已厲兵秣馬，完成作戰準備。

現在來討論德國。在人力方面，德國人的動員速度是最快的。他們為徵召入伍的士兵搭建了一系列軍營和訓練設施，然後迅速將逃避戰前徵兵令的人員徵召入伍。到了一九一六年，德國早已大規模動員人力，並且開始面對各種短缺的難題，包括要滿足軍隊和農業需求，以及應付爆炸性成長的戰時經濟。德國跟敵人一樣，工廠會大量雇用女性，而女性也是農場不可或缺的人力。然而，農場工人短缺，加上肥料不足，導致糧食匱乏日益嚴重。在戰爭的最後三年裡，德國基本上都在挖西牆補東牆。德國的戰時行徑讓外界加強對他們的封鎖，或多或少讓他們更難想像自己若能取得更多的原物料，可能可以做些什麼。

話雖如此，德國最初的工業化依然成就斐然。在一九一四年八月和十二月之間，砲彈產量成長了七倍；隔年，這個數字再次翻倍。41

然而，對德國來說，一九一六年夏天的索姆河戰役是一記警鐘。他們第一次感受到協約國擁有豐富的物資。興登堡（Paul von Hindenburg）和魯登道夫（Erich Ludendorff）於那年八月擔任戰時指揮官，立即前往索姆河探訪。魯登道夫的印象發人深省：

> 敵人在索姆河區域有強勁的火砲……他們的彈藥供給充足，壓制了我們的火力，同時摧毀了我們的火砲。而我們給步兵提供的掩護太弱，敵人只要對我們集中火力攻擊，總是能夠得手。42

德國人後來稱這種情況為**物資之戰**（Materialschlacht, battle of material）。德國為此大量提高武器和彈藥產量，以彌補自己與協約國在物資上的落差。43 諷刺的是，魯登道夫一邊試圖縮小彈藥產量的差距，一邊又支持海軍恢復無限制潛艇戰，導致美國在一九一七年四月宣布參戰。該軍備計畫的目標是將彈藥和迫擊砲的產量增加一倍，並將機鬫槍和火砲的產量變成三倍。然而，礙於人力、資源、工廠產能和原料之類的限制，這種目標萬難實現。魯登道夫及其幕僚只是設定目標，沒想過這些目標是否可行，導致混亂無章、疊床架屋和目標不一的情況。

軍隊干預他們外行的領域，某位高級官員描述了這樣所產生的影響：

> 軍方頒布計畫時並未審視是否可行。如今到處可見已完工或蓋到一半的工廠，但因為缺乏煤炭和工人，沒有一間工廠能從事生產。建造這些建築消耗了煤炭和鐵，要是沒有制訂這個總體計畫，而是根據現有工廠的產能來生產，如今便能製造更多的軍火。44

無論協約國在經濟和金融方面有何種優勢（他們兩者兼具），他們之所以能夠致勝，關鍵是他們在政治和戰略層面打了一場更有效率的仗。有人可能會不認同法國軍隊和英國遠征軍的戰術和作戰方式；然而，即便英國不情不願地被拖入戰爭，協約國著眼於西方戰線，最終擊敗德軍，取得了勝利。他們的戰略重點確實至關重要。

IV

我們從二十一世紀回顧第一次世界大戰，會得到一項最重要的啟發，亦即強權之間若爆發重大衝突，局勢幾乎會演變成克勞塞維茲所謂的「絕對戰爭」和我們口中的「總體戰」。當年的理想主義者似乎相信，總有能夠預防總體戰的靈丹妙藥，比方國聯（League of Nations）[45]、各種和平主義運動、全球裁軍，以及中立立法。然而，英國權威李德哈特（Basil Liddell Hart）之類的分析師則著眼於戰術，譬如坦克或飛機這類能迅速獲致決定性勝利的軍備，以防止戰事像一戰那般陷入漫長的僵局而付出慘痛代價。

其實，一旦主要強權捲入第二次世界大戰，英國、蘇聯乃至德國都必須訴諸總體戰，因為他們若是慘敗，恐將傾覆滅亡。儘管美國戰時經濟表現出色，他們從未面臨像其他國家那樣高強度的軍隊調動。如同一戰那樣，總體戰之所以出現，主要是為了因應危急存亡的情勢，而非深思熟慮的戰略。從某些角度而言，總體戰不是審慎擬訂的戰略，乃是孤注一擲的權宜之計。

魯登道夫在戰後的多數時間都在呼籲德國必須為總體戰做好準備。他其實提出與克勞塞維茲不同的主張，認為「政治是透過其他方式的戰爭延續」（politics should be a continuation of war by other means），並且認為德國應該在和平時期動員整體社會來備戰。德國多數民眾和軍隊幾乎都只關心他們在前一場衝突中學到的戰術教訓，反而對戰略層面毫無興趣，而這點絲毫不讓人意外。[46]畢竟，整個中上階層普遍認為，德軍在戰場上一向堅不可破，被猶太人和共產黨人從背後捅了一刀以後才吃敗仗。

德國人和日本人能在下一場戰爭的初期取得戰果，乃是他們比民主國家更早重整軍備。因此，他們能在短時間內占據上風。一九三三年一月三十日，希特勒上台，五天之後，德國開始整軍備戰，當天這位元首召見了現役高級軍官，開出一張空白支票，明確表示他不僅打算推翻《凡爾賽條約》（Versailles Treaty）[47]，也想要奪取德國人民需要的所有**居住空間**（Lebensraum，英文為living spaces）。[48]從那時起，希特勒領導下的德國著眼於兩種戰爭上：一是意識形態戰爭，要在歐洲**清洗猶太人**（Judenfrei），並且奴役東方的次等民族（subhuman race）[49]；二是從事軍事競賽，打擊所有德意志帝國的敵人。

各協約盟國除了仇視納粹政權，沒有任何共通點。不幸的是，對慘遭納粹政權屠殺的數百萬平民來說，德國人在意識形態戰爭的表現比其與協約盟國的軍事對抗要好得多。[50]納粹政權在一九三九年至一九四二年間占領了許多國家，爾後開始整肅當地的猶太人，而絕大多數的猶太人是在這種情況下命喪黃泉。[51]

那些被納粹定調為次等人的個體或許能逃離死神之手，但德軍占領他們的國家之後，只會讓愈來愈多的這類人士加入抵抗運動。

德國為下一場戰爭（亦即擊垮入列要去對抗德意志帝國的各個強權軍隊）做準備時不惜一切重整軍備，但希特勒在國際關係這片暗礁迂迴之際，沒有擬訂一套連貫的戰略。希特勒長袖善舞，利用西方列強間的綏靖主義者來破壞《凡爾賽條約》，爾後於一九三九年三月將奧地利和捷克斯洛伐克納入手掌心。然而，希特勒從未對戰爭擬訂戰略，即便有也未曾提出來。所謂的閃電戰戰略（Blitzkrieg strategy）並不存在，因為希特勒全憑直覺來運籌帷幄，而他麾下的將軍則著眼於擬訂能夠勝過對手的戰術和軍事行動。[52]

與西方列強在戰前所做的措施相比，德國人為了重整軍備並擺脫《凡爾賽條約》的約束，付出了更多的心血。德國的軍火工業從一九三三年開始生產少量的武器。到了一九三八年，有將近百分之五十五（五十四・七％）的國家預算用於軍事支出，數目接近國民所得的百分之十六・五。[53]從一九三七年九月到一九三九年二月，德國工業界只能滿足納粹陸軍（Wehrmacht）大約百分之五十八（五十八・六％）的訂單，在在顯示德國財政困窘，難以購得原物料而有所短缺，另外還反映出德國工業產能不足。[54]

戰爭爆發以後，德國人在前兩年只投入少量軍費，卻戰果豐碩。最重要的莫過於為總體戰動員了。德國經濟困窘，原物料持續短缺，特別是石油、橡膠和特殊金屬。由於缺工，煤炭短缺得特別嚴重。軍工廠仍然實行一班制，並未以大規模生產的方式來優化和增加產量。德國代號巴巴羅薩行動（Operation Barbarossa）的入侵蘇聯行動勢如破竹，但到了一九四一年十二月，東部軍隊已不再有昔日的榮光，損失了超過三分之一的兵力，其裝甲師在開始入侵時擁有三千四百八十六輛裝甲戰鬥車，現在僅剩一百四十輛坦克。[55]德國既要處理東方戰線的局勢，又得面對希特勒對美國宣戰的決定，因此德國人不僅忙著彌補在東部戰線蒙受的巨大損失，更要想辦法趕上美國、英國和俄羅斯不斷大量生產的武器總量。然而，即便如此，德國也未能達到總體戰的規模。德軍因戰損而需要不停補充兵力，造成嚴重缺工。為了解決這個問題，德國人開始在占領的土地上大規模強徵奴工。到了一九四四年，德軍軍工廠中約有八百萬名外來工人。人數雖然龐大，生產量仍不足以滿足需求。這些外來工人的居住條件很差，飲食也不好，而且在空襲時還被禁止躲進防空洞，他們自然不會賣力工作。即便史達林格勒戰役（Stalingrad）[56]都無法改變希特勒對總體戰的態度。一九四三年二月，約瑟夫·戈培爾（Joseph Goebbels）[57]在**體育宮**（Sportspalast）發表演講時很可能號召內定的觀眾發動「總體戰」，但德國要等到戰爭接近尾聲時才真正有所行動。當時進襲德國的軍隊已經威脅德國領土，大批的轟炸機編隊也幾乎掀翻了德意志帝國的屋頂。即便事已至此，希特勒政府也只能胡亂拼湊出一個應對方法。

無論從任何角度來檢視，英國動員人力和資源時都更加成功和徹底。邱吉爾被任命為首相是英國在這場戰爭中的轉捩點。從一九四〇年五月的黑暗時光到一九四一年的閃電戰，邱吉爾卓越的演講能力對動員英國人民發揮了關鍵作用。法國於一九四〇年六月落入德國之手，納粹德國空軍又不停轟炸，威脅到英國的生存，但邱吉爾卻堅忍不拔，呼籲英國人民集中精神，全力奮戰到底。張伯倫（Chamberlain）政府雖然在一九三九年以前未曾重視重整軍備的計畫，後來終於改變態度，開始嚴肅以對，整軍備戰，因此邱吉爾接手的是已經開始進行重大軍備重整計畫的國家。58

英國在這場戰爭中為發動總體戰所投注的心血已經接近任何民主國家的極限。首先，英軍負責保衛不列顛群島，而一直到一九四一年五月以前，此處飽受德國空軍的威脅。在整個戰爭期間，皇家海軍為面對大西洋之戰（Battle of the Atlantic）的主力。在一九四二年十一月以前，英國還肩負地中海戰事的主要責任。此外，從一九四一年十二月開始，他們還負責保衛印度，使其免受日本侵略。到了一九四三年夏天，皇家空軍的轟炸機司令部在針對納粹德國的聯合轟炸中擔任主力，並且持續其領導地位，直至戰爭結束。59最後，英國人一九四三年於義大利以及一九四四年於法國北部開打的陸地戰役做出了重大貢獻。我們又可以看到，英國領袖和多數英國民眾發現眼前局勢危險之際會如何回應。他們在美國的幫助下擬訂了一套合理的戰略方針，然後堅持下去，直到最終贏得勝利，這點在在說明，在那個混亂失序且捉摸不定的世界裡，領導力有多麼重要。

英國最重要的兩項軍事行動是大西洋之戰和皇家空軍的轟炸機聯合進攻。前者使得英美空軍能重創德國經濟和打擊其防空，最終能在一九四四年順利進襲法國北部。後者則中斷了德國戰時經濟的快速擴張。簡而言之，雖然德國能夠持續生產軍備，但其上升曲線在一九四三年春天時卻戛然而止。60 大英帝國當時國勢日衰，經濟和政治地位下滑（戰後將非常明顯），卻使出渾身解數，超常發揮，做出貢獻，幫助同盟國獲得勝利。

一九四四年，某位資深公務員描述了戰時英國的平民生活，揭露這個國家當時有多麼接近總體戰：

英國百姓歷經了五年的停電和四年的間歇性閃電戰。住家時常因為士兵駐紮、撤離者或工人需要臨時落腳而被占用，根本沒有隱私可言。五年以來，舉國上下大量動員人力，五十歲以下且沒有小孩的男女都必須接受安排去勞動，而工作地點往往離家鄉很遠。男性的平均工作時間為五十三小時，全體的平均時間為五十小時；工作完成以後，所有未請假（好比因家庭狀況或工作等原因）的公民都必須在本土自衛軍（Home Guard）或民防團（Civil Defense）值勤，每月工作四十八小時。礙於運輸不便和人力短缺，各種補給品數量有限；排隊是司空見慣……即便物資和服務稀缺，百姓還得與數十萬美國、自治領和同盟國部隊共享。英國先是作為基地，然後作為橋頭堡，在此準備過程中，民眾無一例外，都在日常生活的各種層面飽受苦難。[61]

美國投入的心血離總體戰甚遠。當然，不可能否認美國曾派遣軍隊和動員勞動力，其貢獻對於同盟國能獲得勝利至關重要。美國人幾乎在各項生產力都超越了其他強權，其租借法案（Lend-Lease Program）[62]支持了英國和蘇聯的軍隊。此外，美國還向蘇聯輸送糧食，讓大部分蘇聯人民免於挨餓。戰後，史達林向其黨羽承認，如果沒有美國的幫助，蘇聯不可能打敗德國。[63]美國生產大量的自由輪（Liberty ship）[64]，數量多到德國U艇來不及逐一炸沉。從一九四三年七月開始，每個月都會有一艘配備全套飛機和訓練有素機組人員的埃塞克斯級（Essex-class）航空母艦抵達珍珠港，一直駐紮到戰爭結束。

然而，與英國和蘇聯為戰爭所做的努力相比，很難說美國發動了總體戰。若是考慮美國煤炭業罷工，導致兩千萬噸的煤炭產能損失，並且推遲了十萬噸的鋼材生產，事實便更為明顯了。[65]此外，有諸多原因讓人無法認為美國實行過總體戰，好比百分之九十五美國人吃得比其他地方的人都好得多；美國除了東部沿海城市之外，其他地方都沒有停電；以及在戰爭期間，多數美國人還能給自己的汽車加油。美國人當時認為，美國的生存並未受到威脅，因此根本不需要發動總體戰，直到數個月後日本突襲珍珠港，美國人才頓時醒悟。

儘管美國投入的心血並未接近總體戰，但羅斯福處理戰略問題時大致相當高明。早在慕尼黑危機（Munich crisis）[66]期間，他便感覺歐洲局勢若是繼續朝同一個方向發展，將會爆發一場大戰。因此，他首先著眼於讓陸海空軍備戰。一九四〇年，西歐多數地區落入納粹手中，有人說羅斯福當時謹慎處理這項危機時有些冷血，但當時美國孤立主義勢力龐大，這也只是識時務之舉。一九四二年十月，羅斯福認為美國的經濟能力有限，故決定限制軍隊規模。或許，最重要的是，羅斯福體認到，為了完全發揮經濟體系的作用，宣戰這件事必須得到美國人的認同，而這也表示，奶油（民生）是製造槍械（國防）的關鍵。最重要的是，所謂戰略，就是體認到自己的極限。

俄羅斯的情況則大相逕庭。從一九四一年六月二十二日納粹陸軍入侵一直到戰爭結束，蘇聯時時刻刻都處於生存威脅之中。大致而言，蘇聯在遭受入侵時已處於戰備狀態，但納粹陸軍的先頭部隊大舉入侵歐洲俄羅斯（European Russia）[67]以後，蘇聯被迫大幅調整國內的整體工業基礎設施。儘管德國推進速度飛快，但蘇聯官僚仍然設法將一千三百六十多家工廠遷移到莫斯科以東的窩瓦河（Volga）沿岸、烏拉山脈（Urals），甚至更遠的西伯利亞（Siberia）。[68]即便在僅有帳篷和低於攝氏零度的情況下，某些工廠依舊在遷至新地點以後立刻開工。

然而，德軍的地理部門在一九四〇年七月便曾經指出，史達林的五年計畫已經將蘇聯絕大部分的重工業移轉到莫斯科東部，特別是烏拉山脈。因此，這些在德國入侵後遷移到東部的工廠後來與其他的工業基礎設施合併。到了一九四二年底，蘇聯的坦克生產量以四比一的優勢贏過德國，火砲產量則以三比一的優勢領先。[69]從一九四二年到一九四四年，蘇聯工廠的坦克產量從每年兩萬四千輛增加到兩萬九千輛。[70]為了達到足以壓制納粹陸軍的產量，蘇聯讓百姓背負沉重的負擔，而史達林的殘暴統治讓情況更加惡化。然而，在這種苛政下，蘇聯人民雖眼見超過七百萬士兵死亡，卻能苦熬下去，直到一九四五年五月蘇聯軍隊在柏林取得勝利。

V

戰略有多項定義，其中之一是戰略必須配合軍事目標和可用手段，而從現代角度而言，這便代表軍事和經濟。很難將總體戰視為一種理論構念（theoretical construct）。回顧過往，總體戰出現時，幾乎每次都是為了因應生存威脅，以免戰敗之後，國家崩潰覆滅，人民顛沛流離。一七九三年的法國大革命者並未套用理論術語來稱呼他們**全民動員**的行為，因為他們當時顯然身處險境，共和國及其意識形態可能無法存續。

諷刺的是，雖然法國大革命者致力於讓法國人民從君主制的束縛解放出來，他們卻同時增加國家對百姓的控制，在一七八九年之前，控制手段嚴苛到難以想像的程度。公民與國家的關係已經改變，需要相當長的一段時間才能穩定，而到了二十世紀，這種關係已經固定了。正如某位現代評論家所言：

> 新的政治局勢與秩序社會出現之後，理論上對國家行為的限制完全不復存在。個體現在必須無條件犧牲生命和奉獻財產，為國家服務。從一九一七至一九四五年這段時期，無處不在的警察監視、迫害，以及消滅實際存在和假想敵人，其規模和殘酷程度在歐洲前所未見，

準全民兵役制成為當時的慣例。[71]

在美國內戰期間，局勢幸好最終沒有朝總體戰發展。北方無論資源和人口皆優於南方，故邦聯付出極大的努力，方能抵擋北軍壓境的態勢。即便邦聯因地勢崎嶇廣袤而占有優勢，但戰事持續四年，兵燹四起，彌無寧日，南方白人為爭取獨立，付出了慘痛代價。然而，邦聯作戰時並未擬訂任何戰略架構。如果邦聯擁有戰略的話，那便是尋求決定性的勝利來結束戰爭，但如此一來，北方就能在這場其實是曠日廢時的消耗戰中取得勝利。話雖如此，南方之所以能堅持甚久，大體是因為整個南方社會願意付出代價，發動類似總體戰的戰爭。

綜觀二十世紀上半葉，總體戰的真實面貌浮現出來，導致衝突爆發，遍地烽火，災難橫生。在第一場衝突中（亦即一戰），發動總體戰並非根據戰略，而是出於必要。法國人也是出於必要，極力動員人力和工業資源，到了一九一八年時，已能夠同時支持美國遠征軍和本國軍隊。有人認為，法國為了贏得第一次世界大戰曾飽受壓力，而這種心理代價帶來了長期影響，所以法國才會在一九四〇年蒙受災難。[72]英國人則是被迫以一種與維多利亞和愛德華時代文化背道而馳的方式動員國家，最終得以組織英國遠征軍，於一九一八年秋天擊潰德軍。德國當然是發動戰爭的罪魁禍首。從某些方面而言，他們趨近總體戰的方式著實令人佩服。德國最初的動員及其作戰方式讓協約國無法輕易打贏戰爭。然而，德國思想頑固，著眼於軍事需要，最終輸掉了這場他們本來就勝算極低的戰爭。從一九一四年至一九一八年發生的一戰中，總體戰是情急之下的權宜之計，並非刻意為之。

在二戰期間，德國人重複犯下他們先前在一戰時的每一項重大戰略錯誤。犯錯的不僅是希特勒，軍方也得負起全部責任，特別是他們竟然妄想入侵蘇聯。雖然德國人發動了一場意識形態戰爭，但直到第三帝國的殘暴統治即將落幕之際才發動總體戰。蘇聯和英國迫使社會大眾邁向總體戰時做得相當不錯。這兩國與德國的不同之處在於，他們會遵循戰略框架去作戰。當然，蘇聯和英國是因為面臨第三帝國的威脅，才會根據戰場的實際情況並兼顧軍事與經濟現實去擬訂出一套合適的戰略。

最後來討論美國人。他們從未經歷過總體戰，但至少願意調整戰略去面對混亂的局勢。即便羅斯福面對美國勢力強大的孤立主義，還是能夠運用策略，逐步讓美國參戰，因為美國當時別無選擇，只能挺身作戰。此外，羅斯福認知到美國已進入以機械化為主、特別是空軍主宰的世界，因此讓美軍在一九四二年開始擔任重要的角色。到了一九四三年，勝利在望的同盟國已經擁有壓倒性的經濟和軍事實力，但仍然以相當高明的手段運用戰略。同盟國最終能夠獲勝，其戰略優勢與戰場軍力優勢之類的硬實力同樣重要。

Chapter

4

威爾遜與現代美國大戰略的興起

羅伯特・卡根（Robert Kagan）是布魯金斯學會（Brookings Institution）的資深研究員。曾經在美國國務院工作，並寫過許多關於外交政策和國際事務的書籍和文章。

沒有多少歷史學家或國際關係理論家會把伍德羅．威爾遜（Woodrow Wilson）列為新美國時代的第一位大戰略家。大家普遍認為這項殊榮應歸給其前前任美國總統，人稱老羅斯福的西奧多．羅斯福（Theodore Roosevelt）。前美國國務卿亨利．季辛吉（Henry Kissinger）在《大外交》（*Diplomacy*）一書中寫道，老羅斯福是「戰士暨政治家」（warrior-statesman）、「地緣政治現實主義」（geopolitical realism）的實踐者，「以高明手段促成全球權力平衡，其他美國總統難以望其項背」。威爾遜則是「先知暨神父」（prophet-priest）、崇尚「高潔的利他主義」（high-minded altruism），摒棄「強權政治」（power politics）。或可借用另一位歷史學家所言：「威爾遜認為侍奉上帝之道，便是在人類祭壇上犧牲美國的國家利益。」[1] 這句諷刺的話至今仍廣為流傳。

其實，威爾遜並不比當時多數的美國人更缺乏或更具備理想色彩，而他與老羅斯福也並無二致。這兩位總統施政有所差異，主因是他們所處的時機和局勢不同，而非抱持相異的理念。世界秩序曾一度對美國相當有利，讓美國人大體上尚能袖手旁觀，冷眼看待國際事務。然而，這一切卻在威爾遜主政時期土崩瓦解，如何應對新的地緣政治局勢，便成了威爾遜的功課。

舊秩序由三大支柱支撐：一是歐洲大陸上的權力大致平衡；二是歐洲境外沒有強權；三

是英國身為海軍超級強權，雄霸各大洋，幾乎完全掌控全球的貿易路線，但它卻頗為知足且相對友善。這種秩序並未像大家聲稱的那樣替美國帶來「自由的安全」（free security），而會有這種普遍推斷，乃是因為美國的地理和地質特殊，更在十九世紀抱持好戰態度，因此其他強權不會挑戰美國的區域霸權（regional hegemony）。然而，這些因素的確讓美國享有基本自由秩序的所有好處，還無需採取任何行動去維持這種秩序。

然而，隨著德國和日本各自在歐洲和東亞崛起，由歐洲主導的世界就此終結，並且一舉將美國推向國際體系中的新地位。隨著英國和歐洲民主國家勢力衰退，便得改由其他勢力來維持世界秩序。如果美國人想繼續享受自由世界的好處（亦即大西洋彼岸有對其友好的民主國家，大致開放的貿易和金融體系，以及能夠抑制崛起強權的侵略之心），他們就必須主動介入。老羅斯福很早便預見會有這種轉變，但引領美國人走過這場思想革命去重新思考他們該在全球扮演何種角色的人是威爾遜。

I

季辛吉對老羅斯福在外交和地緣政治方面採取的「歐式」手段多有讚揚，此話說得相當貼切，因為老羅斯福是歐洲時代的最後一位美國總統。老羅斯福認為，美國即使要承擔起世界強國的角色，也只是依附於既有的歐洲秩序。他的確想像過美國有朝一日會領導世界，但並未幻想美國得介入，然後接管英國多年來駕輕就熟的全球霸權地位。老羅斯福更希望由英國來主導世界。他跟多數美國人一樣，認為歐洲列強是「文明的」（civilized），威脅世界和平的主要是落後的「野蠻」（barbaric）民族，而他偶爾會將俄羅斯算在內，但不包含日本（他希望如此）。然而，即便在這些願景中，美國的責任也僅限於在自身所屬的半球中「維持治安」（policing）。

人們普遍認為，美國之所以能夠成為「世界強權」，乃是它與西班牙開戰[2]後接管了菲律賓[3]，而有這種想法的人錯將能力誤認為心理狀態。儘管到了十九世紀末期，美國早已經濟實力強大且人口眾多，足以成為世界強權，但包括美國外交官在內的美國人其行事作風都不像世界強權，而他們也無意成為世界強權。

歷史學家暨英國駐華盛頓大使詹姆斯．布萊斯（James Bryce）曾如此評價美國：「它在夏日海洋上航行……保持安全距離，不會被人攻擊，甚至不會受到威脅。遠方歐洲的各個民族與不同信仰的人士彼此殺伐，戰鼓震天，喊聲盈耳，美國只是靜靜聆聽，猶如高踞黃金神殿的伊比鳩魯（Epicurus）[4]眾神，聆聽著腳下大片塵世眾生悽慘的低語。」[5]美國人依舊打算在一九〇〇年之後繼續在這片夏日海洋上航行，而且似乎確實可行。世紀交替之後，美國在經濟上仍自給自足，安全程度也高出一籌，至少跟其他強權相比是如此。歐洲列強你爭我奪，處在無休止的不安狀態。至於亞洲強權，無論是昔日霸權中國，抑或野心勃勃的日本，兩者不僅彼此較勁，也與英國、法國、俄羅斯競爭，近期更與德意志帝國衝突，爭奪土地和掌控資源。從十九世紀末開始，帝國和強權之間的戰略競爭愈演愈烈，直到整個歐洲強權體系突然陷入相互毀滅的狀態。在這日漸升溫的國際競爭中，唯有美國得以置身事外。

美國在一八九八年擊敗了西班牙並占領菲律賓以後，並未準備在世界上扮演更重要的角色。在新世紀之初，俄羅斯的承平時期兵力多達兩百萬人；德國則有六十萬名武裝人員；法國有五十七萬五千士兵；次等強權奧匈帝國也有三十六萬兵力。反觀美國，它的領土面積幾乎等於俄羅斯，人口數量更高居世界第三，但只有維持數萬名常備士兵。然而，美國維持這等軍力似已足夠，因為當時的英國情報官評估，「在我們被迫參與的軍事行動中，在美洲大陸上作戰可能是最危險的一項舉動。」6

美國並沒有因為在一八八〇年代後期和一八九〇年代打造的「新海軍」（New Navy）而晉升世界強權。僅有的幾艘武裝巡洋艦和後來的七艘現代戰艦雖使美國名列上層國度，但在一九〇一年時，英國皇家海軍有五十艘四處巡航的戰艦，法國有二十八艘，德國有二十一艘，甚至連義大利也有十五艘。這還不談美國海軍（並不同於陸軍）的任務範圍在理論上要大得多，它必須在兩大洋和加勒比海巡邏，並且保衛數千英里的美國海岸線。美國海軍預備役少將阿爾弗雷德·賽耶·馬漢（Alfred Thayer Mahan）希望打造一支能夠在公海對抗別國海軍的作戰艦隊。然而，老羅斯福在七年任內只讓國會批准建造幾艘新戰艦。其實，到了一九一四年，國會授權造艦的議員甚至重拾十九世紀的老觀念，認為打造戰艦只是為了「防禦海岸和港口」。在歐陸大戰爆發前夕，美國的海軍戰略並非著眼於全球擴張，而是打算躲在兩大洋背後自保。

英國官員喜歡開美國官員的玩笑，說美國是個幸運兒，因為它「根本不必擬訂任何外交政策」，但有證據表明，多數美國人就喜歡這樣。[7] 美國人接管菲律賓以後並未以此為基礎繼續擴張勢力，表示它既缺乏野心，也無意在亞洲謀取利益。美國與英國不同，沒有依賴外國市場的「出口經濟」（export economy）。在一九一〇年時，出口對美國國內生產毛額的占比僅略高於百分之五，而英國則為百分之二十五。[8] 此外，美國出口的產品不到其總生產量的百分之七。

老羅斯福看到美國百姓不熱衷於外國事務而感到失望和擔憂，但他並未試圖扭轉這種氛圍，也沒有採取任何可能與民眾態度牴觸的行動。他避開任何對外作戰的想法，甚至試圖緩和因加州選民對日本移民的敵意而引發的緊張情勢。除非已經無計可施，否則他不會輕易在西半球動用美軍。他最具爭議的措施是為興建運河而奪取巴拿馬的土地[9]，但此舉不僅未耗費美軍一兵一卒，還廣受各界好評。

老羅斯福無所作為，並不表示他漠不關心局勢。他與共和黨參議員亨利・卡波特・洛奇（Henry Cabot Lodge）都擔心其他的強權正「全方位」進行擴張，四處掠奪「地球上蠻荒之地」，同時搶占非洲，聯手瓜分一蹶不振的大清帝國，也知道這場全球競爭遲早會「影響美國的利益」，但這兩人並不希望美國加入這場競爭，反而希望鞏固和加強美國在西半球的地位，以免美國遭受池魚之殃。洛奇和老羅斯福在一八九八年推行「大政策」（Large Policy），並重新追求美國帝國主義，打算實現美國十九世紀的雄心，亦即實施由來已久的計畫，好比建造巴拿馬運河、保障通往太平洋和加勒比海海軍基地的航道安全，以及奪取夏威夷和其他島嶼（此乃洛奇所謂的美國「外圍」防線）。[10]當其他強權忙著在中國分一杯羹時，總統麥金利（McKinley）和副總統老羅斯福領導的美國政府卻不斷放棄於中國爭權奪利的機會。老羅斯福知道，除非美國百姓決定要「走極端」（但他們不願意），否則不可能強制中國「開放門戶」。因此，他希望其他列強幫忙打開中國的大門。老羅斯福在一九〇四年的日俄戰爭中支持日本，因為他原本以為俄國會真正威脅中國，沒想到日本才更棘手。他最終希望日俄能相互制衡，但事與願違，日本一躍而起，成為新的東亞霸權。老羅斯福及其繼任者低頭接受現實，同意日本對亞洲大陸領土的主張。如同前美國總統塔夫特（Taft）的國務卿所言，美國人當時滿足於「堅守尚未被廣受採納的原則。」[11]

老羅斯福素以「好戰」（war lover）聞名，但他擔任七年總統的任內從未下令在任何地方開任何一槍，也沒有在亞洲、非洲、中東或歐洲擴大美國的影響力。十九世紀末期以降，強權透過外交折衝樽俎之際，經常商討彼此如何結盟，但老羅斯福卻拒絕這司空見慣的手段。至少就這方面而言，老羅斯福並未採取「歐洲式」的外交手段。儘管英國在一九〇二年為了與日本締結盟約而放棄「光榮孤立」（splendid isolation）政策，老羅斯福依然拒絕英國和日本的懇求，不願與其締約結盟。英國外交官當時認為，「出了西半球，美國在世界政壇上並非重量級大國」。[12]

在這段時期，美國對國際主義（internationalism）的想法反映出這些限制。當時自稱「國際主義者」（internationalist）的人士認為，美國不能只顧西半球，而對國際事物置身事外，但即便是這些最具熱忱的人卻仍未在一戰之前積極全面參與國際事務。多數人尋求創建國際法庭（international tribunal）來仲裁國與國的紛爭。共和黨的主要政治家伊萊休・路特（Elihu

Root）希望逐步完善法律和各項機構或體制，最終能讓「文明國家」（civilized nation）和平共處，從而實現英國桂冠詩人丁尼生（Tennyson）筆下「人類議會與世界聯邦」（Parliament of man, and Federation of the world）的願景。[13]美國的國際主義者深信國際輿論能發揮功用，認為唯有想迫使各強權和平相處時才需要動用國際輿論。社會福音運動（Social Gospel movement）[14]的領袖約西亞・斯特朗（Josiah Strong）一直宣傳以下格言：「世界是個社區，人人都是鄰居。」[15]而哥倫比亞大學校長尼古拉斯・默里・巴特勒（Nicholas Murray Butler）則說「國際思維」（international mind）已經出現，將會逐漸規範各國的行為。[16]

洛奇認為，美國不應該只是一間「成功的國家商店」（successful national shop），而且多數國際主義者相信，實力愈強，責任愈重。然而，除了西半球以外，要肩負這種責任並不代表必須使用實力。洛奇認為，美國應該成為「世界強權」，而且該成為「更傑出的世界強權」，亦即「美國要積極參與，善加處理牽涉人類福祉的重大問題，從而得到別國認可，讓這些國家也會期待美國能有這番貢獻。」[17]美國人相信自己的國家能占據超高的道德地位，乃是因為美國沒有參與非洲、中亞、近東或中國的領土爭奪，也未曾介入歐洲事物，與各國聯盟和從事軍備競賽。（美國通常不參與世界事務，卻去接管菲律賓，但沒有美國人認為此舉與他們的常規作法背道而馳。）美國如此超然獨立，足以成為「世界進程中至高道德的代理人」。[18]

美國先前自我定位為世界爭端的仲裁者，但在一九四五年以後，卻扮演截然不同的角色。路特在戰前認為，世界不需要「國際警察」，反而需要「根據事實和法律做出權利裁決」的永久法庭。[19]即便美國與人聯盟，也沒有人認為要靠美國施展武力才能伸張正義。多數國際主義者都反對強權聯合起來強制實現和平的構想。

美國人很晚才意識到，這個讓他們能躲在兩大洋背後慢慢思考如何建構世界和平機構的秩序已經瀕臨崩潰。老羅斯福也不例外。他認為讓英國「維持歐洲各國權力平衡」最符合美國的利益，但他很晚才發現英國的能力早已迅速減弱。英國對德國崛起表示擔憂，但老羅斯福卻視而不見，甚至英國官員偶爾會懷疑他在支持德國。美國人堅信世界的潮流是邁向「國際團結」。遲至一九一三年十二月，威爾遜總統表示，「國家間的團體利益意識」會帶來「穩定的和平時代」。[20]

隨著歐洲爆發巴爾幹戰爭，各國瘋狂進行軍事競賽，歐陸的緊張情勢日益加劇，但塔夫特政府卻向各方表明，歐洲問題就是歐洲問題，與美國毫無瓜葛。

II

這便是威爾遜上任時的美國氛圍。這位出自普林斯頓大學的學者就任總統時根本沒有完備的外交政策。他與多數政治領袖一樣，只會隨波逐流，從眾人的角度思考國際問題。儘管在黨派競選活動中受到一貫的批評，威爾遜仍然跟隨前任總統的腳步處理國際問題。他將精力集中於西半球，派兵前往海地和多明尼加共和國。此外，墨西哥爆發革命以後，政治動盪不安，讓那些在美國邊境南部有房產和投資的美國人飽受威脅，但威爾遜卻妄想操縱墨西哥，使其走上民主道路，可惜手段拙劣，反而治絲益棼，深陷泥淖而無法脫身。威爾遜身為南方之子[21]，幼時經歷過美國內戰，故難免厭惡戰爭。民主黨在南方占主導地位，他作為黨的領袖，也必須努力面對該黨傳統上對擴張性外交政策的厭惡心態。因此，他非常謹慎，不願對國際和平提出任何宏偉構想，免得美國一不小心便深陷其中。在一九一四年八月之前，威爾遜可謂「對歐洲事務漠不關心」。[22]

歐洲爆發戰爭以後，一切便完全改觀。許多國際主義者原本認為不該有國際法和國際機構，也認為美國不該介入國際事務，但他們都改弦易轍。路特之類的國際主義者曾反對透過制裁讓各國服從國際法庭和理事會的判決，但他們開始相信，有鑑於德國的行為，設置某些執行機制是必要的。

然而，美國當時也使不上力。當一戰爆發時，威爾遜首先採取美國總統唯一能採用的政策：保持中立。德國和愛爾蘭裔美國人抱怨，威爾遜雖然號稱中立，骨子裡卻親英，而猶太裔美國人則埋怨，美國援助的盟友[23]卻包含反猶太人的沙皇政權。不過，這也是當時美國唯一的選擇。英美商業往來頻繁，經濟關係緊密，兩國對彼此都極為重要，不可能為了戰爭而中斷一切。除了上述提到的族群之外，多數美國人並不支持德國，反而更傾向於支持英國和法國，並且認同它們的立場。尤其在美國頗具影響力的東部走廊（eastern corridor）上，許多人認為歐洲戰爭是自由民主的「文明社會」（civilization）與「普魯士」（Prussian）軍國主義和獨裁政體之間的角力。後來的歷史學家一致認為，洛奇、老羅斯福以及他們的同夥都是「現實主義者」（realist），但諷刺的是，在戰時提出極富理想主義色彩論調來幫助協約國的也是這一批人（當然，他們並不想捲入戰爭）。然而，威爾遜當時至少在公開場合傾向於淡化敵對陣營的差異，此舉日後還讓法國總理喬治·克里蒙梭（George Clemenceau）心生不滿，抱怨「威爾遜總統完全不顧戰爭的道德層面。」[24]

在戰爭爆發後的前幾個月，無論威爾遜或其他具有影響力的人，都認為美國不會被捲入這場衝突。德國肯定沒打算要和美國作戰。對威爾遜而言，美國唯一可能扮演的角色是在雙方戰到精疲力竭時居中斡旋，促成和平。威爾遜在一九一五年一月告訴群眾，交戰各國遲早會找上美國，說道：「你是對的，我們都錯了。你在我們失去理智時仍然保持冷靜……你現在沉著冷靜且尚有力量，我們是否能向你尋求建議和幫助？」[25]

這又是國際主義者之間的共識。洛奇期待美國為了促進「永續和平」而施加影響力的「適當時機」。路特亦是如此。[26]在一九一四年秋季開始發表的一系列文章中，老羅斯福提出建立國際「聯盟」（League）的想法，以便戰爭結束後能維繫和平。他認為這個國際體系需要一個能確保條約執行並威攝侵略行徑的執法機制。各個文明大國應同心協力，「嚴正締結盟約」，承諾使用「全部的武力」來對抗任何存在或潛在的侵略者。當然，美國在這種聯盟中扮演關鍵角色，必須與「別國攜手維繫世界和平」，以發揮身為「國際**民兵團**（posse comitatus）一員，維護正義和平」的職責。[27]

威爾遜的計畫並非嚴謹周全。他打算讓美國在雙方準備和談後居中調解，只是他身為總統，並不想讓美國承擔維繫戰後和平的責任。在一九一五年一月，威爾遜指派最信任的顧問愛德華．M．豪斯（Edward M. House）前往歐洲打探交戰各國的想法。他並未下達任何指示，僅表示他認為豪斯「知道該怎麼做」。

一九一五年，局勢風雲變色。當意圖在數週內贏下戰爭的史里芬計畫進展不順，戰爭便在一九一四年年底陷入僵局，美國突然成為這場衝突中意料之外的關鍵因素。當時有人發現，美國「赫然聳現於工業和外交競賽的地平線上」。[28]這場爭鬥已演變成長期的消耗戰，英國和法國都仰賴美國供應糧食和彈藥，以及提供包括資金在內的資源。德國到了某個時間點也會需要向美國爭取資源，但他們真正要面對的問題在於，只要美國不停向英國提供貨物和金錢，英國便可堅持下去，戰事將永無止盡。德國若想獲勝，唯有讓英美兩國彼此切割。

這原本不會是什麼難事。然而，事情就這麼巧，德國卻意外打造出完美符合這項目標的新型強效武器：潛水艇。威爾遜和其他的美國人從未見過潛艇戰，因此起初並不相信德國真能毫無預兆地用這些「U艇」擊沉船隻。然而，潛水艇也只能這樣使用，而且德國人很快便表明他們壓根不受美國道德觀念的束縛。英國豪華遠洋客船盧西塔尼亞號（Lusitania）於一九一五年五月遭到擊沉，當時船上有高達兩千名的成人和小孩，絕大多數人不幸於愛爾蘭南方的凱爾特海（Celtic Sea）溺斃或凍斃。對美國來說，這起攻擊表示戰爭進入了新的階段。無論美國人喜不喜歡，美國已經直接受到歐洲衝突的影響。威爾遜心知肚明，即便在這起沉船事件發生以後，美國還沒做好參戰的準備。然而，他也知道美國的容忍是有限度的。倘若再發生一次沉船事件，他擔心自己會被迫出手。

在後續的二十一個月裡，威爾遜拼命讓美國置身事外。第一要務是說服德國全面停止潛艇戰，或者至少遵守人道規則，不要擊沉美國船隻和民用遠洋客輪。他終於在一九一六年五月達成這項目標，因為德國政府同意了《蘇塞克斯承諾》（Sussex Pledge）[29]，不會肆意擊沉非軍用船隻。然而，威爾遜知道這只是權宜之計。如果戰爭持續下去，而且英國不停阻擋德國獲取美國資源，同時還不斷從英美貿易中獲取巨大利益，德國勢必會故技重施，發動無限制潛艇戰，屆時威爾遜將別無選擇，只能讓美國參戰。因此，威爾遜的下一步便是說服英國追求和平。但這該如何下手呢？他希望「聯盟」會是答案。豪斯與英國外交大臣愛德華・格雷（Edward Grey）商討時，格雷暗示美國若承諾加入國際聯盟以維繫和平局勢，英國可能會願意開啟停戰協商。格雷相信，如果一九一四年時已經有這種機構，或許就能避免戰爭。他和其他英國官員也認為，世界的勢力平衡已經改變，唯有美國才能恢復平衡。德意志帝國於一八七一統一後迅速崛起，其國力強盛，非其他歐洲列強和英國聯手所能抵抗，唯有讓美國入局，方能促成各方的勢力平衡。

格雷首度提出這個想法時，豪斯完全不想理會，因為美國總統無法做出這種承諾。然而，那是在無限制潛艇戰發生以前，在盧西塔尼亞號被擊沉以前，在《蘇塞克斯承諾》出現以前。到了一九一六年春天，威爾遜認為，為了不讓美國捲入戰爭，唯一方法就是讓英國坐上談判桌，因此必須先同意成立聯盟的構想。

威爾遜後來才支持這個構想。率先表示支持的是英國。美國的老羅斯福早在一九一四年便提出建立聯盟的想法，然後到了一九一五年六月，包括前總統塔夫特在內的一眾共和黨領袖為這個構想增添了細節。他們對建立「實現和平聯盟」（League to Enforce Peace）的提議包括一項具有爭議的條款，亦即各國簽署條約以後，倘若某個成員沒有先向國際法庭或聯盟理事會遞件便發動戰爭，簽署各國將訴諸經濟或軍事力量來對付該成員。這遠超過威爾遜所預想的。然而，如果這樣能讓英國有所行動，他願意對成立聯盟的想法做出較籠統的承諾。因此，威爾遜順利說服德國同意《蘇塞克斯承諾》以後，旋即在「實現和平聯盟」第二屆年度會議上發表演說。他向眾人宣布，美國「有意願成為全球國協的夥伴」，「與大家攜手」保護各國權利，「堅定維持公海安全」，「預防任何戰爭」，不讓某些國家毫無預警宣戰，違反條約，或者沒有「完全順從……世界各國的意見」。威爾遜沒有具體說明細節，並迴避美國將如何且何時介入的問題。其實，他當時腦海裡一丁點計畫也沒有。威爾遜只是想要「表明自己的信念」。30

然而，英國仍然不願行動，此時威爾遜憤怒不已，便將槍口對準倫敦，不斷嚴詞抨擊戰爭的荒謬，最後更祭出經濟手段，對本已脆弱的英國施加壓力，使其更難因應戰事。威爾遜在一九一六年十二月照會交戰各國，施盡全力迫使英國接受調解，隨後他更在一九一七年一月發表著名演講〈沒有勝利的和平〉（"Peace Without Victory"）。他充分相信戰爭已經陷入僵局，並且聲明美國對最終協定的條款「毫無興趣」，呼籲交戰雙方接受「沒有勝利的和平」。[31]他反而宣布美國已經準備好與各國「協調實力」並「維繫」和平。威爾遜呼應老羅斯福和其他人的觀點，宣稱美國要是沒有加入，任何「和平協作盟約」都無法具備強大的約束力，足以「確保未來不會爆發戰爭」。他表示，美國民眾已準備好要「將他們的權威和力量加諸於」其他各國之上，藉此「維繫世界和平和正義」。[32]

《紐約時報》稱這場演講為「美國歷史上最令人震驚的政策發表演說」。[33]共和黨和民主黨都譴責威爾遜，說他拋棄喬治・華盛頓（George Washington）的「重要原則」，讓美國陷入「歐洲政治風暴的中心」。愛達荷州的共和黨參議員威廉・博拉（William Borah）指控威爾遜「不顧道德而叛國」（moral treason）。[34]

威爾遜一反常態，讓自己飽受公眾輿論批判。這是為什麼呢？並非因為他態度堅定，想要成立聯盟，從今日看來，他當時顯然不是這樣想的。這是因為他希望這項提議能誘使英國接受調停並結束戰爭。其實，威爾遜十分明白這場戰爭牽扯的道德議題，但他認為這麼做才符合美國的最大利益，遑論美國民眾明顯不希望捲入戰爭。正如他對美國記者兼政治評論員沃爾特・李普曼（Walter Lippmann）所言：「我們必須在被捲入戰爭前就讓它結束。」[35]

不幸的是，此時柏林政府已經下定決心。一九一七年二月一日，德國宣布要恢復「無情的」無限制潛艇戰。這個晴天霹靂讓威爾遜亂了方寸，爾後所謂的齊默曼電報（Zimmerman telegram）旋即曝光。在電報中，德國外交部長提議與墨西哥結盟來對抗美國，並答應將德州和其他於一八四八年被奪走的西南部土地歸還墨西哥，以作為墨國加盟的回報。這項陰謀聽來難以置信，足以對美國造成實質威脅，但更讓威爾遜震驚的是，德國竟然會搞雙面手段。話雖如此，他依舊對德國懷有信心，相信他們不會擊沉美國船隻，但這一丁點希望也在同年三月破碎。如同時任英國駐美大使斯普林．萊斯（Spring Rice）所言，威爾遜已經「盡其所能來終止戰爭，以免美國受到戰火波及。」但他面臨先前極力避免的狀況，亦即要做出選擇，不是「投降後名譽掃地」，便要「與德國斷絕關係」。[36]到了這個節骨眼，威爾遜擔心自己根本毫無選擇的空間。他在四月二日向國會表達戰爭宣言，指出美國「絕對不會屈服，讓我國神聖權利受損，我國人民不應被忽視或侵犯。」[37]共和黨眾領袖表達認同，參眾兩院的多數兩黨議員以及多數美國百姓也都認同他的決定。

威爾遜之所以參戰，既非抱持烏托邦式的空想，甚至也不是特別具有理想主義。他闡述開戰理由時，提到德國的入侵行動，強調必須保衛美國人及其在公海的權利，以及必須對抗「囂張的普魯士軍國主義」來捍衛「文明」。[38]當他說要讓世界「成為民主的安身之地」

時，想要表達的正是這些。威爾遜並非想讓世界上的所有國家（甚至歐洲各國）轉變為民主國家。對他來說，這場戰爭是要捍衛現有的民主體系，使其免受「組織武力支撐的獨裁政府」所迫害。只要獨裁德國仍然張牙舞爪，便會「一直靜待時機，實現我們不清楚是什麼的目標」，讓「全球的民主政府無法確保自身的安全」。[39]

威爾遜發表戰爭宣言時著眼於指出美國在新時代該扮演何種角色。那時英國主導的世界秩序已經陷入混亂，各國強權互掐脖子，而美國在其中保持勢力平衡。威爾遜堅信，礙於現今局勢，美國昔日公正中立的舊夢早已「既不可行，也不足取」。這場歐洲戰爭的結果攸關美國的利益。既然美國已經被捲入這場戰爭，為了防止下一場它必然會被捲入的戰爭，美方不得不採取行動。在先前的兩年裡，威爾遜發表演講時愈來愈常提到這點。他不斷提到世界已經「陷入火海」，而且「火種無處不在」，還說美國人幻想自己「不會受到火花和餘燼波及」來自我欺騙。威爾遜表示，這已經不是選擇的問題了。有些力量「位於美國之外，我們無法控制」，逐漸將美國捲入「它們的洪流和影響」之中，讓美國難以自拔。這位總統堅稱，美國不可能再「隔山觀虎鬥」。美國的「國運」已受歐戰牽連，而此時已經「沒有回頭路。」[40]

威爾遜最後補充他對未來聯盟的看法，認為唯有「民主國家攜手合作」，才能「堅定維繫和平」。「不可信任」專制政府，誤以為它們「會遵守其公約」。他也明確表示，關於是否要運用武力去維護和平，他跟老羅斯福的看法一致。威爾遜在先前幾個月裡於多個場合不斷斥責「和平進步派」，說這些人誤以為可以透過國際善意、國際輿論，甚至法律和法庭來維繫和平。他告訴和平運動家莉蓮・沃爾德（Lillian Wald）：「歸根究柢，靠武力才能讓社會和平。」[41]威爾遜在他的戰爭演講中宣稱：「帶領這個愛好和平的偉大民族宣戰，捲入所有戰爭中最可怕的戰事是很可怕的。我們文明的未來堪慮。然而，權利比和平更為珍貴。」[42]

我們應該很清楚的是，威爾遜早些時候呼籲的「沒有勝利的和平」已經不再可行。他不承認自己言行不一，既然美國已捲入戰爭，他就決心要獲勝。他知道美國只能戰勝，否則百姓不會買單，而且要是德國沒有戰敗投降，批判他的共和黨人士則會歡天喜地，放鞭炮慶祝。同樣地，我們顯然也知道，威爾遜不相信能與當時的德國政府達成任何令人滿意的和平方案。一旦德國迫使美國參戰，威爾遜只想打勝仗，他不要局部的勝利，而是要「全面」且「決定性」的勝利。[43]

威爾遜即使專注於得勝，卻仍然小心翼翼維護他眼中的美國獨特利益。儘管美國與盟國的共同目標是擊敗德國，他卻承認這些利益不同於盟國的利益。例如，當美國參戰時，英國、法國和俄羅斯已經相互簽訂了祕密協議，也與其他國家有類似的檯面下的協議，打算一起對抗德國（特別是日本和義大利），意圖在戰後瓜分德意志和鄂圖曼帝國的領土。當列寧（Lenin）和托洛斯基（Trotsky）從沙皇政府的外交檔案披露這些協議時，同盟國不僅尷尬，也擔心失去本國民眾對戰爭的支持，特別是自由派、進步派以及戰爭所依賴的工人。大衛・勞合・喬治（David Lloyd George）[44]試圖來挽回民心，曾在一次演講中倡導自決（self-determination），讓人民在自己的治理中擁有發言權，而不會被大國交易。然而，英國官員和威爾遜的顧問都認為，唯有美國總統才有足夠的信譽，能夠團結大西洋兩岸的左翼人士，要他們挺身支持戰爭。威爾遜在一九一八年一月的某次演講中擔起責任，提出「十四點和平原則」（Fourteen Points）[45]，這次演說便因此聞名於世。

III

當時不少人（連同後來的歷史學家）都誤解了「十四點和平原則」，以為這是威爾遜重申先前的「沒有勝利的和平」，但它們其實是重新召喚戰爭。他認為，美國對歐洲維繫「穩定持久的和平」興趣濃厚，但這唯有消除德國的威脅以後才能實現。此外，必須解放比利時。「普魯士一八七一年在亞爾薩斯—洛林（Alsace-Lorraine）問題上對法國所犯的錯誤」必須加以「糾正」。已經獨立的羅馬尼亞、塞爾維亞和蒙特內哥羅目前被德國和奧地利軍隊占領，這些外國軍隊將要被清空，而所有被占領的俄羅斯領土也要歸還。要創建一個獨立的波蘭國家，以滿足法國打算在德國東側建立制衡勢力的願望。威爾遜知道，德國唯有戰敗以後才會接受這種條款，其實，德皇稱「十四點和平原則」是德意志帝國的「喪鐘」（death knell）。[46]

威爾遜甚至不想與現任德國政府談判，因為已經證明該政府「沒有良心、不顧榮譽也無能為力來締結條約去實現和平。」必須「粉碎」普魯士獨裁政權。唯有到那時，當德國由人民「正式認可的代表」領導，準備接受公正的解決辦法，並且為前任統治者犯下的「錯誤」賠償時，才能算是「贏得了」戰爭。[47]

這與「沒有勝利的和平」精神背道而馳。拉姆齊・麥克唐納（Ramsay MacDonald）[48]曾說，威爾遜「徹底翻轉」他的「戰爭及其解決方案的舊觀點」，[49]因此英國和美國的某些左翼人士對此感到沮喪。他們是對的。威爾遜為了應對不斷變化的環境而改變了觀點。他的「沒有勝利的和平」演講打算要避免戰爭。從一九一七年四月二日起，他演說時都在講該如何贏得戰爭。一九一七年十一月，威爾遜在美國勞工聯合會（American Federation of Labor）發表講話時指出，雖然他想追求和平，但他認為，若要實現真正且持久和平，唯一途徑是擊敗德國並剷除其「窮兵黷武的領袖」。[50]在這個基本問題上，威爾遜和盟軍的意見是一致的。威爾遜堅稱他們將團結一致，直到擊敗德國為止。

然而，威爾遜承認美國和盟國在其他問題上存在分歧，各自有各自的利益盤算。其中最大分歧涉及在戰後如何處置德國、奧匈帝國和鄂圖曼帝國的領土，以及與此相關但更重要的問題，亦即一旦德國戰敗，該如何處理德國本土。法國人想採取極端主義的觀點，這點毫不奇怪。在先前四十年裡，法國兩度遭受德國攻擊，人稱「法蘭西之虎」（The Tiger）的克里蒙梭為首的法國希望德國永遠不會再次崛起來威脅法國。他們認為，唯一的作法是瓦解德國，將萊茵蘭（Rhineland）[51]分離出去，當作法國控制下的自治或獨立地區，然後奪走德國東部領土，建立新國家，作為法國對抗德國的盟友，以及將數個擁有關鍵資源和工業能力的地區轉給法國控制，並且將德國為數不多的殖民地瓜分給戰勝國。

克里蒙梭常說他相信那種被稱為「均勢」的「舊體系」，但法國人真正想要的是永久的權力**不平衡**，打算讓德國永遠癱瘓。[52]在英美人眼中，法國的目標不僅不明智，也反映出法國打算重拾古老榮耀的野心。英國和美國傾向讓德國保持領土完整，使其在經濟上重新站穩腳跟。德國已成為歐洲經濟的引擎，也是英國和美國出口產品的購買大國。德國唯有經濟發達，才能向英國支付賠款，使英國得以償還對美國的巨額債務。勞合・喬治曾說：「我們不能既削弱德國的能力，又要指望它能支付賠款。」53

此外，英國人與法國人不同，確實希望歐洲大陸能實現權力平衡。他們將德國視為必要的堡壘，可用來對抗蘇聯以及野心勃勃的法國。美國也有類似的目標。當威爾遜宣稱美國「不嫉妒德國的偉大」時，他並非從理想主義者的角度來說這句話，而是因為美國希望歐洲穩定，盡量不要勞煩美國出手干預。美國士兵不是為了**法國的榮耀**（la gloire de la France）而戰，也並非為了滿足法國打倒德國以求取絕對和永久安全的（烏托邦？）渴望。他們也不是為了支持義大利對達爾馬提亞海岸（Dalmatian Coast）的主張或擴大英帝國在美索不達米亞（Mesopotamia）的影響力而戰。當威爾遜堅持任何和平解決方案不可滿足勝者的「自私主張」時，他並非出於虔誠，而是因為美國根本不打算提出任何主張。威爾遜不希望盟國以犧牲美國為代價來過度擴張勢力。

其他後來被嘲笑為烏托邦和理想主義的觀點也反映出美國與盟國的利益衝突。試想威爾遜對「海洋自由」（freedom of the seas）的呼籲。英國反對「海洋自由」，因為他們依靠戰時封鎖來補強他們陸戰的弱點，但一九一八年時，美國人既沒有能力，也沒有意識到必須實施海上封鎖。美國人當然偏好「透過公開條約來公開達成它」，因為這是美國總統唯一的選擇。歐洲各國政府可以祕密簽訂條約，但美國總統不僅要向國會提交條約，還得向國會提交談判紀錄，以便可以公開辯論和獲得批准。威爾遜堅持要根據臣屬民族的意願，「公正調整所有殖民主張」。美國人不會付出任何代價，但英國和法國可能會因此無法尋找新的領土。至於「自決」，威爾遜是否熱衷於追求這項原則，取決於相關局勢以及他對美國利益的看法。例如，他最初反對裂解奧匈帝國，希望引誘維也納政府離開柏林政權，而諷刺的是，法國卻鼎力支持「自決」，因為他們盤算要建立新的國家從東方去制衡德國。如果盟國（尤其是法國）對「十四點和平原則」持懷疑態度，並不是因為他們認為威爾遜的原則不切實際，而是因為他們太了解美國提出這些原則背後的利益考量。

IV

然而，直到戰爭結束，威爾遜抵達巴黎[54]以後，他和代表團成員才充分理解威爾遜若想解決實際的困境有多麼艱難。那時，在這片歐陸上有許多人無家可歸、一貧如洗，在有爭議的邊界上戰鬥仍在繼續，各個帝國正在崩潰，有人正在醞釀革命，此時辯論該如何建立世界政府根本沒有多大的意義。國際主義者鍾愛的計畫無法替法國或比利時、新獨立的波蘭或新成立的捷克斯洛伐克，甚至德國提供任何安全保證。歐洲人想要的並非國際關係理論，而是直接解決其困境，包括軍隊、金錢和食物，當然還有承諾。威爾遜及其顧問們碰觸到「歐洲的可怕現實」以後，不得不尋找現實的答案去解決現實世界的危機。[55]

威爾遜看到這些無可迴避的現實，被迫改變他對美國在和平解決方案中該扮演的角色，也調整國聯的意義、目的和結構。威爾遜正是在解決歐洲和平困境的過程中得出新時代美國戰略的模式。

即使威爾遜搭船海上航行之際，他仍在思考一個幾乎無需美國出力的國際聯盟。當代表團成員乘坐**喬治・華盛頓號郵輪**（George Washington）前往巴黎時，威爾遜向他們表達自己的想法。他談到了一個權力組織，只要組織成員國同意，該組織便可以對某個威脅要發動戰爭的國家實施經濟禁運（economic embargo），但「無權」採取進一步行動。「如果必須有進一步行動」，每個成員國「可以自由決定」應該採取哪些額外措施。[56]

威爾遜在巴黎商談時仍然堅持維護美國的利益。當法國尋求免除戰爭債務並繼續戰時經濟合作時，威爾遜拒絕了。戰爭債務必須全額償還，「只要任何戰後計畫看似盟軍要控制我們的經濟資源，我絕對不會同意」。[57]當談到和平解決的條款時，美國人與英國人都希望促成適度的和平，只略懲德國，讓它也能恢復元氣，如此方能支付賠款和購買美國商品。最重要的是，美國人與英國一樣，希望達成的解決方案能讓美國盡量少參與歐洲事務。

然而，法國卻感到不安全，這個問題讓一切蒙上陰影。對法國人來說，威爾遜想成立的國聯無法解決問題。克里蒙梭和其他法國軍事和文職領袖從一開始就懷疑美國是否真的會信守承諾來保衛他們。克里蒙梭在會議的頭幾天反覆說道：「美國根本是天高皇帝遠。」即使美國決定參戰之後，軍隊也「花了很長的時間才到達這裡」，而在那段時間裡，法國人民蒙受了巨大的苦難。克里蒙梭堅稱他只能依靠「聯盟體系」（system of alliance）。[58] 如果威爾遜堅持要成立國聯，那麼國聯就必須像盟國一樣運作。必須有一支武力堅強的國際部隊，由各成員國提供特遣隊。必須有一個常設的「參謀總部」，由一名首席官員領導，任期為三年。一旦發生戰爭，這支國際部隊將由成員國指定的「最高統帥／總司令」來領導。這支部隊必須在幾乎沒有預先警告的情況下「隨時準備行動」。[59] 法國人抱怨道，若非如此，任何聯盟都將「只是充當門面，唬唬人而已」（but a dangerous façade）。[60]

美國和英國代表團自然對這種提議猶豫不決。某位前往巴黎的美國代表稱這是「國際社會在戰爭與和平時期控制我國陸軍和海軍的」計畫。威爾遜禮貌地解釋，說克里蒙梭的要求是「不可能的」。[61] 經過幾週的討價還價，後來成為《國際聯盟盟約》（League Covenant）第十條的最終版本仍然提出謹慎承諾的文字。它保障所有成員國的獨立和領土完整，但僅規定，「如果成員國受到侵略」，由大國組成的執行委員會將「針對履行這項義務的計畫和方式提出建議」。威爾遜特地指出，在許多情況下，「無需戰爭」便可履行承諾。[62]對英國人和美國人來說，國聯的優點之一就是它不是聯盟。美國代表團的國際法律專家大衛・杭特・米勒（David Hunter Miller）指出，第十條規定了「非常有限的義務」，這就是為何它「肯定會被法國人認為是不夠的」。[63]即使是最堅定的美國國際主義者也對「與歐洲國家建立防禦性聯盟」的建議猶豫不決。[64]洛奇反對「任何形式的永久聯盟」。[65]路特認為，和平必須建立在「一個新的基礎上」，這個基礎要「擺脫舊病毒」（free from the old virus），而所謂舊病毒，指的是歐洲聯盟體系。[66]

其實，某些美國國際主義者之所以拒絕威爾遜的國聯，正是因為它看起來太像老式的大國聯盟。正如羅斯福所言，威爾遜的國聯是大國的音樂會，是一個**民兵團**。沒有設置國際法院或法庭，也沒有制訂新的國際法體系。在威爾遜眼中，成立國聯是為了對付大國，因為大國在發動戰爭時，無視法律和條約、拒絕接受仲裁，而且不會礙於「國際社會的想法」而有所節制。一九一四年以後，即使像路特這種的墨守法規者[67]也開始認為法律必須有「背後的制裁」（sanctions behind them）。[68]威爾遜希望他的國聯有「牙齒」，儘管他堅稱這與「糾纏的聯盟」（entangling alliance）是兩碼子事。[69]威爾遜的國聯是處於做出承諾和保持選擇餘地之間的中間地帶。

這對許多美國人來說太過頭了，但對法國人來說卻遠遠不夠。威爾遜懇求克里蒙梭「對加入國聯國家的誠意抱持信心」。威爾遜最多只能提出保證，但他向這位法國總理保證，「當危險降臨時，我們也會前來，我們會幫助你們，但你們必須相信我們。」[70]話雖如此，法國人認為這樣誠意不足。

威爾遜與法國人之間的鬥爭經常被描述為頭腦冷靜的歐洲人的「現實主義」（realism）與美國總統的「理想主義」（idealism）之間的鬥爭。克里蒙梭及其盟友如此描述：「先知」（prophet）威爾遜相信「新外交」（new diplomacy），而法國總理則依靠聯盟和「均勢」（balance of power）的「舊外交」（old diplomacy）。就連威爾遜和他最熱心的捍衛者也做出了下面這種對比：善良的美國人尋求更美好的新世界，而歐洲仍然深陷強權政治的泥淖。然而，在理念衝突的表象背後，隱藏著更根本的國家利益與觀點的衝突。法國人所謂的「理想主義」其實只是美國不願意受到具有約束力的安全條約束縛，英國人也抱持同樣的態度。法國希望美國和英國將法國的安全視為切身利益。某位法國參議員曾說：「保衛文明就是保衛法國。」[71]然而，儘管美國人和英國人認為，他們願意向法國提供保證並阻止德國未來侵略法國，但他們也想擁有做出選擇的權利。

威爾遜在和談中做出了些許妥協，以便讓法國和英國同意成立國聯，但他從未同意他的自由派和進步批評者的說法，亦即和平只是重拾舊強權政治、帝國主義和貪婪。英國經濟學家約翰．梅納德．凱因斯（John Maynard Keynes）說威爾遜是天真的理想主義者，被更無情且更精明的歐洲同儕「欺騙」（bamboozled），但他這一點也不正確。在巴黎會談中，威爾遜在大多數對他來說重要的論點上占了上風。他不同意批評者的觀點，亦即媾和時對德國的待遇過於嚴苛，因為他知道，如果他不提出反對意見，法國會以更嚴厲的態度對待德國。至於他未能如願的那些問題（例如允許日本占領山東），威爾遜認為這是友好國家之間要妥協便不可避免的結果。隨著時間的推移，國聯本身可以修正協議中的某些缺陷。與此同時，如果能夠採取措施來防止下一場戰爭爆發，他願意容忍上一場戰爭後有缺陷的解決方案。

他認為，實現這一目標的關鍵在於，美國要參與列強的結盟，致力於威懾和抵抗日後的侵略行徑。國聯至關重要，因為美國對於分擔全球責任的承諾也極重要，而國聯是讓美國得以持續影響國際體系的唯一手段。威爾遜提出警告，指出如果美國在媾和後便回國，並為「狹隘、自私和眼界狹窄的目標」保留權力，歐洲國家將再次分裂成「敵對陣營」，日後可能爆發更嚴重的戰爭，破壞程度甚至可能比上一次戰爭更大。[72]威爾遜為了宣傳國聯想法，在一九一九年九月巡迴各地演講，但成效不彰。他在演講時告訴美國聽眾：「如果你們想讓世界獲得寧靜，就必須讓世界放心，而要讓世界放心，唯一的方法就是讓世界知道，世界上所有的強大國家都將致力於維繫這種寧靜。」[73]

V

威爾遜的戰略是對十九世紀末以來地緣政治格局發生巨變的回應。英國和歐洲的秩序已經消失，受到德國在歐陸崛起、日本在東亞崛起以及美國幾乎難以想像的新興力量所破壞。老羅斯福和其他人已經預見這種變化即將到來，但他們沒必要去重新調整美國的戰略。老羅斯福在一九一二年表示：「只要英國不僅在原則上而且能夠實際維繫歐洲的均勢，那樣就很好了。」然而，在四年之內，英國顯然不再具備這種能力，必須做出調整以適應新角色的是威爾遜，而不是老羅斯福。英國外交大臣亞瑟．貝爾福（Arthur Balfour）發現，世界將愈來愈「以偉大的共和國（Great Republic）[74]為軸心」。[75]

威爾遜必須努力履行這些重大責任。國聯是他最重要的貢獻，但並非他唯一的答案。一九一六年，威爾遜提議進行史無前例的海軍建設並得到國會同意，其目的不僅是為了贏得眼下的戰爭，而是打算使美國成為戰後全球迄今為止最強大的海軍強國。如果這項計畫得以落實並得到充分資助，到了一九二〇年代中期，美國將擁有一支由五十多艘一線戰艦（first-line battleship）[76]組成的「怪物戰力」（monster battle force），超過了英國皇家海軍，甚至日本帝國海軍最雄心勃勃的計畫。[77]此外，美國籌建強大海軍，主要是針對日本，其次才是針對英國，也要去對付德國。英日兩個強權都陷入了恐慌，因為美國人籌建海軍似乎毫不費力，而他們都難以望其項背。戰爭結束之後不久，英日都呼籲採取軍備控制措施，但兩國似乎也準備接受美國實質成為海上霸權。正如日本海軍大臣所說，威爾遜的海軍計畫若得以完成，將「造成海軍勢力平衡的巨大差距，可把太平洋縮小為美國的一個湖泊」。美國如火如荼籌組海軍，足以讓日本人放棄任何追趕的野心。[78]

當然，美國人民很快就拒絕了威爾遜適應新現實的計畫。一九二〇年，國聯提案在國會被駁回，兩年以後，哈定政府（Harding administration）[79]暫停，甚至逆轉了籌建海軍的計畫。以洛奇和博拉為首的威爾遜共和黨對手讓許多美國人相信，美國最好還是維持現狀。他們以一種非常十九世紀的方式再次煽動百姓，使人民懷疑，認為貪婪的歐洲帝國試圖將美國拉入與其無關的戰爭。雖然歷史學家和國際關係理論家堅持認為，洛奇和老羅斯福是保守的「現實主義者」，但洛奇及其黨羽舌粲蓮花，侈論烏托邦主義和美國例外論，指出「新世界」道德比較優越，歐洲「舊世界」則是墮落和腐敗。他們提出警告，說國聯會將美國吸進「歐洲帝國體系的貪婪權力」之中，將「使美國歐洲化」（Europeanize America），而非「歐洲美國化」（Americanize Europe）。[80]

這大體上是一場黨派之爭，[81]雖然很容易聲稱威爾遜的國際戰略對美國人來說過於雄心勃勃，但洛奇心知肚明，公眾輿論起初都一面倒贊成條約和國聯。甚至共和黨一開始也存在嚴重分歧。像塔夫特這種共和黨國際主義者和威爾遜看法一致。美國「被迫捲入」戰爭，因為「全世界都依賴我們的糧食、原物料和製造業的資源，而且在現代交通和通訊條件下，我們與歐洲的距離很近」，已不再可能孑然自主、與世隔絕。「我們也不可能不捲入另一場全面的歐洲戰爭」，因此，美國與部分歐洲國家一樣，也想要防止另一場戰爭爆發。[82]而共和黨「國際主義者」甚至也大都抱持這種觀點，洛奇才動用了全部權力和立法手段讓條約闖關未成。[83]

洛奇獲得對巴黎和解感到失望的自由派和進步派的鼎立支持。然而，看看他們在抱怨什麼非常有趣：威爾遜未遵守自己的崇高原則（他們如此認為），和平其實並非「沒有勝利的和平」，大體上是因為和平是由奉行傳統強權政治的大國所塑造的。某人評論道：「我們對此期望甚高。我們相信上帝呼召了我們，但我們現在卻被迫去做地獄裡最骯髒的工作。」[84]威爾遜本人的期望則較低。

最終，威爾遜籌組國聯之所以失敗，不是因為它太超凡脫俗，而是因為它太世俗了。美國人經過反思，並在洛奇努力動搖的影響之下，最終拒絕負起責任和做出承諾去維護自身半球以外地區的和平，爾後甚至連自身半球的和平都視若無睹。他們更想回到「夏日海洋」，但那片海洋已不復存在。美國人需要再過二十年，看到復興的德國幾乎征服了歐洲，大膽的日本幾乎征服了亞洲，才願意在更苛刻和不利的環境下重拾威爾遜的戰略。

Chapter

5

聯盟戰爭[1]下的民主政權領袖及其戰略：二戰的邱吉爾和羅斯福

塔米．戴維斯．貝特爾（Tami Davis Biddle）從美國陸軍戰爭學院退休後，擔任軍事研究的伊萊休．路特教授（Elihu Root Chair），著有《空中戰爭中的修辭與現實》（Rhetoric and Reality in Air Warfare），也寫過許多關於第二次世界大戰的文章。

民主國家和非民主國家發生戰爭時，有可能覺得自己處於下風，因為非民主政體無需受到希望在戰時決策中擁有發言權的立法機關拖累或徒增負擔，也不會被國內輿論、法庭或國際行為準則約束。然而，民主政權也有好處，擁有一系列可在戰時發揮強大作用的優勢，施政有彈性，可以創新和適應環境，以及做事有效率。

民主國家內的軍民規範若是完備，關鍵的決策者便更能溝通無礙，能夠根據政治目標擬定計畫和周全的戰略，也能視詭譎的戰局因地制宜，調整策略，從而排除有問題或不合理的想法。民主政權能相互信賴，彼此合作，從中獲取優勢，而非民主政體對此則窒礙難行。[2]此外，合作同盟可以集思廣益，做出合理決策，避免倉促就急，草率成事。民主國家經常能發展出可行的官僚體系和商業模式，也鼓勵人民接受教育和分析思考，因此戰時便能順利發展科技、收集情報、管理通訊和施政處事。

上述這些並非簡單易成或可自動成形。若想在戰時善用民主社會的先天優勢，最高層領導必須精明幹練，國家也得具備完善的機制體系來完成這些領袖所下達的命令。即使做出正確的選擇，也有完善的體制，但戰事詭譎多變，人算不如天算，依舊可能遭受挫敗。民主國家元首必須時刻緊盯局勢，求勝若渴，鞏固戰果，追求長久和平，即便面臨挫折，也得目光堅定，專心致志，勇敢果決。同樣地，民主社會在戰時也必須了解，他們的領袖必將面臨嚴峻的挑戰，需要權衡局勢，做出痛苦的決策，甚至要遭逢驚濤駭浪。他們也得知道，這些領導人將會過度操勞，緊張焦慮，偶爾也會自我懷疑。

聯盟戰爭其實難度很高，因為成員雖有共同的參戰目標，利益卻各不相同，導致各方在擬定戰術和長期目標時會出現分歧。即便民主國家組成聯盟，各自的治理方式、決策風格、軍民關係和外交政策目標必定有所差異，因此聯盟各方打算共享資源和相互協助來打敗共同敵人時，必定會溝通不良和作法不一致。民主國家若想和非民主政體聯盟，必須分清楚何時可以毫無保留，相互信任，何時又該有所節制，防範對方。此外，雙方必須有協定約束，確保彼此的聯盟能在戰時不會土崩瓦解。

戰爭詭譎多變，難以預測，偶發事件可左右戰局，令戰果難以預料。戰爭如同能改變地貌的洪流，足以讓國際局勢重新洗牌，參戰方會各有興衰，國力與地位有所升降。各國的戰後地位可能迴異於戰前所擁有的身分。其實，權力轉移有可能發生，而這將影響聯盟內各國的互動方式。因此，國家領袖必須高瞻遠矚，靈活應變，隨時調整戰略，以期締造「更和平的世界」（better peace），為人民謀福祉。然而，世事難料，人智有限，未能預料一**切**。人們會在戰後提出問題或深感失望，質疑戰時為何不做出某種抉擇，詢問為何未能洞察機先。

就規模和激烈程度而言，二戰是民主國家聯手參與過最大、也是最激烈的戰爭。然而，從政治學角度來看，二戰是位於戰場最前線的民主政體（邱吉爾領導的大不列顛以及羅斯福領導的美國）和共產政權（史達林領導的極權國家）攜手合作，共同對抗德國和日本。各國都有自己的強項、弱點和優先目標。每個戰時聯盟都是為了圖一時方便，二戰的同盟國也不例外。英國歷史學家艾力克斯・丹切夫（Alex Danchev）曾說：「盟友最令人惱火，戰時尤其如此。」[3]但他們偶爾又特別有用。在競爭激烈的政治局勢中，各國為保安全，都會想盡各種辦法，好比擁有強大軍武或經濟實力、掌握先進的科學和技術能力，或者提升工業實力，而結盟也是一種關鍵手段。

若說日本主要是由美國對付的話，歐洲戰線則要三方持續互動。然而，這三方的彼此聯繫和合作則各不相同。英美不僅語言相同，政治遺產也有所重疊，但非民主的蘇聯卻神祕難測，令人費解，因為蘇聯昔日曾遭外敵入侵，戰亂頻繁，歷來動盪不安，文化屢遭破壞。因此，英美彼此信任，和史達林「合作時卻若即若離」，不敢毫無保留信任對方。[4]假使三國領袖有極強的聯盟動機，他們也得留意彼此，尤其是在勝利將至之時。

本文探討二戰時邱吉爾和羅斯福在聯盟戰爭採取的策略，[5]內容主要闡述民主政體如何順利從民眾獲取所需的資源和技術、如何彼此合作，以及如何應付非民主的盟國。本文也會探討國家領導人在監督聯盟作戰時需要哪些人格特質和能力，以及需要何種方法與機制才能讓盟國相互合作和彼此支援。雖然本文探討某個特定時期，但其中的諸多見解可以運用到不同的情況，對於研究戰爭和戰略當代學生用處不小。

I

邱吉爾在一九四〇年五月擔任首相，當時英格蘭千瘡百孔，不僅自決飽受威脅，國家還岌岌可危。在一九三〇年代，一戰結束不久，經濟大蕭條（Great Depression）造成財政困難與經濟恐慌，民眾不願坦承受到威脅，因此並不樂見邱吉爾對希特勒抱持好戰的態度。然而，時至一九四〇年的春天，人們已經心知肚明，先前的綏靖政策悉數付之流水，一切徒勞無功。邱吉爾此時便可大打道德牌，因為希特勒不可靠，而且對於那些試圖避戰而讓他予取予求的人更是貪得無厭。邱吉爾認為，英國只有參戰一途，別無他法，而這也是高尚的作法。當時，英國百姓感到前途茫茫，邱吉爾的首要任務便是重振他們的信心，而他深諳此道。邱吉爾的演說熱情激昂，立論鏗鏘有力，配上精心設計的不屈不撓形象，大大鼓舞了同胞，而在那至暗時刻，鼓舞民心正是關鍵所在。

當然，邱吉爾看似態度堅定，內心卻惴惴不安，私底下飽受巨大的壓力。他面對其他閣員和軍方將領時，必須謀劃策略，同時匯聚執行方法，讓英國得以生存。

他認為英國想要取勝，最好的作法如下：一是仰賴海軍和空軍（尤其是長程轟炸）來壓迫德國；二是派遣特種部隊在歐陸支援各種反抗行動，加深各界對德國的不滿；三是尋求盟友來抗德，尤其是美國。英國記者兼軍事歷史學家馬克斯．黑斯廷斯（Max Hastings）寫道，邱吉爾為了讓美國答應同盟，他「代表英國懇求美國」，而且「為了做到這點，他必須化解大西洋兩岸彼此的偏見。」[6]邱吉爾想像豐富、辯才無礙且文筆甚佳，於是發明了「特殊關係」（Special Relationship）一詞來重新定義英美關係，將彼此數個世代以來的猜疑與敵意消弭於無形。

為了贏得美國的支持，邱吉爾孜孜不倦和小羅斯福魚雁往返，起初討論如何防衛大不列顛，爾後著眼於戰爭，以及如何重建戰後的世界。邱吉爾一開始便向小羅斯福闡明，英國存亡與否，深切影響美國的核心利益，而英國的存亡繫於小羅斯福所做的各項決定。[7]

在邱吉爾當政時，美國景況猶如英國，人民恐慌，施政癱瘓，不願面對外界的威脅。美國跟早先的英國一樣，之所以會有前述狀況，乃是經濟大蕭條導致財政困窘以及一戰的陰影揮之不去，種種原因讓美國人不願再度參與歐洲事務。時至一九三〇年代末期，小羅斯福深知希特勒會帶來危害，但他如履薄冰，謹慎以對，知道一意孤行會讓他地位不保且喪失影響力，甚至陷入萬劫不復之地。小羅斯福的講稿寫手羅伯特．舍伍德（Robert Sherwood）回憶當年時說道：「普羅大眾很難想像，美國總統講出的一字一句，都可能讓海外的數億人重燃信心或是意志消沉。」有些人說小羅斯福可能早就想對希特勒宣戰，但舍伍德對此嗤之以鼻：「在一九四〇年夏天，英國正在孤軍奮戰，倘若他當時這麼做，絕對會被國會否決，而這項消息一旦傳到英國，英國人民絕對會認為前途無望，除了投降，別無他法。」[8]

就算諸多限制纏身，小羅斯福依舊想方設法排除障礙，讓美國得以幫助英國。邱吉爾在書信中指出，英國會奮戰下去，讓小羅斯福可以頂住身旁顧問的壓力。在這些顧問中，多數是軍方將領，他們對於英國的戰況並不樂觀。[9]六月時，小羅斯福任命亨利．史汀生（Henry Stimson）為戰爭部長、弗蘭克．諾克斯（Frank Knox）為海軍部長，兩人都是共和黨員[10]，致力於協助英國。他們與喬治．卡特萊特．馬歇爾將軍（Gen. George C. Marshall，小羅斯福在一九三九年任命他為陸軍參謀長）共同努力，兢兢業業為美國國防奠定堅實的基礎。

在一九三八年的慕尼黑危機（Munich crisis）[11]以後，小羅斯福開始大力推動美國製造國防武器，主要大幅提升戰機產量，然後將多數戰機給英國人使用。他在短期內搜羅了各類戰需品，透過「合法操縱」（legal manipulation）的手段將其轉移到英國。[12]小羅斯福抵擋來自國會與軍方反對聲浪，但他冒此險以後，便可讓英國屹立不倒，持續作戰，因此從長遠來看，此舉對美國國防好處良多。英國皇家空軍元帥西里爾・內維爾爵士（Sir Cyril Newall）曾對美國空軍司令坦言，美國的經濟和工業物資支援「對英國的整體戰略至關重要。」[13]爾後到了一九四〇年，小羅斯福再次軟磨硬泡，說服了國會，送給英國幾艘老舊但還堪用的驅逐艦，代價是讓美國租借英國在西大西洋上的八個屬地（用以建造基地）。這項交易並無多大的軍事意義，卻能「鞏固英美之間的聯盟。」[14]

然而，英國的處境卻是日益艱困：英國亟需作戰物資，再過不久，財政部便無法支付此等開銷。直到一九四〇年十一月小羅斯福連任以後，美國才得知英國已經陷入經濟困境。小羅斯福設想了一項計畫，作為另一種商業交易模式，亦即將美國製造的軍品租給英國及其盟友，「只要是戰事所需，無論要租多少都沒問題。」[15]小羅斯福堅持要取得廣泛的權力，不讓此計畫受到金額限制，於是命令財政部長小亨利・摩根索（Henry Morgenthau）起草美國對盟國的「借貸」（Lend-Lease）法案，而小羅斯福也心知肚明，這得費盡心思方能在國會闖關成功。當時，美國國內的正反雙方攻防激烈，但到了一九四一年三月初，參眾兩院都通過這項法案。這項計畫的監督者由小羅斯福最親密的顧問哈里・霍普金斯（Harry Hopkins）擔任。在小羅斯福政府於戰時採取的法律作為中，「借貸」法案對同盟國得以獲勝最為重要。它可說是一項明智的戰略，在整個作戰期間供應美國盟友所需，提供他們彈藥以及各類物資，包括食物、卡車、衣物、汽油和備料。

Ⅱ

一九四一年六月二十二日，希特勒以迅雷不及掩耳之姿揮軍入侵蘇聯，打得史達林驚魂失魄。一九一七年布爾什維克革命（Bolshevik Revolution）[16]以後，俄羅斯的共黨政府成立，此後多數的民主國家便一直害怕和唾棄他們。列寧死後，史達林統整勢力，全面掌權，而他絲毫沒有改變民主國家對蘇維埃政權的反感；他強迫人民過集體化生活，在一九三〇年代又經常殺害和囚禁政敵，因此被西方國家視為異類而不與之來往。然而，希特勒入侵蘇聯以後，這種看法突然被扭轉。邱吉爾立刻表示該將蘇聯視為盟友，共同對抗第三帝國。[17]小羅斯福同意這點，卻言詞謹慎，深知美國人民需要一點時間扭轉想法。其實，直到一九四一年十一月，美國才宣布同盟國借貸法案也適用於蘇聯。然而，與此同時，小羅斯福派霍普金斯前往莫斯科去確認蘇聯最迫切的需求是什麼。

小羅斯福和邱吉爾曾在紐芬蘭島（Newfoundland）的外海會面，爾後在一九四一年八月正式發表英美聯合聲明的初稿。長久以來，這兩位元首都想和對方面對面會談，但動機不同。邱吉爾想讓英國和美國關係更加緊密，希望促進兩國軍方領袖的會談。此外，他還希望說服小羅斯福，使其做出堅定的承諾，阻止日本在遠東繼續擴張勢力。小羅斯福的主要目標則是想發表一份聯合聲明，以便因應全球衝突的局勢。他亟欲避免英國、蘇聯及其盟國在戰後進行領土或經濟的暗盤交易，因此想要發表一篇聯合聲明來闡述英美的戰後目標。他想強調英美的願景和希特勒的目標天差地遠，希望凸顯第三帝國的危害，藉此改變美國百姓的想法，進而堅定美國人的決心。

《大西洋憲章》（Atlantic Charter）[18]共有八項原則，其中包含：英美不會擴張領土；各民族自治；各國相互合作，發展經濟和保障社會安全；公海航行自由；以及建立一個「更廣泛的一般安全體系」（wider system of general security），以此解除侵略者的武裝，同時減輕（愛好和平的人民）「在軍備上的沉重負擔」（the crushing burden of armaments）。[19]到了一九四二年一月一日，對抗軸心國的二十六國組成聯盟，《大西洋憲章》的內容便成為其協定的基礎。這些盟國承諾會傾盡一切資源去對抗敵人，不會有人單獨與敵人媾和而私自尋求和平。

在八月會談時，邱吉爾並未達成與美軍將領詳談戰略事宜的目標，因為這些將領並未獲得授權，無法做出任何承諾。話雖如此，邱吉爾冒著危險，穿越遍布德軍U艇的大西洋遠道而來也並非毫無收穫。霍普金斯和邱吉爾一起乘船，途中向邱吉爾講述他在七月與史達林的會面過程，同時也藉機了解邱吉爾的想法，隨後才能向總統完整報告。此外，小羅斯福答應派軍艦護送英國往來於冰島和美國之間的船隊，他雖然知道這樣很冒險，但如此一來，英國便可挪出驅逐艦去巡弋其他航線。小羅斯福在一九四一年的勞動節告訴美國百姓，說自由的敵人猖狂無比，若想阻止他們，「除非我們加大物資生產，並且將物資運往戰場的途中能夠更妥善保護它們。」[20]

美國最終還是被捲入戰爭，但導火線並非在大西洋，而是發生在太平洋。日本偷襲珍珠港（Pearl Harbor），希特勒隔天便指示德國海軍只要一有機會便擊沉美國船艦。[21] 十二月九日，小羅斯福整合美國人心中認定的遠東和歐洲戰區，說道：「日本在過去十年於亞洲採取的路線和希特勒及墨索里尼（Mussolini）在歐洲和北非採取的路線一模一樣……世界上所有大陸，以及所有的海洋，早已被軸心國視為單一的巨型戰場了。」他強調美國和盟國的關係：「我們將大量軍品送往尚能和軸心國對抗的國家，如此爭取到了數個月的寶貴時間。我國政策的根基在於：從長遠來看，保衛抵抗希特勒或日本的國家，就是保衛我們自己的國家。」[22]

III

珍珠港事變之後，美國的孤立主義運動受到重創，於是全美進入備戰狀態，積極奮進，加速生產軍品物資，動員規模前所未見。在事件爆發當天，史汀生在日記中寫道，雖然傳來的消息令人氣餒和擔憂，卻也讓人鬆了一口氣。在一九四〇年到一九四一年間，局勢不安，詭譎難測，政治氛圍低迷，但珍珠港事變卻一掃陰霾，讓美國不再舉棋不定。[23]

希特勒、墨索里尼、昭和天皇（Hirohito）、山本（Yamamoto）[24]等人攻擊試圖避戰的國家，因此犯下戰略錯誤而自掘墳墓。他們的行徑激發了戰事中難以捉摸卻至關重要的因素，亦即激發同盟國的「戰鬥意志」，鞏固了克勞塞維茲戰時「人民、政府和軍隊」之間三位一體（trinity）[25]的聯繫，還讓英美與史達林和蘇聯化解百年來的敵意而願意攜手合作。如同邱吉爾在一九四〇年所做的一樣，小羅斯福必須要善用民眾的怒火和精力，讓他們願意犧牲奉獻來求取勝利。美國施政時十分看重民意，故小羅斯福必須使出渾身解數，展現他在經濟大蕭條時期鍛鍊出的溝通技巧和領導能力來說服民眾。

珍珠港事變之後，邱吉爾絲毫不浪費時間。十二月十四日當天，他和重要顧問搭乘約克公爵號戰艦（HMS Duke of York）前往美國。他希望在美方提出明確想法之前便介入，從中形塑英美的大戰略。此外，邱吉爾希望能在美國國會上發表演說、與國會領袖碰面，並且善用他的名氣來贏得美國人的喜好，進而強化英美的同盟關係。邱吉爾還希望讓美國對歐洲戰場更加盡心盡力，也希望美國能參與創建管理和實施英美大戰略的聯合機構。

邱吉爾及其團隊在北美停留了數個星期，期間與美方商討初期戰略的基礎，同時建立英美通信合作的架構。邱吉爾希望美國更大力支援大西洋海戰，還要美國的空軍轟炸機聯隊一起轟炸德國汲取作戰能力的來源地。邱吉爾的短期目標是「掌控或是征服整個北非沿岸」，以及「讓地中海前往黎凡特（Levant）[26]和蘇伊士運河（Suez Canal）的通道暢通無阻」。邱吉爾不想大張旗鼓從陸地進攻。他決心不要重蹈一戰時傷亡慘重的陸戰，因此反對以陸軍為導向的戰略。最重要的是，邱吉爾知道希特勒對於德軍未能在東部前線「輕而易舉獲勝」而震驚不已，而英美聯軍的明智之舉是「務必確保物資能夠準時送達該去的地方」。[27]

邱吉爾的大部分構想都能落實，但仍有少數並非如此。他礙於自己的偏好，有時會造成英美之間意見分歧，偶爾甚至會讓小羅斯福和美國軍方間產生矛盾。馬歇爾將軍的資深幕僚史丹利．恩比克少將（Maj. Gen. Stanley Embick）反對將重心放在地中海和北非，認為英國的策略「出於政治而非戰略考量」[28]，而我們從恩比克的初期研究中，便可看出他早已預料英美會有所衝突。當時的美國軍人普遍不待見英國，那是一種出於本能（且通常是短視的）仇英心理，恩比克就是其中代表。雖然美國人認同「優先對付德國」的原則（希特勒顯然是更有威脅的敵人），但他們還沒準備好要將遠東戰事擺在次要地位，或者從某方面來說，他們根本不願這樣做。

英美在擬定戰略優先次序時的主要執行和實行機制也是依循英國偏好的路線。一九四二年一月十日，雙方籌組「聯合參謀首長團」（Combined Chiefs of Staff，簡稱ＣＣＳ），讓英美軍方高層得以攜手合作。參謀首長團將負責決定戰略需求、發布武器分配指示，以及決定海外任務的優先事宜。「它本質上是將委員會的『聯合』戰爭方案制度化的提案。」[29]當時若有某些美國資深將領擔心此舉會讓美方的決策處處受制於英方，支持這項提案的馬歇爾和霍普金斯便會加以駁斥。英方也有人抱持懷疑態度，在有此想法的人士之中，最重要的莫過於身兼帝國總參謀長（Chief of the Imperial General Staff）和英國參謀長聯席會議主席（Chairman of the British Chiefs of Staff）的艾倫．布魯克將軍（General Sir Alan Brooke），他對美方的戰略能力嗤之以鼻，又擔心美國國力會水漲船高。

為了讓英美繼續順利合作，邱吉爾命令即將卸任的帝國總參謀長約翰．迪爾爵士（Sir John Dill）留在華盛頓。迪爾成為英國聯合參謀團（British Joint Staff Mission，簡稱ＪＳＭ）團長，負責接收來自倫敦上級的指示，並將邱吉爾的想法轉達給美方高階將領。邱吉爾只是偶然讓迪爾留在美國，但這卻是個明智之舉。馬歇爾和迪爾早在一九四一年八月便已見面，因為互相尊重而成為好友。霍普金斯也與他結識，並對他讚譽有加。迪爾最終在華盛頓貢獻良多。其實，「迪爾幾乎將英國發來的電報以及他的回電悉數讓馬歇爾過目……而馬歇爾也把他和其他聯合參謀團成員、白宮以及歐洲的艾森豪（Eisenhower）和中國的史迪威（Stilwell）等戰區指揮官的通信與迪爾分享。」[30]迪爾公開透明，正好抵消小羅斯福個人風格強烈且經常模糊不清的領導方式所帶來的問題。英國歷史學家艾力克斯・丹切夫（Alex Danchev）認為迪爾不僅「對戰事的關鍵走向影響甚深」，又能「調和鼎鼐，維繫聯合體系」[31]，丹切夫此言並無過譽。「聯合參謀首長團」的祕書處最初是由兩位才華洋溢且深厚友誼的人士所領導。一是英國的維維安・戴克斯准將（Brigadier Vivian Dykes），二是美國的沃爾特・彼得爾・史密斯准將（Brigadier Genenral Walter Bedell Smith），兩人皆能坦誠以待享誠信和恪守專業。[32]在美國方面，未來的盟軍最高統帥、馬歇爾的得意門生德懷特・艾森豪（Dwight Eisenhower）也將促進英美合作無礙。艾森豪深知盟友的價值，也知道必須維持良好情誼，方能獲得豐碩的戰果，所以他旋即扮演滅火器的角色，只要一見到英美對抗的餘燼，便會著手撲滅。

英美參謀將領的重要工作就是持續準備戰時會議，讓資深文官與軍事領袖齊聚一堂來擬訂聯盟的大戰略。邱吉爾、羅斯福及其參謀在一九四一年八月初次會談，爾後還在華盛頓見了三次面，在魁北克（Quebec）也有兩次。他們也在一九四三年於卡薩布蘭加（Casablanca）和開羅各會面一次，然後在一九四五年於馬爾他（Malta）開會。雖然蘇聯沒有受邀參與「聯合參謀首長團」，邱吉爾還是與史達林在莫斯科見了兩次面（分別是一九四二年和一九四四年），而邱吉爾、小羅斯福與史達林三人則是共同會面了兩次，分別是一九四三年在德黑蘭（Teheran）和一九四五年在雅爾達（Yalta）。

民主委員會和參謀結構偶爾會讓當事者感覺過於笨重和效率低落，但它們卻讓人更能審視各方想法，此舉既有用又至為關鍵，從而得以揭露有欠周延或輕率的決策。這些委員會還具備極大的優勢，可避免魯莽獨斷、有勇無謀的決策，而希特勒和墨索里尼皆曾這般意氣用事，最終導致敗亡，讓無數人成為戰火冤魂。

Ⅳ

英國參戰時，「生死存亡繫於其海軍能否保衛貿易航線，並在世界各地管理軍隊和統籌物資。」[33]在一九四二年初，最緊迫的問題是德國試圖切斷英國的補給，使其缺乏資源而無法生存和繼續戰鬥。德國和日本不斷攻城掠地，尤其是德國占領了法國沿岸後聲勢大漲，英國的海權霸主地位便有所動搖。時至一九四一年年底，英國商船深陷險境：至少一千兩百九十九艘被擊沉，其中一半的船員不幸喪生。[34]加拿大艦隊規模雖小，卻竭盡全力幫忙。然而，到了珍珠港事變之前，情況極其嚴峻。面對德國的U艇、破襲艦（surface raider）[35]和輔助巡洋艦（auxiliary cruiser），需要全力聯合英美海軍，方能持續與德國周旋。這最終將是一場激烈的戰鬥，考驗著交戰雙方的膽識、決心和勇氣。這是一場技術戰，也是一場消耗戰，於一九四二年到一九四三年之間的冬季達到驚險無比的高潮，爾後則因盟軍於那年夏天獲勝而告終。

同盟國若想獲勝，就必須贏得海戰。說到底，要想贏得海戰，必須開發和生產有用的武器，爾後善加運用，也得發展科學，不斷提出新的海軍理論、技術和實踐，踏入作戰分析的新領域，以及健全官僚行政體系。一旦有所發現、突破和提出新方法，英國、美國和俄羅斯（三國皆依賴盟友從海陸供應物資）都能集體獲益。英國海軍上將馬克思・霍頓爵士（Max Horton）等智勇雙全的指揮官立下了汗馬功勞，但科學家和發明家的貢獻也不容小覷，他們發明了各種儀器設備，譬如：反潛飛機使用的強力探照燈（利燈〔Leigh lights〕）；從艦艇前部以弧形投擲深水炸彈的迫擊砲（刺蝟砲〔Hedgehog〕）；以及高頻測向儀（High Frequency

Direction Finding，簡稱HF／DF），敵方潛艇若膽敢使用無線電通信，便可用此儀器定位它。[36]

默默付出的人不只科學家和發明家，另有一大批密碼分析員（cryptanalyst），他們焚膏繼晷，只為了破解德軍密碼。這些專家多半是從英國頂尖大學招募而來，其中包括戈登·維爾赫曼（Gordon Welchman）和艾倫·圖靈（Alan Turing）等才華橫溢的數學家；伊恩·佛萊明（Ian Fleming）在成為英國皇家海軍的首席情報規劃師（chief intelligence planner）以前則是一位特立獨行的股票經紀人。同樣地，美國的高等教育體系逐漸投入戰事，因此美國也從這些學術單位招募多數人才，而這些專家也貢獻良多。

劍橋大學近現代史教授克里斯多福·安德魯（Christopher Andrew）指出，英美情報機構之間難免會有衝突，但雙方在情報方面合作無間，碩果非凡且前所未見。「美國和英國的密碼分析員一起在布萊切利園（Bletchley Park）[37]破解德軍密碼（ULTRA）[38]，堪稱英國史上最珍貴的原始情報任務。」美國反情報官員「會依循雙面特工系統（Double Cross system）的所有運作細節，而這套系統是英國歷史上最重要的欺敵系統。」北大西洋的海上戰役耗時甚久，局勢萬般複雜，ULTRA至關重要，唯有英美的跨大西洋合作，才能讓這些破譯密碼做出主導戰局的貢獻。安德魯認為，情報機關的合作無間，乃是「英美『特殊關係』中最特別的一環」。[39]

邱吉爾曾在一九一四年擔任英國第一海軍大臣（First Lord of the Admiralty），因此監督過舊海軍部大樓四十號房間恢復訊號情報（SIGINT，全名 signals intelligence）的作業。小羅斯福即便經驗比邱吉爾更少，卻也相當重視情報工作。一九四〇年六月，「瘋狂比爾」威廉・唐諾文上校（Colonel William "Wild Bill" Donovan）以小羅斯福特使身分抵達倫敦，邱吉爾當時毫不吝嗇，把他引薦給多數的英國情報部門首長。唐諾文返回華盛頓之後投桃報李，大力促成英美合作。一九四三年春天，英美針對陸戰與空戰商談合作架構，此舉促進兩國的情報交流，雙方彼此合作，偵測和攔截軸心國的訊號。ULTRA在一九四四年的諾曼第登陸一役扮演至關重要的角色，在欺敵來掩護登陸戰役上也是厥功至偉。然而，假使英美沒有通力合作，ULTRA效果絕對會大打折扣。[40]

同時也有愈來愈多婦女投入戰時任務，她們尤其擅長處理情報和訊號。英國皇家女子海軍（Women's Royal Navy Service）的女軍官努力不懈，有時透過認真傾聽，可以找出某些德國密碼操作員的特定模式。[41]跨大西洋合作能夠進展順利，經濟學家、律師和統計學家也勞苦功高，他們利用手頭工具仔細繪製航海圖，並且追蹤和繪製海軍交戰中的失敗和取勝模式。一九四二年年初，英國派遣海軍部作戰情報中心（Admiralty's Operational Intelligence Center）

的一名成員前往華盛頓，依照英國模型，協助美方打造一間U艇追蹤室。渥太華也建立了一間類似的中心，結果這些技術中心整合密切，順暢無比，渾然天成，「猶如單一的運作整體」。[42]

另一項大西洋海戰的獲勝關鍵是長程飛機，這類飛機能夠找出U艇，使其不敢輕舉妄動，甚至可以立即攻擊它們。由美國團結飛機公司（Consolidated Aircraft）設計的B-24轟炸機經過改造以後，可作為戰時的空中主力。然而，很難去說服英美兩國長程轟炸機的擁護者，讓這類飛機去執行海軍和反潛艇任務。這些人士堅持認為，轟炸機足以瓦解德國戰力，使其無心戀戰，因此無法從更全面的角度思考戰事，也難以理解優先分配資源的專斷作法。

美國在一九四二年加入英國起頭的聯合轟炸行列時，英國皇家空軍早已訂立嚴謹的作戰模式，而有這種有條不紊的模式是慘重代價換來的。皇家空軍起初打算攻擊德國的儲油和運輸設施，但德國防禦嚴密，難以在白天得手。皇家空軍不得不在夜晚空襲城市，因為在暗夜之中，這些地區是他們能夠發現和精準攻擊的目標。一九四二年秋天，邱吉爾極力要求美國飛行員加入夜間空襲行動，但美國空軍堅持要在白天從高空「精準」轟炸特定的工廠，因此自行其事。[43]

然而，在一九四二年到一九四三年之間，美國空軍搞得灰頭土臉，不得不改弦易轍。

美國人後來依靠配備自封、可拋棄式副油箱（self-sealing, droppable auxiliary tank）的長程戰鬥機，終於有本錢和納粹德國空軍進行消耗戰，轟炸德國人認為必須保衛的目標。美國在一九四三年年底憑藉龐大的工業規模，全速大量生產飛機，同時培養不少合格飛行員。到了一九四四年年初，美國空軍攻勢猛烈，壓得德國喘不過氣來，難以日夜派遣戰機駕駛出任務，因此讓英美的聯合轟炸任務更能順利進展。

話雖如此，英美的轟炸行動遠比其支持者預料的困難許多，亦即轟炸的精確度沒有達到空軍指揮官的預期。[44]戰略轟炸（strategic bombing）攻擊效率低下，最終引起了爭議。然而，此處值得強調兩點。因為一戰的慘痛教訓，英美領袖不願進行陸戰，寧可下大注去賭戰略轟炸，而此舉最終產生某些強大的效果，不只限制了德國生產軍需品，也在諾曼第登陸前痛擊納粹空軍，並且襲擊了德軍的祕密武器庫，甚至在戰爭後期切斷德國的燃料來源（主要用於生產機械化武器和進行工業生產）。[45]

資深空軍將領透過英美「聯合轟炸機攻勢」創造了協同效應（synergistic effect）[46]。他們攜手從事工程和生產作業，將英國勞斯萊斯引擎安裝到北美P-51野馬式戰鬥機，以及整合從英國各個基地發起的英美戰略空中照相偵察任務（strategic photo-reconnaissance），進而讓行動事半功倍。英美日以繼夜轟炸，攻擊力道日漸加強，迫使德國逐漸調回東線的兵力和武器來防守本土前線，稍微減輕了俄羅斯軍隊承受的壓力。47

同盟國能夠獲勝，也離不開其他運用飛機的諸多方式。世界各地的飛機為地面部隊和海軍提供了重要的支援。然而，要達到這點，盟軍的飛機必須在性能和數量上都贏過對方，而英美的合作也在這方面做出了重大的貢獻。「英國駐美國技術代表團」（British Technical Mission to the United States），或簡稱「蒂澤德代表團」（Tizard Mission），於一九四〇年夏末抵達美國，其目標明確，就是要和美國分享敏感的機密科技。以著名科學家亨利・蒂澤德爵士（Sir Henry Tizard）為首的一批英國平民和軍官做出前所未見的豪賭，要讓英美的科學家、政府官員、軍官和工業領袖彼此合作。英美兩國其實對此猶豫不決，舉棋不定，英國駐美國大使洛錫安侯爵（Lord Lothian）之類支持這項行動的人士不得不想方設法加以推動，他們堅持不懈，終於有所回報。那年夏天，英國人將不少嚴密保守的機密帶到美國，其中最重要的或許是空腔磁控管（cavity magnetron），這種裝置可以大幅提升雷達的功能，而且從許多角度來看，它將「在未來的電子戰扮演關鍵角色」。48 一旦前往的英國人讓美國人相信他們可以分享許多技術之後，雙方便沒有嫌隙，談論了各類話題，包括雷達操作方法和技術細節、防空高射砲、飛機搭載的武器、近炸引信（proximity fuse），以及區分敵我的方式。

戰爭部長史汀生的表弟阿爾弗雷德・盧米斯（Alfred Loomis）在一九三〇年代成立了一所

當時最先進的實驗室，促成了英國代表與貝爾實驗室（Bell Labs）、美國無線電公司（RCA）和斯佩里（Sperry）[49]等美國領導製造商之間迅速達成協議；隨後，他促成了麻省理工學院設立高效的輻射實驗室（Radiation Laboratory）。「蒂澤德代表團」成果斐然，受人矚目，因為它生產了一系列令人驚嘆的武器和儀器，但它留給後人最深的印象，或許是盟友之間若是能通力合作，便可事半功倍，大幅提升成效。[50]

V

即使是盟友之間有許多共同點，但在行動、戰略和追求戰爭目標時難免會意見分歧和出現爭議。英美就曾為了歐陸地面戰的戰略爭論不休。這也導致英美與史達林之間的關係非常緊張，因為史達林大力推動「第二戰線」（second front），以便減輕俄軍與德意志國防軍作戰的壓力。馬歇爾將軍希望為一九四二年的跨（英吉利）海峽攻擊做好準備，並於一九四三年向法國沿岸發起進攻號角。馬歇爾深信自己作為軍人的本能：他認為只要敢於直接與敵人博鬥，就贏得了勝利。在一九四二年年初，羅斯福總統並未表態，有可能採取任何戰略，而他一如既往，外界難以解讀他的心思，也難以預測他的態度。邱吉爾對一戰曠日持久的壕溝戰以及一九四〇年敦克爾克（Dunkirk）前線的慘烈戰鬥記憶猶新，決心引導英美雙方朝不同的方向前行。布魯克子爵將軍也支持邱吉爾的想法；法國海岸戒備森嚴，當地的潮汐和洋流複雜無比，極難預判流向，邱吉爾和布魯克都反對派遣兵力薄弱的軍隊前去進犯，兩人都比較願意投入地中海的戰役。[51]

邱吉爾與小羅斯福的關係密切，而小羅斯福在一九四二年時也想派美軍前往歐洲戰場，因此邱吉爾能夠說服小羅斯福支持英美聯軍於十一月登陸北非。馬歇爾心知肚明，這項決定將破壞一九四三年跨海峽進攻的準備工作，並且會讓美國陸軍陷入地中海戰區，而這是邱吉爾所樂見的。小羅斯福極少不聽美方資深軍事幕僚的意見，而這便是其中一次，這對馬歇爾來說是一次沉重的打擊。然而，小羅斯福能這樣做，真是非常幸運。戰爭打到那個階段，美國陸軍尚未累積足夠的戰鬥經驗，渾然不知自己的盤算過於樂觀。布魯克於一九四二年四月評論美國希望提早發動跨海峽攻擊時指出，美國人「還不知道這項計畫的各種影響，也不明白我們面前有多少阻礙」。[52]回顧過去，我們仍不知道英美雙方是否能夠創造條件或調動資源來順利進展一九四三年的跨海峽攻擊。最重要的是，在一九四三年之前，美國人對於獲得空優（兩棲作戰需要掌握制空權）過於樂觀。盟軍要到一九四四年春末才能勉強獲得這種優勢。美國人實在太過於樂觀，若非英國人比較悲觀，作法保守並加以遏止，美國可能會深陷險境。

然而，隨著盟軍內部各方勢力此消彼漲，跨海峽攻擊的主張逐漸死灰復燃。美國人不斷增加工業產出、持續累積經驗，以及「戰略規劃的戰術」（tactics of strategic planning）有所改進，因此掌握了更大的話語權。[53] 對邱吉爾來說，依賴美國的缺點是他愈來愈難以獨攬大權，暢所欲言，按照自己的想法調整計畫。此外，蘇聯在盟軍的地位也逐漸改變。一九四一年，蘇聯被德國打得措手不及，史達林別無選擇，只能依靠俄羅斯的地理和惡劣氣候，同時仰賴面臨生存威脅的民眾，大家同仇敵愾去打一場防禦戰。對他來說，無論是英美的聯合轟炸攻勢，或者地中海戰役，都沒有直接登陸法國有用。到了一九四三年，俄軍靠著經驗、穩定的租借支援和國內工業生產的軍資，終於在史達林格勒和庫斯克（Kursk）贏得來之不易的勝利，並且開始緩慢將德意志國防軍往西方逼退。

馬歇爾將軍下定決心，不再讓小羅斯福聽從邱吉爾的想法，而與此同時，總統的參謀長威廉·李海上將（Admiral William Leahy）影響力日漸高漲，能夠左右小羅斯福和大戰略的走向。李海「開始認為，邱吉爾政府並非想要盡快擊敗德國和日本，他們只想保存英國的實力、維持帝國榮光，以及在戰後鞏固英國的國際地位。」[54]

美方如此懷疑英國甚久，李海不過是順水推舟把話挑明，他的想法得到許多美國高階將官的認同，尤其是海軍作戰部長歐尼斯特・金上將（Admiral Ernest King）。

一九四三年，英國和美國針對第二戰線看法衝突，僵持不下。最後在十一月的德黑蘭高峰會上（邱吉爾、小羅斯福和史達林在當時首次會面），小羅斯福和史達林聯手，迫使邱吉爾退讓，做出他一直避免的承諾。這又是一次正確的決定，即使有一方不高興。美國猶太歷史學家格哈特・溫伯格（Gerhard Weinberg）指出，「若進一步在地中海進行實質行動，不僅會讓一九四四年從西方的進襲行動難以實施，也遠遠難以重挫德國人，甚至還會對戰後的歐洲和世界造成最嚴重的傷害。」[55]

另一個讓英美關係不睦的因素則是蔣介石領導的中國。中國雖然是幫忙對抗日本的盟友，得到的援助卻少得可憐，因為英美的注意力已經轉移到了別處。一九四二年年初，新加坡淪陷，此後英國便將多數資源撤出太平洋，並且對該戰區採取防禦戰略，只專心保護印度。然而，小羅斯福卻堅持應該幫助中國；具體來說，小羅斯福及其軍事領袖希望英國在緬甸開闢一條陸路路線，讓物資可藉由這條路線運往中國。然而，與此同時，包括歐尼斯特・金上將和道格拉斯・麥克阿瑟將軍（General Douglas MacArthur，他當時領導美國在西南太平洋的軍事行動）在內的美國人謹慎看待英國對亞洲的企圖，急切想要「密切監視英國未來的活動」。[56]這些衝突都非同小可。「聯合參謀首長團」不只一次想透過閉門會議來解決紛爭。[57]後世的決策者必須了解，同盟之間必有衝突，有些衝突會非常嚴重，但分歧是否最後有消弭，以及如何消弭，這才是重要的。

VI

盟國各方先前凝聚共識，堅定信心要擊垮希特勒，但隨著勝利臨近，未來該如何處理戰後的和平局勢，彼此卻意見紛歧，開始劍拔弩張。例如，一九四四年年末，邱吉爾和小羅斯福就希臘和義大利的內部政治問題看法不同而唇槍舌戰，言論尖銳。邱吉爾擔心大眾會反彈，便告訴小羅斯福：「如今戰況不明，危機四伏。同盟國如此巨大，難免各方會意見相左，有所齟齬，若是讓民眾們知道個中內情，那將會非常不幸。」[58]然而，戰爭到了這個階段，最要緊的是如何處理史達林，以及遏止他在戰後做出野心勃勃的舉動。

英國政治家邁可．霍華德（Michael Howard）有先見之明，曾經指出：「過去二十年，蘇聯人在暴政下過生活，而我們可能會認為，很難有個政權能讓蘇聯各民族過得更加痛苦，但納粹領袖輕而易舉便辦到了這點。」[59]霍華德的評論點出了英美的困境：蘇聯與納粹都很邪惡，只是蘇聯一度危害比較輕。即使邱吉爾和小羅斯福認為必須幫助蘇聯度過難關（以便大幅減輕自身戰鬥部隊的負擔），他們卻不希望這個盟友主宰歐洲的戰後政治。然而，英美處理這個問題時採取不同的方法。小羅斯福希望先贏得戰爭，爾後再解決政治問題；邱吉爾則想要盡快達成協議。小羅斯福認為他能將史達林限制在國際框架之內（這個框架卻也讓美國人民得以持續介入全球政治）。美軍缺乏明確的政治目標，因此遇到了問題，只好優先考慮作戰需求，亦即小羅斯福在一九四三年一月宣布的「無條件投降」（Unconditional Surrender）政策。一戰之後，自私的德國領袖（不顧現實）辯稱，德國其實並未被擊敗，而是被社會主義者和猶太人在內的國內敵人「從背後捅了一刀」。因此，小羅斯福之所以宣布上述政策，乃是因為他相信如此可避免步上一戰的後塵，足以在戰後穩住情勢。「無條件投降」就不會有這個問題，可讓軸心國擺脫軍國主義、民族主義和暴力政治，不會受其影響而做出不軌的舉動。最後，小羅斯福認為這樣會給史達林吃下定心丸。他曾經告訴馬歇爾：「我身負責任，要維持大聯盟的團結。」[60]

一九四四年，蘇聯紅軍發起進攻，向前推進五百英里，殲滅了德國的三十個師，一路勢如破竹，進逼華沙（Warsaw）門下。在整個戰爭期間，蘇聯與德意志國防軍鏖戰甚久，傷亡慘重；其實，在一九四一年六月到一九四四年六月之間，納粹軍隊的損失有百分之九十是蘇聯造成的。[61]史達林認為，蘇聯犧牲甚大，理當在戰後和平會談時享有極大的話語權。他致力於追求蘇聯的安全，因為俄羅斯長期以來飽受外來者的侵略，其中包括十九世紀的拿破崙和二十世紀的德國。就連英國和美國也曾在俄國革命後派兵進入剛成立的蘇聯，試圖援助反布爾什維克的勢力。

邱吉爾敏銳地意識到英格蘭國力江河日下，因此非常焦慮，想去打探蘇聯的意圖，於是便在一九四四年十月飛往莫斯科與史達林見面。邱吉爾不僅擔心歐洲的勢力平衡，也煩惱他所承擔的道德義務。畢竟，英國早在一九三九年就向波蘭宣戰，而波蘭流亡政府便棲身在倫敦；波蘭數學家也向英國情報人員提供訊息，大幅加快了英國在戰爭期間的關鍵密碼破解工作；此外，波蘭飛行員又曾在一九四〇年的不列顛戰役中協助英國皇家空軍，使其對納粹空軍享有微弱的優勢。然而，此時此刻，小羅斯福卻不願討論歐戰棘手的政治問題，此舉激怒了邱吉爾。爾後小羅斯福在冷戰初期因他的冷處理而受到一連串的批評。小羅斯福希望同盟國能團結一心，一方面是為了讓俄羅斯幫忙對抗日本，另一方面則是為了讓各盟友能在戰後繼續合作。此外，攻打日本本土島嶼的戰事不久將逐漸白熱化，令他憂心忡忡。然而，讓邱吉爾和小羅斯福心煩的是，蘇聯竟然拒絕幫助一九四四年夏末挺身對抗希特勒軍隊的華沙波蘭人。62

戰後批評者將一九四五年二月的雅爾達會議視為錯失良機的特殊時刻。小羅斯福和邱吉爾讓史達林決定會議地點，結果讓身體負荷甚重，尤其是小羅斯福當時患有貧血、高血壓和心臟衰竭，只剩兩個月可活。為了前往雅爾達，小羅斯福先是搭了十天的船到馬爾他（Malta），再花七小時飛到沙基（Saki），最後花五個小時坐車，翻山越嶺，總算抵達克里米亞（Crimea）東南海岸的雅爾達。

在雅爾達會議上，英國人和美國人其實得到了其領袖們想要的許多東西，包括：蘇聯同意重新投入對日戰爭，眾人也針對加入未來「聯合國」組織的條件達成了基本協議，也談及法國未來將在占領德國一事上該扮演何種角色，以及各方原則上接受美國國務院的「被解放的歐洲宣言」（Declaration on Liberated Europe）[63]。至於史達林最在乎的兩件事情，亦即未來如何分割德國和賠償的協議，則被推遲討論。然而，有關波蘭的問題，英美兩國就非常不滿意。當雅爾達會議舉行時，半個波蘭已落入蘇聯軍隊之手，因此史達林坐地起價，妄想獨占一塊大餅。[64]

當時若是美國願意拿金錢與蘇聯討價還價，特別是向俄羅斯人延展信用（extension of credit），使其能在戰後購買美國的工業設備（此乃史達林迫切希望得到的結果），他們或許能在會議上發揮更大的影響力。小羅斯福或許感覺此舉很難讓國會同意，遂不願意打這張牌，至少他當時不願意。他還認為此事日後還可再議。若說小羅斯福自認為能駕馭史達林的想法太過天真，他的這種想法卻也是真實無誤。然而，小羅斯福罔顧自己的健康狀態，犯下了嚴重的戰略錯誤。正如古希臘政治家伯里克里斯（Pericles）在伯羅奔尼薩戰爭（Peloponnesian War）初期發現，決策不應該只仰賴一位決策者的生死與否。

我們從史達林的行為中得知，在戰爭接近尾聲之際，他的首要任務便是在俄羅斯和德國之間（以及俄羅斯和資本主義勢力之間）建立一處安全區域（security zone）。支持蘇聯無疑是英美在一九四一年做出的正確選擇，但這就得接受戰爭和解衍生的風險，而這種風險在當年是無法完全預估的。英美兩國主要依賴海軍和空軍，但這兩個軍種都無法掌控陸地。在一九四五年時，各國實際在歐洲如何部署軍隊將深切影響當時紛爭不斷的媾和談判。

美國對日本投下原子彈以後，似乎就不像一九四五年二月時如此亟需俄羅斯加入對日戰爭。這將影響後世如何解讀戰爭最後的「三巨頭」會議。在各次戰爭結束時，總會有人提出關於假設、選擇和協議（無論是否能簽訂）的問題。觀察家提出這些問題時以為自己無所不知，卻經常忘記他們是事後諸葛，看出的選項或模式在以前其實難以察覺，或者囿於政治局勢而窒礙難行。

VII

民主國家很在意傷亡人數，他們的領袖經常會採用自認為能夠減少傷亡的方式和手段去努力達到政治目標。二戰中的英美兩國就是以此為基礎去擬訂戰略。在歐戰的頭兩年，美國國內政治混亂，壁壘分明，小羅斯福處處受到掣肘，故只能徐徐圖之，教育百姓，曉之以理，使其逐漸認清現實，了解國安問題。

小羅斯福提議要與邱吉爾交換訊息，而邱吉爾也相信自己筆力萬鈞，雙方互通有無，為建構堅固的「戰爭堡壘」奠定了基礎。英國歷史學家理查．奥弗利（Richard Overly）認為：「從政治角度來看，同盟國最終能夠取勝，最重要的關鍵在於這兩人願意為兩國的共同目標通力合作。」[65]他們在一九四一年雙雙同意支持史達林，也是導致希特勒敗北的重要因素。三位盟軍領導人經歷戰爭洗禮之後，都成長為穩建的作戰指揮官，與各自的高階將官坦誠相待，彼此建立良好的關係。在戰爭的嚴酷考驗下，連史達林都不再疑神疑鬼，下放權力給優秀的將官，包括蘇聯元帥喬治．朱可夫（Georgi Zhukov）和總參謀長阿列克謝．安東諾夫（Aleksei Antonov），因此蘇聯將軍暫時不必阿諛諂媚，而綜觀歷史，獨裁者總是期待屬下卑躬屈膝，才會終致敗亡覆滅。在戰爭期間，這三位盟軍領袖的作法與希特勒大相逕庭，因為希特勒既不重視專業，也不愛聽讓他煩惱的消息。

對英國和美國來說，「聯合參謀首長團」是讓雙方進行重要晤談和做出合理妥協的體系。即使大夥偶爾會爭得面紅耳赤，卻「總是能達成雙方都能接受的整體折衷方案」。[66]「聯合參謀首長團」的成員就是當初創立它的那些將領，它能調和鼎鼐，化解彼此紛爭，主要是因為迪爾和馬歇爾能彼此尊重。「聯合參謀首長團」支持和維繫盟軍戰略，同時透過自由交流，讓專業成員做出貢獻，這些是克敵制勝不可或缺的方式和手段。翻遍戰爭史冊，很難找到另一種能出其右的體制。英美百姓才華橫溢，富有創造力，邱吉爾和小羅斯福相互信任，故能共享兩國人民的血汗結晶。教育是一種強大的戰爭武器，尤其是自由社會大學所培育和保護的分析（事物）教育。

邱吉爾和小羅斯福關係密切，改變了美國人的想法。他們共同對抗孤立主義和美國人的仇英心理，並將大西洋主義（Atlanticism）和國際主義（internationalism）的種子深植於美國人心中。英國人總是擔心「一九一九年到一九二〇年的背叛」（betrayal of 1919–1920）會重演，也害怕美國會推卸戰後的國際義務，因此樂於看到美國日漸追求各種形式的國際主義。當然，英美之間還是會有衝突，好比在商業航空、殖民地和商船運輸等問題關係緊張，但正如英國歷史學家大衛・雷諾茲（David Reynolds）所指出，英美透過「特殊關係」，逐漸彼此信任，故奠定了基礎，足以推動馬歇爾計畫（Marshall Aid）[67]、紓困借貸、海外軍事開支、柏林空運（Berlin airlift）、北大西洋公約組織（NATO），以及許多有助於維繫戰後安全的協議和互動措施。因此，說「二戰時期的英美互動可能是現代歷史上最引人注目的聯盟關係」一點也不為過，對於日後民主國家的決策者來說，二戰時期的英美合作是值得借鏡的。[68]

Chapter

6

歷史的隱形之手：湯恩比與尋求世界秩序

安德魯．艾哈特（Andrew Ehrhardt）在約翰霍普金斯大學的高等國際研究學院擔任亨利．季辛吉全球事務中心的博士後研究員。

約翰．比尤（John Bew）在倫敦國王學院的戰爭研究系擔任歷史與外交政策課程的教授，並曾經在二〇一九年擔任英國首相的外交政策顧問。寫過五本書，也擔任過國會圖書館的季辛吉教授（Kissinger Chair），並榮獲歐威爾獎（Orwell Prize）和菲利普．利弗胡姆獎（Philip Leverhulme Award）。

激進主義者兼陰謀論學者林登・拉羅奇（Lyndon LaRouche）在雷根當政初期撰文論述時認為，美國外交政策的核心是知識分子的墮落，而他當時引用了不太可靠的資料來源。已故的歷史學家阿諾德・約瑟・湯恩比（Arnold J. Toynbee）是近代著名的英國學者，出版過許多暢銷書，而根據拉羅奇的說法，湯恩比雖隱身幕後，實則扮演要角，在二十世紀時污染了美國的戰略制訂者。拉羅奇在一九八二年出版的《英國大戰略中的湯恩比因素》（*The Toynbee Factor in British Grand Strategy*）中聲稱：「歷史學者湯恩比長年主導英國海外情報部門，扮演舉足輕重的角色，分析師或政府若不了解這點，根本無法徹底進行戰略評估。」根據這種敘述，湯恩比這類人士根據文明歷史與科技一統世界等概念撰寫戰略腳本，讓大英帝國得以用自身偏見改變和感染美國文化。而拉羅奇相信，制訂美國外交政策的菁英在潛意識中接受了這套理論。[1]

其實，湯恩比從未在英國的情報機構呼風喚雨，但拉羅奇如同許多陰謀論者，無意中點出了一項重要的議題，亦即歷史和文明假設在戰略形成時所扮演的角色，他同時點出一個理想的主題，可從湯恩比本人去探索這種聯繫。其實，拉羅奇還指出西方戰略制定者的另一種習慣，而這也值得我們進一步思考。某些根深柢固且未經檢驗的假設（涉及歷史發展的本質以及不同文明相互作用的方式），透過這種方式，可能深入戰略制訂者的潛意識，最終內化成他們的偏見。

湯恩比對於二十世紀知識界主要的貢獻來自其學術研究，而非他所擬定的政策。他的著名作品為十二冊的《歷史研究》（*A Study of History*，一九三四年到一九六一年），這套書首先被視為傑作，但後期歷史學者多加批判，認為書中內容受湯恩比的基督教信仰影響過深，而且書中概括甚多，不夠精確，甚至缺乏實據佐證。一九五一年，季辛吉以〈歷史的意義：對斯賓格勒、湯恩比和康德的反思〉（"The Meaning of History: Reflections on Spengler, Toynbee, and Kant"）為題發表哈佛大學論文，而值得留意的是，季辛吉關注的是湯恩比的歷史哲思而非其戰略。雖然，湯恩比從未達到拉羅奇所言的高位，但靠著本身的能力在政策制訂圈內舉足輕重。湯恩比在兩次世界大戰期間與皇家國際事務研究所（Royal Institute of International Affairs，又稱查塔姆研究所〔Chatham House〕）關係緊密，更在二戰期間於英國外交部任職，與其他專家一起研擬理論，說明國際無政府主義的結構性原因，以及如何打造確保長遠和平的潛在架構。一九四〇年，湯恩比在其參與政治的巔峰時期加入了頗具影響力的英國內閣戰爭目標委員會（British Cabinet War Aims Committee）。當時，負責處理英國軍事與外交戰略難題的人士對湯恩比印象深刻。邱吉爾和粗暴的外交官格拉德溫・傑布（Gladwyn Jebb）之類的人士認為，湯恩比過於理想化，無法滿足他們眼下的政治需求。儘管如此，湯恩比在這個階段仍然貢獻卓著，其形塑的政策概略描摹出戰後願景，而隨著時間的推移，這項願景逐漸落實得十分完美。[2]

湯恩比是世界秩序的思想家，他研究過一九一八年國際體系瓦解後隨之而來的無政府狀態，並且嘗試推演納粹垮臺後世界秩序將如何變動，如此方能在眾多戰略制定選擇中脫穎而出，占有一席之地。世界各國因為科技和經濟彼此相互依賴而關係日益緊密，如何管理文明群體內部和文明群體之間的關係，乃是湯恩比要解決的難題。此外，從湯恩比對於政策制訂的影響可知，追求世界秩序時（從概念雛形到建構新的國際架構）如何能夠影響外交政策和中期戰略目標，同時對其賦予目的。[3]其實，湯恩比著述的主題之一，就是能將人類精神強加於歷史環境，並根據人的意志去改變環境，此舉便是文明發展的驅動力。此外，湯恩比的著作也揭示了治國之術中某個被人忽視但至關重要的層面，亦即歷史進程的概念，以及對歷史事件模式的理解會如何影響人擬訂高階政策（high policy）。湯恩比作為二十世紀中葉認真且重要的戰略家，本章旨在評估他所扮演的角色，最終將湯恩比描述為偉大戰略思想家的原型——他的獨特貢獻在於能以更廣闊的視野去籌謀思考、將國際事件視為歷史發展長河的一部分、以文明為背景檢視國與國的關係，以及擬訂眼前外交政策目標時要心懷更崇高的願景，以便在日後建立和平穩定的世界秩序。

I

湯恩比在古典作品領域表現優異，以頂尖成績從牛津大學貝利奧爾學院（Balliol College, Oxford）畢業，旋即獲得全職的學術研究工作而留任母校。在愛德華時期[4]，英國百姓普遍認為，大英帝國可以從古代世界汲取智慧。吉爾伯特．莫瑞（Gilbert Murray）是另一位研究古典文化的學者，也是暢銷書作家，湯恩比深受其影響，而巧合的是，莫瑞日後成了他的岳父。湯恩比的傳記作者威廉．麥克尼爾（William McNeill）曾指出莫瑞的影響：「將古人視為當代人，想像他們對著二十世紀的觀眾說話，這在當時既新穎又有趣。」[5]湯恩比與莫瑞和許多英國自由者一樣，受到古典教育的洗禮，堅信立憲政府的權力，成年以後抱持所謂的古典自由國際主義觀點。[6]湯恩比私下會批判殖民主義，但也逐漸看到多民族的大英帝國能夠適應局勢，重建自己，成為多國自願組成的聯盟，亦即大英國協（Commonwealth）。

湯恩比在一戰爆發後於學術圈嶄露頭角。一九一四年，他出了第二本著作，書名為《國族性與一戰》（*Nationality & the War*），從此名揚全國。他從自由國際主義者的角度撰文論述，在序文裡寫道：「我們過著正常的生活，卻突然被戰爭所迷惑，在『重新評估我們既有價值觀』的旗纛下，想正確解讀國族性卻成了攸關生死之事。」[7]他在這本多達五百頁的書中，針對利用戰爭重建歐洲秩序的議題提出實用的建議，包含：創建以國族為基礎的新的獨立政治實體、保護領土內的少數族群，以及建立新的國際架構來促進國家之間的關係。這些建議的背後隱藏更深層的反思，可以從中窺探湯恩比對於國際關係不斷演變的觀點、他對於歐洲文明的看法，以及在他眼中國際組織的本質與目的。該書主軸是嚴厲批評國族主義的，認為國族主義破壞歐洲和其他地區的穩定，這種觀點在當時的自由國際主義者中十分盛行。湯恩比在後續數十年的回顧評估提及，世界的經濟相依性遠比以往緊密，但被國族主義蒙蔽的外交官與軍隊似乎並未認清這點。[8]他就此得出結論，認為主權民族國家（sovereign nation state）的概念已經「破產」（bankrupt），人們需要接納國際權威的基本結構才能夠掌握新的事實。[9]

湯恩比提出的第二個論點反映出他對歐洲政治、文化和社會不斷演變的概念。他借鑑德國歷史學家利奧波德．馮．蘭克（Leopold von Ranke）的著作，認為儘管歐洲大陸匯集多種民族，但各民族也一起受共同文明的約束，構成一個「更廣泛的有機體」（wider organism）或「系統」（system）。因此，他認為一戰並非主權實體（國族國家〔nation-state〕）之間的戰爭，而是一個鬆散文明體內的（國族之間）自相殘殺。湯恩比寫道，這個歐洲有機體「充滿生機，永遠處於變化，編織它的各民族個體亦復如此。」然而，歐洲政治家面臨的核心問題是，至少從一八一四年到一八一五年的維也納會議（Congress of Vienna）[10]以來，他們還在使用過時的手段去處理新的問題。湯恩比指出：「我們總是將沒有生命的衣服誤認為活物。」在他的眼中，歐洲社會問題的本質是肇因於心理層面：無法充分包容各民族的野心，即使湯恩比本人也不特別認同這類野心。他認為要解決這個問題，並非制定嚴密的保障機制或建立永久的管理體系，而是建立臨時的國際權威架構（那時是要保障各國境內的少數族群），讓歐洲社會全境得以「心靈康復」。「一旦『歐洲』將自己訓練得寬容各國，便能拋棄保障機制而獨自行動。」[11]

從上述段落可看出湯恩比日後廣泛思索國際事務時的基本戒律。他認為，社會與文明有其追求的目標，此目標超越物質需求和利益。重要的是，體制的角色是提供「臨時鷹架」（transitory scaffolding）讓社會得以「釋放精力，追求更宏偉的目標」。湯恩比欣然認為，這點與德國人看待國家的方式大相逕庭。在此情況之下，忠於**國家利益**（raison d'état）是最高使命，難免會導致國家群體之間無止無盡的衝突，讓歐洲「無法」建立共同的文明。[12]

一九一六年，湯恩比開始在政府機關任職，首先是在外交部的宣傳單位，爾後擔任研究員和顧問，研究亞美尼亞問題，那是自由國際主義者關注的另一項基本議題。一九一八年停戰時，湯恩比以歷史學者身分，受邀陪同英國代表團參加即將在巴黎舉行的和平會談。[13]湯恩比在會議中人微言輕，卻能近距離觀察建構戰後歐陸秩序的與會領袖。一言以蔽之，他在戰爭期間的經歷讓他初次打算結合自己對過往歷史和當代局勢的興趣。

湯恩比對現今世界的看法來自他探索過往的結論。他在貝利奧爾學院求學時，便一直醞釀撰寫鉅作《歷史研究》（*A Study of History*）的基本想法。儘管湯恩比長年以希臘和羅馬文明為其學術研究核心，他卻愈來愈能從中汲取它們的當代意義。一九二〇年五月，湯恩比前往牛津大學演講，指出一戰是西方文明自找的災難，「如同烈焰照亮了陰暗的過去，讓人們重新看到了它」。他直指雅典和斯巴達之間的伯羅奔尼薩戰爭，這場戰爭始於公元前四百三十一年，此後歐洲陷入將近四百年的動盪，直到羅馬帝國建立後才穩定局勢。隨著各文明因為彼此的互動而逐漸合併與分裂，研究各種文明便可預示每個時代都存在某些共同主題，例如思想的交叉融合和交叉污染，以及人類舉止所扮演的角色。「每種文明，例如中世紀的文明、現代歐洲的文明，以及古希臘的文明，可能都是單一主題的變體。」[14]

在這套論述的深處潛藏著某些主題，而這些主題將成為湯恩比歷史和秩序核心概念。首先，湯恩比強調「人的精神」（spirit of man），而正如他早期探討國族主義的著作指出，他將其視為推動大型文明誕生的力量。而後一種結構反過來又成為他學術研究的第二個重點。

對湯恩比來說，分析文明單元最能夠從中理解世界歷史和推動當代國際事務的力量。然而，在這些架構中，人類施為（human agency）[15]仍然有足夠的空間來形塑世界，即使這項工作需要集體完成。人類能在多大程度上將這種「精神」強加於歷史環境，便是對文明生命力的終極考驗：

社會生活有兩個不變的因素，一是人的精神，二是社會環境。社會生活連結這兩個因素，一旦人的精神占據主導地位，社會方能產生高度的文明，在此情況下，人的精神不被環境形塑，而會依照自身的意圖去塑造環境，亦即為了「表現」自己而將自己「強加於」世界之上。

因此，文明如同文學或戲劇，「乃是一種社會藝術作品，透過社會行為來表達，猶如儀式或戲劇。我只能將其稱為『悲劇』（tragedy）。」[16]

II

除了大量著書論述，湯恩比也參與不少辯論，探討英國戰後的外交政策走向。他從一九二四年起擔任皇家國際事務研究所年度《國際事務調查》（Survey of International Affairs）的編輯，這是當時頂尖的外交政策期刊。[17]這也替英國在未來十五年外交政策重大戰略辯論埋下了伏筆。湯恩比心思敏銳，深切覺察到在一九一四年的前數十年裡，大英帝國與其他強國相較之下，經濟實力已然下滑，爾後又受到一戰衝擊，國力更是一落千丈，不再享有工業優勢，甚至已被某些國家超越。因此，湯恩比寫道，英國「失去了戰略上的孤立性／隔離性（strategic isolation）」，主要原因是現代戰爭的科技縮短了英吉利海峽（English Channel）的距離。[18]

儘管局勢詭譎多變，湯恩比仍然認為英國資源豐富，主要是因為英國地理位置特殊，歷來積攢了不少財富，而且具備商業帝國的「非正式」（informal）模式，至少未來在理論上其自治領能夠實施自治。而後的數十年裡，英國注定要在國際上扮演積極的角色，這不僅必要，也是刻意為之。湯恩比認為，歐洲是西方文明的發源地，而且逐步向全球擴展勢力，而英國靠近歐洲，又與海外地區（亦即英聯邦自治領〔Dominion〕[19]和美國）有所牽連，表示

「英國作為連結角色，其重要性將被放大。」[20]英國和英聯邦（橫跨各大洋且政治體制和文化背景相似的實體）自治領之間關係緊密，湯恩比將其視為「人類在政治領域」的創舉，可作為未來建構國際秩序的模型。[21]英國成就眾多，其一是展現「海外夥伴關係原則」（the overseas principle of partnership）的好處，這是相較於「大陸集中原則」（continental principle of centralization）。湯恩比表示，這種海洋思維「未來可能會被視為國際事務中的隱藏力量」。[22]儘管英國政治家並不完美，但湯恩比仍然給予肯定，認為他們展現出「以經驗為依據的思考習慣」（empirical habit of mind），因此能夠體察局勢變化並加以因應。[23]

大英帝國另有一項重要的資產，亦即他們已經連結東西方文明的各項因素，而這項資產未來可能日漸重要。湯恩比認為，從更廣泛的角度來看，「文明之間的接觸也許是當代世界最關鍵的活動」。[24]在湯恩比的眼中，大英帝國和英聯邦是目前唯一能讓不同文明和平相處且共榮發展的政體，但這種看法存在極大的偏見。湯恩比寫道：「在英聯邦之中，西方人和東方人維繫著自由平等的夥伴關係……在不久的將來，文化和種族衝突將成為全球的主要威脅之一，英聯邦體制屆時可能對於世界深具價值。」[25]然而，這極大程度取決於美國的意圖，特別是美國的太平洋和印度洋政策。湯恩比指出，上述區域有大量英語系人口，他們也與其他國家（譬如日本、中國和印度）互動交流。英國或許能夠居中斡旋，但它在這些地區的影響力依舊有限。在湯恩比看來，美國是這些地區「英語系人民」的重要代表，因此美國的一舉一動將深切影響英國的地位。[26]

湯恩比在一九二五年首度前往美國巡迴演講。[27]他認為美國在第一次世界大戰結束之後，已然能在「現存強權中展現最大的支配力」。[28]然而，湯恩比卻不清楚在未來的世界秩序中，美國在精神和物質層面上準備扮演什麼角色。關於這點，他將拿破崙戰爭之後的英國與一戰之後的美國來做比較。拿破崙戰爭之後，英國雖然在經濟和工業上更為發達，卻試圖與歐洲大陸保持距離，一戰後的美國也致力與歐洲大陸劃清界線。如此看來，大西洋將扮演十九世紀英吉利海峽的角色，因為美國能以大西洋為屏障，不會直接受到歐洲政治的影響。同時，正如英國在一個世紀前的所作所為，美國將增強其在歐洲以外地區的聯繫和影響力。「那種一半出於理性一半出於本能的心理約束，讓（英格蘭）不願干涉歐洲事務，但美國必須和其他地區打交道時，卻完全拋棄這種心理約束；這正是英國人如今拜訪美國時看到的當地百姓的心理特徵。」[29]

當時美國對於承擔國際領袖的角色猶豫不決，歐洲在簽訂一九一八年戰後協議時的氛圍也日益緊張，在此情況下，湯恩比愈來愈擔心國際秩序的整體走向。一九三〇年十二月，他在英國廣播公司的節目上發表一系列名為〈世界秩序或崩潰〉（World Order or Downfall）的演講。他開場時用詞辛辣：

> 我們駕駛的船可能正走向毀滅，也可能航向下一個港口。這艘船擁有西方的索具帆裝，卻已然成為人類之船。人類的命運取決於我們是否讓我們的挪亞方舟沉沒，或者讓它繼續飄浮。30

這段警告包含兩大主題，湯恩比在整個一九二〇年代著書論述時一直在探索它們，而這兩個主題後來成為他的鉅著《歷史研究》前六冊的核心思想。《歷史研究》回溯兩千多年以來二十多個文明的誕生、發展、崩潰和瓦解，但湯恩比的研究（即使在初版）對於當代世界卻著墨甚多。31他認為現代世界的特徵之一是西方文明的拓展。另有其他「活生生」的文明，包括伊斯蘭教、印度教、遠東和東正教，但由於各國先汲取西方科技，爾後採納政治制度，全球的「西化」（westernization）便迅速發生：32

> 這種西方精神猶如某種心靈電流，貫串了全人類，其勢浩瀚盛大，因此在這擴散全球的西化電流中，只要出現人類的心靈活動，不是其正電荷，便是其負電荷。33

西方文明雖然大舉擴張，實則已陷入危險境地，遭逢重大危機。湯恩比認為西方正在經歷一段「問題時期」（Time of Troubles），步上先前「死亡」文明的後塵。他心中最重要的先例仍然來自古代，特別是西元前四百三十一年伯羅奔尼薩戰爭爆發之後引發了動盪，直到西元前一世紀羅馬帝國建立後才結束紛亂。湯恩比警告，正如同古希臘「過於崇信城邦主權而走向滅亡」，現代西方文明也將因「過度依戀民族國家主權」而自取毀滅。[34] 其實，自從中世紀基督教世界的「政教合一」（politico-religious unity）制度瓦解以後，西方文明便一直推崇民族國家而陷入停滯。湯恩比相信，一旦日後政治統一，而最有可能出現普世／大一統國家（universal state），這種停滯期也將隨之終結。然而，重要的是，這個普世國家的本質（無論是暴政體制或立憲的世界秩序）將會決定西方文明能否延續。[35]

至此，我們已經愈來愈知曉湯恩比對英國戰略的基本假設，而他在一九三〇年代與人辯論英國外交政策時便是根據這些假設。首先，他相信某個文明向外擴張之際，其核心的連結會開始瓦解。以西方文明而言，當歐洲列強開始接觸異域人民時（無論是征服當地，或者與其互通商品和交流思想），這種擴張舉動便開始擾亂歐洲中心政治勢力的微妙平衡。他指出：「我們歐洲人創造新世界時，不是要**恢復**（redress）舊世界的平衡，而是要**打破**（upset）

這種平衡。」[36]湯恩比認為，「勢力平衡」的概念本身便不穩定，不僅會加劇歐洲大陸的競爭，更會扼殺創意，讓人無法跳脫競爭心態去訴諸外交手段。[37]如此一來，歐洲核心國家影響力下降，外圍國家的影響力反倒大幅上升。作為某個文明的核心，其地位如同開創者或心臟，便要積極捍衛該文明的界限。一九一八年之後的戰爭協商中，保證人並未盡力捍衛國聯，故前述概念便更形重要。湯恩比寫道：

> 如果處於中心的弱小國家不採取預防措施……共同文明的開創者和維護者都將失去主動權，甚至可能喪失獨立性，權杖將落入不適合掌控它的外部「野蠻人」之手。[38]

湯恩比從現有的州際結構（亦即聯邦〔federation〕）看到了潛在解方，它能替「更高的法律」（higher law）[39]提供先例，協助解決國家主權的問題。他根據自己十年前暢談的概念，將英聯邦以及蘇聯（此說令人驚訝）視為政治實驗，認為它們可能激發國家聯盟的新觀點。這些類似的政治機構位於我們現代西方主權國家世界的邊陲地帶，最終能否孕育某種形式的政治架構，使我們能在為時已晚之前為我們不成熟的國際聯盟提供更多參考內容？」[40]

某種程度上，湯恩比已經開始構思以聯邦為基礎的未來世界秩序，希望藉此因應日益嚴重的國際無政府狀態以及處理國聯的弊病。眼下迫切的問題是，他愈來愈擔心英國的外交政策無法在短期內應對當前危機。湯恩比尤其和其他著名的英國歷史學家（譬如艾倫．約翰．珀西瓦爾．泰勒〔A.J.P. Taylor〕和哈羅德．尼科爾森〔Harold Nicolson〕）一致認為，英國面臨的問題之一是欠缺戰略文化（strategic culture）。一九三八年，他針對「英國外交政策問題」發表了演講，指出英國人偶爾看不到自己在歷史發展過程中「極為走運」。自從一六八八年的光榮革命（Glorious Revolution）以來，英國「以低得驚人的成本」建立了人類歷史上最龐大的帝國。它還擁有相對安全的環境，不必像其他國家成天擔心外敵入侵。此外，英國不同於多數的歐洲強國，歷來只有一次被迫全民徵兵，而那發生於第一次世界大戰期間。英國透過「海權與金權」（sea-power and money-power），雙管齊下，締造了「擴及全球的**不列顛治世**」（a world-wide *Pax Britannica*），此種國際秩序符合英國的自身利益。[41]

其次，湯恩比想要喚醒大不列顛的歷史和戰略意識，於是指出英國人往往不知外界如何看待他們。英國人總是說願意扛起造福全人類的崇高理想，但別國卻認為他們格外自私自利。大不列顛的朋友與敵人多稱之為「英國式虛偽」（British hypocrisy），認為英國人只是打著人道主義的旗纛來粉飾自己的動機。湯恩比認為，與其說英國人虛偽，更準確的講法是英國人欺騙了自己。其實，這種自身的幻覺，其價值有時遠超過人們的認知，「因為它可以讓人充滿信心，自認道德高尚，可以更勇往直前，做自己想做的事。」國聯便是「英國式虛偽」最明顯的例子。它既符合英國的國家利益，又能裝模作樣，號稱足以造福全人類。湯恩比指出：「這種『英國式虛偽』的其中一項特點是，它能協調英國的利益和理想，也能兼顧多數國家的利益與理想。」[42]

然而，這種幻想有時可能會讓英國身處危險之境。湯恩比警告，英國人倘若缺乏自知之明，可能會渾然不知周遭的世界已經逐漸威脅到英國的利益。有些競爭對手打算挑戰現有秩序，此舉可能導致無政府狀態。此外，國際體系是根據英國的利益來建構，所以英國「不可能」將國際舞臺拱手讓人。即使大英帝國已然衰弱，但英國人仍是「困在昔日光輝的囚徒」。因此，湯恩比針對英國現今面臨的困境，一針見血，直指本心，指出英國面對復仇主義（revanchism）和日後可能興起的無政府主義，需要極力維持某種「整體的世界秩序」（collective kind of world order）。[43]

一九三八年，湯恩比認為英國的外交政策正趨近岔路口。若想保持或建構國際秩序，便要喚起全國人民，齊心打造未來。他指出，這是「遙望道路的盡頭，要思考英國是否有能力且願意走到底」。如果沒有方向感和整體戰略，英國將陷入災難。湯恩比提出警告：「我認為，如果我們再次耽溺於英國的壞習慣，不願將眼光放遠，我們必將陷入致命的危機。」[44]

Ⅲ

所謂眼光放遠，其實是跳脫眼下外交政策唇槍舌劍的泥淖，放眼未來五到十年的局勢。

湯恩比肩負這項責任，從此確立他對英國未來戰略的看法。早在一九三九年二月，查塔姆研究所的學者就開始了一項計畫，打算預測未來的區域和國際秩序本質和結構。湯恩比曾去信吉爾伯特．莫瑞，並且在信中表示：「如果我們度過當前的危機，而且獲得重建世界秩序的機會，我們需要採取比一九一四年到一九一八年戰爭後更廣泛且更深入的觀點去面對問題。」[45]在湯恩比和萊昂內爾．柯蒂斯（Lionel Curtis）等人的推動下，查塔姆研究所的歷史學家、經濟學家和政治學家於一九四〇年成立了名為「世界秩序研究小組」（World Order Study Group）的機構。[46]該小組最初的成立宗旨是發行文宣品，提供資訊來影響社會輿論，這批學者及其發表的論文成為最早進行戰後世界規劃的正式團體之一。[47]它還與政府部門合作，隸屬於外國研究和新聞服務處（Foreign Research and Press Service，簡稱FRPS）。[48]FRPS最初是情報機構，負責追蹤和濃縮外國報紙和出版物的資訊，但也能刺激人們提出更加宏觀的政治構想。

湯恩比在早期著作中明確區分軍事戰略與外交規劃的負責人。他根據自己參與巴黎和會的經驗塑造了部分的觀點，認為那些贏得戰爭的人多半不是擬定和平協議的最佳人選。湯恩比寫道：「戰爭製造者的優點，乃是和平締造者的缺點，反之亦然。」維也納會議上的政治家們犯下了錯誤，將王朝合法性置於民族自決之上，而在法國開會的眾多領袖則過度傾向後者，殊不知該原則在一九一九年時就已過時。湯恩比認為，這些歷史先例表明，負責戰後政治和外交戰略的人，「不僅要具備智慧，能夠全面看待問題、納入所有因素並適切加以評估，還要有高尚的道德，作法謹慎保守、深思熟慮、目光長遠，能夠為長遠目標而努力。」[49]

這種思考英國未來長期的外交政策和世界秩序的傾向，乃是在英國政府內部明顯缺乏相關意識時出現的。希特勒於一九四〇年七月宣布歐洲的「新秩序」（new order），後續並大肆宣傳，此舉促使資深的英國和英聯邦領袖呼籲各方共同努力擬訂戰後目標。當時第二度擔任南非總理的詹·史穆茲（Jan Smuts）寫信給倫敦官員，建議創立「智囊團」（brain trusts），認為這可能有助於擬訂戰後目標。[50]

負責執行這項建議的大臣達夫·庫柏（Duff Cooper）剛收到了一份世界秩序研究小組發表的論文影本，該論文提及一項二戰後更為常見的主題。庫柏發現學者的意見很有幫助，便加以呼應，但他也認為必須有效統籌管理。他寫信給外交大臣哈利法克斯伯爵（Lord Halifax），認為他們應該兼顧願景和務實，在兩者間取得平衡點。「我們不希望教授們脫離現實，關在象牙塔思考論事，也不希望出現投機取巧的機會主義者，每日跟隨事態變化而改變觀點。」反之，庫柏希望達到的目標是讓人「放遠眼光，規劃未來」。[51]

一九四〇年八月底，英國戰時內閣（British War Cabinet）成立了一個致力於研究戰後目標的委員會。[52]庫柏仍然是主要召集人之一，他為了促進思想交流，聯繫了湯恩比，因為湯的團隊當時已享有「博學之士」的美譽，針對未來的世界秩序有極為宏觀（雖然偶爾稍嫌抽象）的構想。他們會後提出了一份備忘錄，概述新委員會的職權範圍。備忘錄大致記載具體的政策問題，例如「大英帝國應該對歐洲的秩序負責嗎？」但也權衡了國際架構的利弊，這些國際架構包括聯邦聯盟、國聯之類的國家聯盟，以及國際警察組織。然而，重點一開始就浮現了。湯恩比和庫柏皆認為，委員會需要「針對戰後歐洲和世界體制提出建議，側重於各國的經濟需求，並且在持久穩定的國際秩序中做出調整，確保小國的自由。」[53]

湯恩比在這次初期商談以後，獲邀加入新成立的「戰時目標委員會」（War Aims Committee），成為其中的一位非大臣委員。[54]湯恩比在小組中最早期的貢獻類似於他先前對庫柏概述的職權範圍，奠定了委員會後期工作的基礎。他在名為〈針對戰時目標聲明的建議〉（"Suggestions for a Statement on War Aims"）的論文中寫道：「根據英聯邦的經驗，各國的人口數目、富裕程度、種族和社會結構可能差異甚大，卻仍然能容忍彼此的不同，平起平坐而自由結盟。」此外，英國還具備連接歐洲大陸與其他地區的「橋梁」地位。湯恩比警告不應建立大陸集團，因為此舉違反航海自由和全球商品自由交易的原則。論文中也針對維護和平及促進繁榮等層面提出更具體的建議。湯恩比強調美國和加拿大近期達成的西半球防禦協議，建議歐洲國家也可以成立此類「共同防禦委員會」（common defence board）。[55]該論文甚至建議英國提倡「全球經濟合作」，包括建立相關機構，監督貨幣波動、發展、殖民地管理、勞工標準和原料交易。[56]

湯恩比依照自己歷來著作的核心主題，替委員會撰寫了的第二篇論文，試圖概述「我們戰時目標的精神基礎」（Spiritual Basis of Our War Aims）。該備忘錄結構一如既往，內容廣泛而敘述抽象，提及他在其他作品中多半避談的核心宗教原則。他明確表示，聯合王國正在「為我們的生活而戰」，這種生活方式「源於一種信念，亦即所有人都是兄弟，因為他們都是神的孩子，神愛他們，也希望他們彼此相愛。」

這與湯恩比眼中的希特勒主義（Hitlerism）相悖，該主義認為人不是「神的孩子，而是人類政體的奴隸。」[57]這種論述似乎太抽象而難以運用，但哈利法克斯伯爵認同湯恩比的基本主張，並重新修改論文，使其更簡潔易懂。哈利法克斯伯爵去信時任委員會主席艾德禮時提出建議，指出若要「維護我們在生活精神基礎上的價值」，聲明戰時目標時必須將湯恩比的論點納入引言。58

儘管經過資深大臣的高層討論，「戰時目標委員會」並未大幅落實其原始目標，主因是有人缺乏興趣，特別是邱吉爾對此意興闌珊，這就表示戰後計畫的發表要延宕下去。到了一九四一年的新年，該委員會的權限便轉交給更加技術性的機構，該機構由眾大臣和官員組成。然而，即使湯恩比直到戰爭結束以前都沒有重拾深具影響力的職位，他和FRPS的同事一直都是戰後問題的諮詢對象。部長級的「重建問題委員會」（Committee on Reconstruction Problems）取代了「戰時目標委員會」的職權，與湯恩比和FRPS的其他學者密切合作。59 湯恩比在一九四一年春夏發表了一系列論文，這些是他至今為止最有企圖心且最為縝密的研究，其重要性甚至超越他過去在內閣委員會的工作內容。從這些論文可以窺見湯恩比如何將歷史專業及國際事務觀點轉化為具體的戰略建議。

在這些論文的封面註解中，湯恩比概述他認為當前英國在更宏偉的歷史潮流中的作用，其中諸多觀點援引自他在戰前數十年的著作。他依舊針對政府官員，論述時既帶點現實主義色彩，又帶有口號：「政治家只享有部分自由。在擬訂和執行政策時會發現礙於棘手的現實問題，只能默默接受，感覺選擇的自由嚴重受限。」以湯恩比的口吻來說，棘手的現況就是更宏大的力量，通常存在已久，但多數從政人員從未體察過。「這種棘手的力量一方面源於

『長期』對於統一與融合的執著，另一方面也來自『長期』分裂和分化的傾向，兩股驅動力互為交錯，貫串某個文明的歷史。」湯恩比心知肚明，至少從中世紀末以來，西方文明一直走向分裂和分化。然而，重要的是，他也指出近數十年來，以「統一與融合」為目標的反向運動逐漸興起。人類可透過精神與努力，在此扮演建設性的角色。湯恩比欣喜若狂，指出「時間至關重要」。特別是對於英語國家來說，可以採用「較為粗暴的方式和尚未臻於完美的作法，「迅速」為新的世界秩序奠定基礎。60

在隨後的三份備忘錄中，湯恩比提出論點，支持以英美合作為中心，並以憲政為依歸的未來世界秩序。他呼應自己於一九三〇年代提出的觀點，指出世界「經濟統一」已成定局，「政治統一」很快便會實現。61然而，他也提出警告，要實現政治統一，可能是「本於憲法的世界秩序或者基於專制的世界秩序」。他呼籲英語系國家，特別是英國、美國和其他強權，應該抓住機會建立憲政秩序，英美要在戰後的幾年裡基於道德標準、憑藉工業實力，以及依賴強大的海空權來主導這個秩序。62

湯恩比籌擘未來國際秩序時相當重視海洋體系，而非看重大陸體系。德國試圖組建由某個強權控制的大陸集團，但湯恩比卻聲稱要「建立以北美為首、大不列顛為輔的海洋聯邦」，一方面制衡德國，另一方面也可「在高舉平等的世界級國家聯盟建立之前提供地理基礎。」因此，以政治、經濟和軍事層面結合的「美英治世」（Pax Americano-Britannica）為基礎的世界組織將成為國際秩序的新模式。至關重要的是，這個體系能否建立，將取決於美國和英國能夠吸納多少歐陸、亞洲、非洲和拉丁美洲國家加入這個新的國家聯盟。湯恩比認為，歐亞大陸體系有別於海洋體系，只會導致不穩定的局勢。63 因此，英國能夠扮演不可或缺的角色，成為通往歐陸的橋梁：

若想獲得穩定和平的秩序，不是試圖在經濟、政治或戰略上將海外世界與歐洲大陸隔絕，而是在強權的庇佑下讓這兩個地區結為夥伴。這些強權除了要能確保和平，也要有足夠的智慧，能夠運用機智、秉持公正和作法適度，運用武力確保和平。英國作為歐洲與海外國家之間的橋梁，有能力促成這種夥伴關係。64

湯恩比在那幾個月撰寫的備忘錄，一方面體現大戰略思維的價值（跳脫眼前挑戰的束縛而綜觀全局），另一方面也暴露其侷限性，以理論或抽象的概念去預測未來。湯恩比提出未來世界秩序的主張時，有時未能跟上戰場現況。例如，湯恩比有一篇比較從海洋或大陸建構世界秩序的論文，其評估標準卻是德國主導的歐洲，但當時許多構思戰後世界的官員正在擘劃歐陸戰勝的局勢。因此，儘管海洋與大陸的維度可能是具有價值的戰略框架，但很難看出湯恩比的論述將如何轉化為更實際的政策。這些要點並未遭人忽略。

外交部官員對湯恩比的想法批判最烈。傑布後來擔任經濟和重建部負責人，領導英國戰後規劃機構，他對湯恩比的建議愈來愈失望，聲稱這些建議出自「感情用事者和理想主義者」之手。[65] 其他的外交部官員也多有批判之聲，態度不屑一顧，並在某份備忘錄的空白處寫道：「典型的湯恩比作品。」[66] 值得留意的是，在戰後國際組織的規劃變得更加明確的數個月裡，傑布選擇歷史學家韋伯斯特作為歷史顧問。韋伯斯特與湯恩比在FRPS共事，但卻是更加「務實」的歐洲議會外交歷史學家（他也是卡色萊子爵〔Lord Castlereagh〕的傳記作者）。[67]

話雖如此，在這個關鍵時期，湯恩比仍能影響英國的戰後規劃，部分原因是他能從學者角度著眼和眼前戰況保持距離，以免當局者迷。他關注甚廣（例如從世紀之久與廣闊大陸的角度去思考），亦能關注物質和非物質因素，讓他得以形塑後世的思想。其實，傑布後來為聯合國組織擬訂輪廓時大幅借鑑湯恩比的早期論述，但他沒有完全承認這一點。海洋與大陸框架、融入文明層面的考量，以及以英美兩國作為憲政世界秩序的核心，這些都是傑布和韋伯斯特在未來區域和國際秩序備忘錄中提及的重點。[68] 其實，我們可以更進一步，說這些是二戰結束後數十年西方戰略擬訂的根基。

IV

湯恩比不太可能是締造現代戰略之士。正如我們所見，某些當代軍事戰略家和理性冷靜的外交官可能將他視為理想主義者，或者認為他籠統廣泛、空談理論，與現實問題脫節。然而，正是這種思考模式，讓湯恩比得以超越眾人，提出戰略領域的新視野。他檢視歷史的角度廣納經濟、政治、技術、道德甚至精神現象。他刻意鼓吹這種從大局和長遠角度思考的綜合能力。他受過學術訓練，也擔任公共知識分子，因此能夠對策略思維做出貢獻。在兩次世界大戰期間，湯恩比曾反對他所認為的歷史思維的原子化（atomization）[69]。他認為，歷史學界存在一種退化趨勢，學者關注愈來愈狹隘的主題，而最糟糕的是，他們還使用自然科學的方法來研究這些主題。湯恩比不同於這些學者，反而重視「想像與理解整體生命的深切衝動（deep impulse to envisage and comprehend the whole of life）。」[70]

湯恩比因為缺乏經驗與立論粗糙而遭受批評，他的文明史學說在學術界也不再流行，但時至今日，他的話卻引起了強烈的共鳴。他並非唯一認為世界已然更加統一複雜、也更需要結構化關係的人。然而，與同時代的其他思想家相比，湯恩比的戰時著作更能體現一點，亦即對於世界秩序的願景可以為實際策略提供目標和形式。他其實認為，倘若欠缺這種考量，戰略思維就會呈現靜止和被動狀態，這與他冀望的充滿活力的動態社會背道而馳。這種觀點悄悄影響了更多在追求文明和精神層面驅使之下集中精力籌劃戰後世界的學者和官員。

自《大西洋憲章》時代起，有一種觀點便被納入英國和美國的戰略之中，這種觀點就是戰爭實為未來世界秩序的願景之爭，一方崇尚大陸的專制主義，另一方則認同海洋、崇尚商業和基於自由的價值觀。湯恩比在其影響力臻於頂峰之際，為此觀點奠定厚實的基礎。這個想法具體化為英美國際架構基石的根本想法，此乃戰後管理國與國之間關係所需要的。然而，同樣重要的是，湯恩比思想涉及他對人類施為和歷史進程的概念，或者，換句話說，他如何理解眼下展開的歷史，以及如何利用集體或個人的努力來塑造歷史。這個知識架構本於他針對千年以來二十多個文明所做的歷史研究和分析，並由此形塑出他對未來的設想。

重要的是，湯恩比並不是決定論者。他相信各個社會，特別是社會中「具有創意」的個人，可以努力阻止瓦解和崩潰。然而，他認為人類和社會施為受到可見的跨時空動態模式所影響，而這就是各種策略制訂者必須考慮的問題——亦即他們個人影響力的本質以及上天賦予他們的時機。湯恩比提出的方式是戰略思想家有時會迴避的基本問題：歷史理論如何形塑策略規劃？

湯恩比應該知道，他對現代戰略的貢獻就是時空之下的產物：二十世紀上半葉英國戰略制訂者面臨的挑戰；二戰後對新世界秩序的追求；自從大英帝國衰落便開始盛行的文明焦慮，以及冷戰期間原子彈的陰影之下，文明焦慮展現的各種形式。湯恩比於一九七五年去世，在之前的二十年裡，他對世界的見解（涉及最廣泛的地理和歷史尺度）已然過時。他在一九五三年出版《世界與西方》（*The World and the West*），書中指出西方的侵略是戰後世界中最不穩定的因素，但當時這似乎與冷戰時期的主流戰略思維格格不入。著名的中東研究學者艾利．克多里（Elie Kedourie）嚴厲批判湯恩比，認為他是不夠格的歷史學者。克多里慨歎湯恩比宣揚的「查塔姆研究所版本」，認為它讓英國數十年來擬訂了一場糊塗的中東外交政策。[71] 還有人批評湯恩比的著作，說它沒有完全基於經驗主義，無法直接對應目的、方式和手段，而這與許多學者和相關人士對於「大戰略」概念的批評相似。然而，如今人們已經重新檢視和討論世界秩序的概念，回歸湯恩比的思想有其價值。倘若一味仿效湯恩比，從宏觀和長期的角度思考，有可能落入過於籠統或抽象的窠臼。然而，湯恩比的方式仍然是避免戰略思想原子化或過度合理化的解方。湯恩比的文明發展理論，以及他在二十世紀中葉投入大量心力追求的新世界秩序，在在提醒我們社會精神和文明目標等非物質因素在形塑國際事務的過程中至關重要。

Chapter

7

地緣政治革命的戰略：希特勒和史達林

布倫丹・西姆斯（Brendan Simms）在劍橋大學擔任歐洲國際關係史的教授，同時也是地緣政治學論壇（Forum on Geopolitics）的負責人。其著作包括《Europe, the Struggle for Supremacy, 1453 to the Present Day》、《Britain's Europe: A Thousand Years of Conflict and Cooperation》、《Hitler: Only the World was Enough》。

希特勒和史達林的大戰略通常（但並非僅僅如此）是根據各自的世界觀。[1]兩者略有不同，但相似之處也不少，值得一起探討。他們的願景深受各自對一戰及其毀滅性後果的體悟所影響，而對史達林來說，外部干預和內戰爆發影響特別深。二位獨裁者在其生涯中的多數時間裡，無論是在客觀感受和主觀認知上，都面對相關的問題和共同的敵人。因此，他們的戰略雖然在某些層面差異甚大，其相似度卻令人吃驚。兩者相較之下，希特勒更具原創性，但比較不成功。

史達林和希特勒的侵略性政策最終導致數千萬人死亡，他們之所以採取這些策略，主因是凝於恐懼，而非出自信心。兩人都認為自己的國家是歷史的受害者。希特勒認為，德國在現代化初期走錯了方向，未能建立帝國，故淪為其他帝國刀俎上的魚肉。同理，史達林將俄羅斯視為外部勢力的長期玩物。如果德國和俄羅斯過去確實遭受列強欺凌，在這兩人的認知中，德蘇面臨的最大威脅是什麼便毫無疑問，那就是大英帝國和愈來愈有威脅的美國。這兩國不僅領土廣袤，而且更為重要的，他們還透過國際資本主義架構來主宰世界。

I

希特勒和史達林均非完全根據第一原則來發展戰略願景。希特勒很少提到影響因素，但只要仔細閱讀他的文章，就會發現他取材於不同的來源，包括美國種族主義者麥迪遜・格蘭特（Madison Grant），或許也包括地緣政治家卡爾・豪斯霍弗爾（Karl Haushofer）。至於史達林，他明確追隨列寧的傳統，終其一生尊奉他的思想。然而，最重要的是，這兩人都從各自的經驗和對各自國家歷史的認知汲取靈感。希特勒和史達林的核心經驗就是一戰和隨後的局勢，他們就在那種嚴苛的考驗中形塑戰略願景。

希特勒在整個一戰期間服役於德意志帝國陸軍，從衝突和爾後數年的動盪中獲得重要的教訓。史達林亦是如此，在此期間先是鼓吹革命，隨後在十月革命（October Revolution）後新成立的布爾什維克政府中擔任要職。希特勒長久以來不斷探究德國戰敗的原因，最後歸咎於內部和外部因素的結合。他認為自宗教改革之後，德國的統一不斷遭受各種人士破壞，包括社會主義分子、天主教徒，以及巴伐利亞分離主義分子。

希特勒認為，德國有這項弱點，所以無力抵抗英美集團、國際資本主義和「世界猶太人」（world Jewry）。在他的心中，這些強大勢力時而各行其道，時而一體共生。此外，德國礙於宗教對立、區域分歧和階級衝突，過去三百年來無法在建立帝國一事上和英美競爭。在這種情況下，德國無法餵養持續增長的人口，人民只得離鄉背井，移民新大陸，用希特勒的話來說，就是「養肥了」大英帝國和美國，甚至在一戰中擔任美軍來對抗祖國。希特勒對此人口結構弱點甚感痛苦，便據此構思隨後大部分的戰略。

在史達林的眼中，蘇聯如同歷史上的俄羅斯，由於國家「落後」而屢遭「欺凌」。他提出警告，說「落後的人只會遭人欺凌。」接著又指出，俄羅斯先前受到「蒙古可汗」（Mongol Khan）、「鄂圖曼地方長官」（Turkish bey）、「波蘭立陶宛泛民族主義者」（Polish-Lithuanian pan）、「盎格魯—法蘭西資本家」（Anglo-French capitalist），以及「日本領主」（Japanese Lord）的「欺凌」和「奴役」。[2]

史達林也認為，蘇聯將會同時被國內外敵人威脅，而且這兩條陣線的關係十分密切。史達林在國內眼見蘇聯這個剛成立的國家遭受沙皇同情者、分離主義分子、不合作農民和黨內異議分子的破壞而無法團結一致，其中有些是實情，有些則是虛構。蘇聯的外部威脅則是林林總總，來自許多層面。史達林身為共產主義的忠實信徒，將這些勢力統稱為「資本主義世界」，蘇聯和他們不可能長期共存。在他生命的不同階段，德國、日本和波蘭所造成的危險此消彼長。然而，就長期而言，史達林認為最具威脅性的敵人就是希特勒所面對的外敵：大英帝國、美國和全球資本主義。巧合的是，希特勒視布爾什維克為國際資本主義的工具，史達林則將納粹主義視為它的傀儡。

恐懼和剝奪感，尤其是饑餓，都是這二種世界觀的核心。英國的封鎖切斷了德國的糧食進口，導致德國在一戰期間飽受缺糧之苦，戰後的情況仍然岌岌可危。德國物資的匱乏和盎格魯—撒克遜世界的富足形成強烈的對比。希特勒將自己描述為帶領全球「缺乏物資國家」（have-not）對抗富足「擁有物資國家」（have）的領袖。俄國在內戰時也是糧食不足。因此，希特勒和史達林都追求在他們認為更「平等」的基礎上重新分配世界的權力和資源。

當時的世界變化莫測，危機四伏，兩人都不認為可以靜觀其變而無所作為。希特勒認為，世界可供居住和生產糧食的「空間」（space）十分稀缺，威瑪共和國（Weimar Germany）領土太小，故難以生存。其實，他嚴厲批評德國傳統的民族主義分子，因為他們只想恢復一九一四年的領土邊界。希特勒辯稱，前述的國土太狹小，不足以維持德意志帝國的生存，而它在一戰時飽受壓力，果真於戰後四年便土崩瓦解。「唯有在地球上擁有一片足夠廣大的空間，方能保障一個民族生存的自由；是故，（希特勒）呼籲消除『我們人口和領土之間不相匹配的情況』。」[3]

同理，史達林認為，除非資本主義世界的中心也接續發生革命，否則俄國革命的果實便無法長存。他與眾人所想不同，認為「單一國家的社會主義」（Socialism in One Country）並非長久可行的策略。在一九二五年十二月針對這項議題的專題演講中，史達林特別指出「如果在其他國家的革命無法成功，社會主義就不可能在一個國家中獲得最終的完全勝利。」話雖如此，他還是相信蘇聯能夠憑一己之力在俄羅斯「建立社會主義」，但他別無選擇，只能一條路走到黑。

希特勒和史達林都是受到飢餓的恐懼所驅使，但當時兩人的解決方案已出現重大的差異。希特勒迥異於同時代的領袖，明確反對以「內部殖民」（internal colonization）來解決德國的困境。他從一開始就是以（他所認為的）英美移居者模式對外擴張和徵用資源，藉此解決人民缺乏「麵包」的情況。英國皇家海軍實力強大，德國難以海外殖民，因此希特勒只得設法向東攫取**生存空間**（Lebensraum）。希特勒在《我的奮鬥》（*Mein Kampf*）一書中，將其定義為「俄羅斯及其屬國」（Russia and its vassal states）。這片土地可以提供德國重要的原物料和最重要的「空間」來容納德國多餘的人口。希特勒的整體大戰略便是基於這種信念。

反觀身為蘇聯領導人的史達林，他卻想在國境內採取極端手段去解決（自我造成的）糧食安全問題。他的農村計畫剝奪了農民的土地並建立廣大的「集體農場」（collective farms，亦即Kolkhoz），以期確保多數民眾（特別是城市居民）獲得溫飽，從而避免在內戰期間造成饑荒。從這個角度看來，史達林並不渴望占據更多的「空間」，而是決心以其認為更好的方式利用擁有的土地。

即便如此，這兩位獨裁者的領土策略卻有耐人尋味的相似之處。如果希特勒將心思都放在俄國身上，史達林也是緊盯德國不放。史達林說道：「如果德國革命成功，將對歐美的無產階級群眾有更為實質的影響，遠勝於六年前的俄國大革命。」[4]兩人的戰略意圖並非對空間本身有好惡之分，而是要獲取土地去抵抗英美和國際資本主義的勢力。

希特勒和史達林都敵視以英美為首的國際資本主義勢力，但兩人都希望能利用敵人陣營中的分歧而上下其手。希特勒的部分戰略是希望操弄英國懼怕美國霸權的心態，從而與倫敦協議。同理，史達林認為可以利用一方的帝國主義去對抗另一方的帝國主義，或者至少可以等待英美陣營因「內部矛盾」而瓦解。

就概念而言，希特勒和史達林的某些關鍵戰略論述和框架是相同的，因為兩人都害怕被包圍。希特勒認為，德國歷來在各方面都極為脆弱。他在一九三〇年代時反覆指出，必須跳脫「英國的包圍」，意指列強的環伺（諸如法國、波蘭和捷克斯洛伐克）。他認為倫敦會統整他們，以便將德意志帝國箝制在歐陸中心。史達林也經常提到「資本主義分子」（尤其是

「英國」）的包圍。他主張：

> 資本主義分子的包圍已經不僅是一種地理概念。它指的是蘇聯四周有敵對的階級勢力，打算藉由財政封鎖和趁機進行軍事干預，從精神和物質層面支持我們在蘇聯內部的階級敵人。」[5]

史達林認為，敵對勢力四面八方威脅蘇聯，背後的主謀就是倫敦。這些勢力包括波蘭和日本，在中亞方面當然就是大英帝國本身。就此而言，希特勒和史達林都將打破包圍的態勢當作首要的戰略目標。

這兩位領導人準備藉由軍事活動來介入，也想找尋機會發動**奇襲**（coups de main），但希特勒更冀望如此。稍後會更詳加說明。即便如此，兩人基本上均將國際鬥爭和軍事對抗視為消耗人員、產業和士氣的過程。閃電戰戰略被一般人認為是由希特勒所創建，但它其實是上述想法的後續構思；史達林也是這麼想的。德國入侵蘇聯，使其處於被希特勒擊潰邊緣的黑暗時期，史達林當時說了一句非常著名的話，將那次衝突稱為「引擎戰爭」（war of engines），包含蘇聯和英國，尤其是美國的總體生產能力，最終將遠勝德國的生產力。

因此，這兩人在本質上都是追求意識形態的大戰略，但他們也深刻理解各自國家的歷史以及當時的經濟和軍事現實。這種意識形態和現實政治之間的拉拔，導致了一種共生的政策（symbiotic policy）。在希特勒這邊，我們看到藉由領土擴張以便「改善」德國種族的「種族帝國」（racial-imperial）典範；在某些歷史學家的眼中，史達林從過去的沙皇和列寧汲取經驗，呈現出「革命帝國典範」（Revolutionary-imperial paradigm）。[6] 他們的大戰略顯然是基於意識形態，卻受到歷史與地緣政治的影響。

II

大戰略是分階段執行的，或者至少起初是如此規劃。某些人認為，希特勒有明確的主計畫，稱為分階段計畫（Stufenplan）。其實，無論希特勒或史達林都沒有這種名稱或內容的文件。話雖如此，兩人對自己想做什麼、為什麼要這樣做，以及執行的先後順序，確實都有概括的想法。

首先是強化國內陣線，讓國家和社會為即將來臨的國際鬥爭做好準備，內容林林總總，要消除可能（或認定）的國內威脅、動員人民備戰，以及促進經濟發展以滿足現代戰爭的需要。茲舉希特勒為例，他採行「反向」優生學政策，翦除有害成分，譬如猶太人、吉普賽人和殘障人士，起初採取歧視手段，最後則進行大屠殺。然而，他也鼓吹「正向優生學」，意圖在德國民眾中凸顯「北歐的」（Nordic）血統，如此方能在充斥敵人的世界中取勝。希特勒最終急速增加對德國重工業的投資，以便支援軍備重建項目來執行擴張計畫。

史達林大致採取了類似方法。他手段殘酷，對付國內的威脅勢力，無論這些勢力是真實或想像的，一概都不放過。少數族裔被認為容易受到外國顛覆，不是遭到壓迫或驅逐出境，就是往往遭到謀殺。「中產階級破壞者」（Bourgeois wrecker）被羅織各種罪名而受到審判，而且經常被判處死刑。軍隊和黨內被認定為敵人的分子則遭到清洗。與此同時，史達林還創造一世代蘇聯的「新人」（new man），他們韌性十足，可以抵抗資本主義的誘惑，也能奮力發動階級戰爭。這些種種作為都伴隨著兩個「五年計畫」（Five Year Plan），從中強迫推動工業化，讓蘇聯更能對抗資本主義敵人。

有趣的是，史達林對於希特勒的崛起並未做出強烈的反應，至少起初是如此，因為當時他將注意力放在別的事情上。史達林因為實施集體政策而造成饑荒，讓國內數百萬人餓死。這位蘇聯獨裁者放眼國際事務，更加憂慮日本在遠東以及英法在全球造成的威脅。他當時對於區域的反納粹協議並無興趣。

其實，史達林更擔心已被他放逐的長期反對者列夫．托洛斯基（Leon Trotsky）的動向，因為托洛斯基可能組成一個意識形態的反對勢力。同理，希特勒當時更在意哈布斯堡君王（Habsburg）在自己家鄉奧地利復辟一事，他關注之深超出許多人的認知。托洛斯基或奧托．馮．哈布斯堡（Otto von Habsburg）都未能造成分裂，卻留下後世得以關注的烙印。

納粹德國和蘇聯只在一九三〇年代發生過軍事衝突，而且是透過代理人在西班牙境內對抗。當時，西班牙爆發內戰，希特勒派遣禿鷹軍團（Condor Legion）支援佛朗哥將軍（General Franco）所率領的國民軍，使其對抗合法的共和政府。史達林則是向共和政府提供了軍事援助和顧問人員。兩者都是為了保護西班牙意識形態相同的盟友，或者至少是防止敵對勢力獲勝。史達林做出軍事干預時也順道支持「人民陣線」（Popular Front）[7]運動，該聯盟是要團結非共產黨人士對抗「法西斯主義」（fascism）。

後續階段是突破孤立，打破敵人的「包圍」。希特勒在一九三四年出奇不意地和波蘭簽訂互不侵犯條約，達到了這個目標。他又在一九三六年和義大利的墨索里尼建立後來為人所知的「軸心國」（Axis），然後在適當的時候，「軸心國」又納入了日本。同樣地，史達林與法國和捷克斯洛伐克在一九三五年簽訂條約，突破了在俄國大革命後包圍蘇聯的**封鎖線／防衛圈**（cordon sanitaire）。換句話說，這兩人都知道自己需要盟友，而且在必要時願意和意識形態相左的敵對勢力妥協。

對於歐洲以外世界的戰略價值，希特勒和史達林則抱持不同的觀點。他們都對日本帝國抱持或心生適度的尊重，同時也注意到中國的潛力。然而，對於被殖民的民族，希特勒則抱持懷疑，甚至輕蔑的態度。他不同於某些納粹分子，認為印度、阿拉伯或其他民族主義團體都不具有值得重視的革命潛力。他擔心一旦和這些人接觸，只會惹惱英國，根本毫無成效。史達林則追隨列寧的路線，反其道而行。他認為，被壓迫的殖民地或半殖民地的人民是反抗資本主義世界的革命「戰略儲備」（strategic reserve）。史達林選擇的結盟國家都面對中產階級運動，並且他盡力勸阻當地的共產主義勢力，不可「時機未到」便暴動。茲舉中國為例，史達林首先是將希望寄託在民族主義領袖蔣介石的身上，而非馬克思主義者毛澤東。

希特勒的後續階段則是在德意志帝國的邊界去整合德國領土。他首先摘取唾手可得的果實。一九三五年，薩爾地區（Saar）在希特勒掌權之前規劃舉行的公民投票之後回歸了德國。一年以後，他又加速進行了萊茵蘭的重新軍事化（remilitarization）工作。如此一來，便可大幅減輕法國可能對國土西線施加的壓力，從而大幅增加他的迴旋餘地。希特勒爾後在一九三八年併吞了奧地利，也兼併了捷克斯洛伐克領土中德國居民占多數的地區。到了一九三九年三月，希特勒揮軍入侵捷克，占領剩餘的地區。

史達林的戰略在某些方面來說較為保守。他首先發揮影響力來保障邊界，然後伺機擴張領土。在整個一九二〇年代以及一九三〇年代的多數期間，史達林採用顛覆手段，很少公開執行軍事行動，唯一的例外是西班牙反法西斯的代理人戰爭。當時，希特勒和墨索里尼是無償提供人員和裝備，但史達林卻堅持要以黃金計價收費。對於和蘇聯接壤的國家，諸如波羅的海諸國、芬蘭和波蘭，史達林將其視為生存的威脅。這是典型的安全困境（security dilemma）。他尋求絕對的安全，讓周邊國家都處於絕對不安全的狀態。

在二戰爆發以前，史達林唯一參與的重大軍事衝突是一九三八年到一九三九年之間在遠東地區和日本對峙。在二場激烈的戰役中（一是接近韓國邊界的哈桑湖〔Lake Khasan〕，二是內蒙古的諾門罕〔Nomonhan〕），紅軍獲得勝利，日本則苦嚐敗果。雖然威脅並未完全解除，但史達林給了日本一個警告，並且在歐洲衝突即將爆發前強化了自身軍力。

然而，希特勒和史達林二人的終極目標都是要徹底改變國際體系。希特勒幻想只有四到五個超級強權的世界（不過他並未使用超級強權一字），德國是其一，另有大英帝國和法蘭西帝國，或許俄國和中國（後來被日本取代）也能分庭抗禮。以德國在一九三三年遭受的限制來看，這算是遠大的雄心壯志，但史達林的願景更加宏偉。他打算讓整個資本主義世界崩潰，然後以社會主義取而代之。他期望善用資本主義國家之間的緊張關係，以及透過俄國的強盛力量來達成這項目標。

III

實施這些戰略的時間有所不同，希特勒是視情況來增減時程。他起初自視為「敲鑼打鼓者」（drummer），亦即是替未來彌賽亞（messiah）做開路先鋒的施洗約翰（John the Baptist）。此外，他的整套計畫跨越多個世代，打算用數個世紀去慢慢振興種族，打造類似於當初掌握大英帝國的堅毅「盎格魯—撒克遜人」。一九二三年時，希特勒曾短暫認為自己可以掌握時機，但政變失敗以後，他回頭選擇了較長的時間軸。然後，他在一九三三年把握機會，奪取了權力。到了一九三〇年代末期，他更加相信達成目標的時間不多了，因此必須採取行動，免得為時已晚。

在理想的情況下，國內轉型和參與地緣政治有其先後順序，但這兩者其實是同時進行。英國抗拒希特勒計畫的力道比他預期的更大，美國也比他預料地更早展現敵對態勢。到了一九三六年年底，希特勒已經確認英國是主要的阻礙；他三年以後說道：「英國促成了所有反對我們的勢力。」在一九三七年的秋天，羅斯福總統在某次演講中表達出敵對態度，呼籲

「隔離」德國，對日本和義大利也不例外。看來與「盎格魯—撒克遜人」發生衝突的時間已經不遠了，而希特勒將其歸咎於猶太人的計謀。他在一系列公開的聲明中警告羅斯福，指出若是爆發新的「世界大戰」，「猶太人」難辭其咎。

希特勒依照自己的邏輯，不僅被迫要在國際舞台行動迅速和保障**生存空間**，也要加速計畫中的國內轉型，如此便嚴重影響他的「反向優生學」，原本打算逐漸消滅，旋即轉變成集體屠殺。

在一九三八年到一九三九年之間，和盎格魯—撒克遜人的衝突迫在眉睫之際，希特勒採取了行動，爭取在未來抗爭時需要的生存空間和資源。至於他是打算攻擊東邊後再回頭西進，或者是要直接攻打蘇聯，至今仍然沒有定論。然而，希特勒顯然希望確保波蘭與他聯手掠奪蘇聯，但從後來的局勢來看，此舉顯然是誤判，因為波蘭不理會他的勸說，不久之後，更因為英國—法國提供的保證而益發堅定。希特勒相信，或者至少希望，西方聯盟會袖手旁觀，特別是因為他和史達林在一九三九年八月簽訂令人不恥的《希特勒—史達林條約》（Hitler-Stalin Pack）[8]中，雙方協議瓜分東歐。然而，這又是一次誤判，歐洲的衝突隨即爆發。希特勒在一九三九年九月初入侵波蘭，英法二天後就向德國宣戰。

起初，希特勒展現能力，證明他做為軍事戰略家遠優於擔任外交官。他的計畫是迅速擊潰波蘭，再轉而對付西方強權。他打算占領英吉利海峽沿岸的空軍基地，再從這些基地發動雷霆萬鈞的轟炸任務，迫使英國盡快認清現實。德軍大體上依照原定計畫，在很短的時間內攻占了波蘭。次年春天，希特勒出兵占領了丹麥和挪威，這項任務雖有風險，卻順利完成。不久之後，德意志國防軍採取希特勒所核准的創意計畫，不僅擊垮了法國，更迫使英軍撤離歐陸。希特勒未能藉由空戰逼迫英國屈服，但他後續橫掃大部分巴爾幹地區，並且派遣軍隊，支援在北非陷入苦戰的盟友義大利。

史達林並沒有發起後來導致歐洲領土重整的戰爭，但他的確從中獲利。正如這位蘇聯領袖所言，他拒絕幫助西方「火中取栗」（take the chestnuts out of the fire）。史達林不僅沒有對抗德國，反倒與希特勒簽訂條約。在一九三九年九月，史達林獲得波蘭領土中應得的份額，隨後強迫波羅的海諸國接受俄國駐軍，使其完全喪失防衛能力。在一九三九年至一九四〇年之間的冬季，他出兵攻打芬蘭。不料，他起初出師不利而慘敗，但後來憑藉著軍隊數目的優勢，最終勉強達成主要目標，擴大了列寧格勒（Leningrad）[9]四周的緩衝地帶。一九四〇年夏天，史達林趁著法國淪陷，以及想和攻城掠地的希特勒互別苗頭，便占領了比薩拉比亞（Bessarabia）和波羅的海諸國。

為了實現他們的計畫，這兩位獨裁者需要特定的軍事裝備。他們都推崇機械化作戰能力，馬上便認為空軍極其重要。擊敗身邊的敵人需要強大的陸軍，但這兩位的最終對手位處海外，因此他們都擬訂了宏偉的海軍建設計畫。史達林在一九三〇年代推出「大艦隊」（big fleet）計畫，尋求在十年之內打造超英趕美的艦隊。希特勒則在一九三九年一月祕密核准了「Z計畫」（Z-Plan），這是一九四〇年代中期要達到頂峰的龐大造艦計畫，因為他預判屆時必定要和美國一戰。

Ⅳ

希特勒和史達林二人的大戰略最終當然是互不相容，但在二戰開打後的最初二個重要年頭是有交集的。在一九三九年至一九四一年之間，希特勒和史達林瓜分了東歐，使其分屬納粹和蘇聯的勢力範圍。這兩位獨裁者消滅波蘭以後，暫時解除「被包圍」的恐懼。如此一來，希特勒得以獲得礙於英國封鎖而無法從世界市場得到的重要原物料，史達林則至少能取得重要的軍事科技。

這當然是一種便宜行事的結盟，但偶爾遠遠不僅如此。這兩個「缺乏物資」的強權如今是站在同一陣線對抗「盎格魯—撒克遜人」。後來，納粹外交部長約阿希姆·馮·里賓特洛甫（Joachim von Ribbentrop）曾嘗試簽訂協議來延伸這條陣線，使其由橫濱（Yokohama）延伸至布勒斯特（Brest）[10]。德國、日本和義大利三個軸心國在一九四〇年簽訂《德義日三國同盟條約》（Tripartite Pact of Germany），共同對抗大英帝國，而且特別要抗衡美國。史達林事前也受邀加入，但他要求太高，說要占領芬蘭（Finland）、保加利亞（Bulgaria）和土耳其海峽（Turkish Straits），此事只得作罷。

而史達林和日本則在一九四一年四月簽訂《日蘇互不侵犯條約》（Japanese-Russian nonaggression pact），藉此保障蘇聯東線的安全。日本外相松岡洋右（Matsuoka）在途經蘇聯返回日本時與俄國談判這項條約。史達林明顯希望如此可將日本侵略俄國東線的壓力，轉而對抗其口中輕蔑的「盎格魯—撒克遜人」。史達林也有可能同意松岡洋右的論點，將中國民族主義者蔣介石視為「盎格魯—撒克遜資本的代理人」（agent of Anglo-Saxon capital）。然而，即便雙方簽訂了互不侵犯條約，史達林仍然在遠東地區維持強大的兵力以防萬一。[11]

在英國拒不屈服後，希特勒決定攻擊俄國來打破僵局。他這麼做並非是他認為史達林是主要敵人，其實恰好相反。希特勒仍然牢牢盯著「盎格魯—撒克遜」和「富裕」強權。對他而言，消滅蘇聯是一石多鳥的策略。首先，如此可迫使英國打消讓史達林加入他們陣營來參戰的念頭，讓英國更願意和談。第二，德國可以藉此在歐洲建立絕對的優勢，同時讓羅斯福少了一位潛在的歐陸重要盟友，如此便可嚇阻美國，使其不敢出手干預。第三，德意志帝國掌握烏克蘭的玉米田以及頓巴斯（Donbas）和高加索（Caucasus）的礦產以後，便可無懼英國的封鎖。最後是達成他自一九二〇年代以來心心念念的目標，亦即攫取東部「生存空間」，讓德國人民擁有更堅實的立足點。

奇怪的是，史達林竟然對受到攻擊毫無警覺。他其實並非「信任」希特勒，反而早就預料會有攤牌的一天，但他誤判了此事發生的時機，以為德國進犯的時機尚未來臨，而且依據過去希特勒入侵奧地利、捷克和波蘭的正常腳本，他應該會有準備的時間。蘇聯出現重大情報失誤，就是當英國挑撥他，要他加入陣線一起對抗希特勒時，史達林忽視了攻擊即將發生的所有警示訊號。

V

希特勒在一九四一年六月發動攻擊蘇聯的巴巴羅薩行動，開始大肆掠奪穀物，俄國民眾被視為浪費食物的人口，只得挨餓受凍，因為烏克蘭的穀倉將用來餵養德國人民。在戰線的後方，德國特別行動隊（SS Einsatzgruppen）屠殺了上百萬的猶太人，不分男女，連兒童也慘遭毒手。在希特勒的眼中，他們是俄國政權的支柱，因此就是敵人的戰士。希特勒那時已經控制中歐和西歐，但當地數百萬猶太人則暫時躲過一劫，因為他們被當成人質，用來威脅小羅斯福領導的美國，使其自我克制。

從侵略開始到戰爭結束，史達林的主要敵人就是希特勒。戰事開始之際，史達林損失慘重，德意志國防軍不斷突破，持續深入蘇聯境內，數以百萬計的紅軍不是戰死，就是被俘。然而，在一九四一年十一月，由於天候不佳、補給困難以及俄軍頑強抵抗，德軍進展趨緩。史達林在東京的首席間諜理查．佐爾格（Richard Sorge）提供的情報指出，日本可能向南和向東攻打英美軍隊，而非向西攻打俄國，故史達林得以抽調原來駐守在西伯利亞地區的大量軍隊去抵抗希特勒。然後，到了一九四一年十二月初，史達林發起一場大規模的反攻行動，很快就將進犯莫斯科的德意志國防軍逼退。

即便希特勒對俄作戰挫敗，但和史達林的鬥爭並非他主要關心的事，至少經常不是如此。在一九四一年的夏秋二季，他的戰略仍然專注於和英國的戰爭以及即將與美國的衝突。一九四一年的夏末，當對俄戰事似乎勝利在望時，希特勒開始調整德國的戰時經濟，從陸地作戰轉移至對英美的海空作戰。邱吉爾和羅斯福接著於一九四一年八月宣布了《大西洋憲章》，其中明確勾勒納粹戰敗後的世界。美國當時尚未正式參戰，但希特勒似乎心知肚明，對美戰爭迫在眉睫。

在這種情況下，希特勒採取了三線戰略。首先，他鼓勵日本在太平洋發動攻擊以便牽制美國（和大英帝國）。第二，他加強對付猶太人的行動，藉此對羅斯福發出更強烈的「警告」。第三，希特勒決定在自訂時間對美宣戰，以收到出其不意的效果。日本於一九四一年十二月七日偷襲珍珠港，四天後希特勒便對美宣戰。隔日，他在一場祕密會議中告訴高萊特（gauleiter）[12]，「世界大戰」已經「來臨」，接下來一定要消滅猶太人。[13]

希特勒對美宣戰，既是他的戰略巔峰，也是戰略谷底。他和軸心國盟友並未擬訂詳細的共同作戰計畫。他打算在後續幾個月內攫取足夠的資源，以便能突破西方封鎖並且透過消耗戰擊敗他們。希特勒最想生存下去，勝利並非他的囊中之物。他在一九四二年年初對日本大使承認，說他「還不知道」該如何擊敗美國。[14]

VI

如果說這場戰爭的上半場打得極為兇狠，希特勒和史達林在下半場可都是像要殲滅對方，而且希特勒的殘暴程度遠遠超越史達林。猶太人面對的是種族滅絕的慘劇，可是扎扎實實承受了希特勒大部分的毀滅力量；斯拉夫人則被占領、受到剝削，以及遭到集體殺害。然而，希特勒也認為自己是與西方聯盟進行一場的總體戰。德國的城市是英國區域性空中轟炸的目標，有時一晚上會有幾萬平民死亡；設計來「報復」的火箭計畫是要對付英國而非蘇聯。同樣地，史達林認為自己陷入一場和希特勒的生死鬥。他提出警告，說德國人已經陷入「野獸」般的瘋狂境地，如果他們想要來一場「滅絕戰」，那就「來吧」！[15]

在後續三年中，希特勒的軍事領導力一日不如一日，史達林則是逐漸提升領導軍事的能力。在一九四一年到一九四二年之間的悲慘冬季裡，希特勒命令德意志國防軍堅守陣地，如此可能避免了部隊潰敗。一九四二年的夏天，他下令對史達林展開新一波攻勢，目標是窩瓦河（Volga）畔的史達林格勒和高加索的油田，因為如果不能夠掌握油田，他便無法持續作戰。然而，這兩起攻勢在秋天都陷入困境。到了一九四二年十一月，俄國大規模反攻，切斷了在史達林格勒作戰的德國陸軍第六軍團（Sixth Army）的後援。希特勒再次要求軍隊堅守陣地，不可撤退，可惜慘劇發生了，這一次部隊得不到後援。整個軍團（應該說殘餘的部隊）在一九四三年二月被迫投降。

儘管東線戰事吃緊，希特勒仍然綜觀自認的更廣大戰略和地緣政治局勢。舉例來說，他對於盟軍在一九四二年十一月登陸北非的舉動反應異常激烈，因為他知道，西西里島很快就是下一個目標，而這將為英美提供由空中攻擊德國南部的基地。因此，希特勒下令對該地展開一場空運作業，其規模大於向史達林格勒方向的投送。雖然許多的德軍戰死於史達林格勒，但在（北非）「突尼斯（格勒）」（Tunisgrad）最終於一九四三年五月失守時，更多的德軍遭到俘虜。

東部戰線消耗了德國多數的人力，希特勒卻將主要的戰爭經濟資源日漸導向去對抗英美。生產的飛機、潛艇和防空火炮大多部署於西部戰線，而且數量遠超過坦克車的生產量。此外，許多東線作戰的計畫都得退居其次，要以西線為優先考量。

當聯軍步步逼近德國時，希特勒仍希望操弄政治來離間他們。他打算讓英美厭惡戰事，藉機分化他們。因此，希特勒在一九四四年秋天下令德軍撤離巴爾幹地區；他希望敵人因為要搶奪此一真空地帶而產生齟齬，進而擴大嫌隙。

其實，到了最後階段，影響希特勒軍事部署的並非典型的戰略考量，而是政治—經濟考量。他在一九四五年二月告訴德國海軍元帥鄧尼茲海軍上將（Admiral Dönitz）：「現代戰爭主要是一場經濟戰，一定要優先考慮作戰的需求。」[16]希特勒優先考量東部戰線，但沒有將蘇聯軍隊威脅最大的維斯瓦河（Vistula）和東普魯士（East Prussia）擺在優先次序，而是先著眼於工業化的維也納盆地（Vienna basin）和匈牙利油田（Hungarian oil fields）（當時這兩地提供多數的德軍裝備），再來是將重點放在上西里西亞（Upper Silesian）工業區以及執行潛艇作戰至關重要的但澤灣（Bay of Danzig）。

希特勒既有期待，也有謀略，但羅斯福、邱吉爾和史達林在一九四五年二月召開的雅爾達會議再次確認三強同盟的協議。爾後，希特勒不得不接受納粹德國外交部長里賓特洛甫（Ribbentrop）向西方列強表達談和的建議，而該建議主要是想打動英國。英國「最深切的利益」是在第三帝國「可能」被擊敗的那天起在德國建立一條對抗蘇聯的防線，尤其是因為美國有可能重拾昔日的「孤立主義」。因此，倫敦需要放棄「英國要歐陸內部平衡的陳舊思維」，接受「從英國長遠的角度來看，英美以空中攻擊和地面推展進一步削弱德國，乃是自我毀滅的策略」。然而，同盟國對此根本不買單，希特勒的盤算便落空了。[17]

史達林在整個戰爭全局中也很留意政治的大局勢。他很早便得知同盟國對其西方邊界的承諾。雖然史達林和邱吉爾二十年來相互猜忌，雙方卻同意劃分東南歐的勢力範圍。在一九四四年十月簽署的「（英蘇）百分比協議」（percentages agreement）中，羅馬尼亞和保加利亞落入俄國之手。希臘則劃歸英美，而雙方在南斯拉夫和匈牙利維持同等的影響力。正如希特勒先前所料，德軍撤離以後，南斯拉夫和希臘便產生混亂局面。在南斯拉夫，無產階級革命家狄托（Tito）的擁護者和各種右翼及中間勢力作戰；在希臘，英軍很快在一九四四年十二月便捲入與希臘共產黨（Communist Party of Greece，簡稱KKE）的戰鬥。然而，史達林信守了承諾，要求希臘左派和新政權和平共處。

一九四五年四月，這場不對稱的戰鬥逐漸接近尾聲。紅軍攻入柏林，在希特勒自殺時已推近至這位獨裁者藏身的地下碉堡不遠處。德國在五月八日投降。史達林獲得了勝利。

Ⅶ

當希特勒已經不復存在，史達林決心防止有人在俄國西部邊界再度創造出二次世界大戰之間的封鎖線。他特別直截了當拒絕支持任何潛在的華沙敵對政府。在一九四五年的雅爾達會議中，三強同意依據老的「寇松線」（Curzon line）[18]重畫波蘭的東部邊界，使其更靠近華沙，這多少反應了波蘭和烏克蘭或白俄羅斯的語言邊界；俄國則可以在北邊和西邊從德國獲得相當多的領土。

當然，史達林的大戰略並未因為希特勒的敗亡而終止。他（被人）一古腦兒投入與西方的新冷戰，而這場對抗其實在歐陸戰火停息前便已經開始了。昔日的鬥爭再啟，史達林的規劃幾乎毫無改變。他再度希望帝國主義強權忙於爭奪戰後利益時禍起蕭牆而從中獲利。史達林也再次著眼於德國。他已占據德國的東部半壁江山，然後嘗試讓西半壁也脫離民主—資本陣營的懷抱。

史達林抱持開放的態度。他認為，雖然希特勒興盛後敗亡，但德國民族會長久存在。史達林在一九四五年四月時表示：「只要十二到十五年，他們就能再度站起來。」19這讓他心生恐懼，害怕會再度出現要求恢復失土的威瑪形式的復仇主義（Weimar-style revanchism）。因此，史達林希望美軍可以長期駐紮於（或至少持續介入）歐洲。為了保險起見，史達林締結了一系列的盟約以壓制這項威脅，包括：一九四三年末的捷蘇條約；一九四四年十二月和戴高樂（de Gaulle）簽訂的法蘇條約；以及在隔年四月分別和波蘭與南斯拉夫簽訂的協議。

另一方面，史達林很快就發現，控制德國可能讓他掌握更多的權力。他設立了自由德國全國委員會（National Komitee Freies Deutschland），其成員包括被俘的資深德國軍官，其中有史達林格勒戰役的指揮官弗里德里希．包路斯（Friedrich Paulus）。設立這個委員會是為了要恢復傳統的普魯士—俄羅斯友誼，並且掌控德國的民族主義力量為俄國所用。史達林也保留了強大的德國共產黨（Communist Party of Germany，簡稱ＫＰＤ）的核心幹部或在希特勒和莫斯科清算時倖免於難的資深成員，以便因應德國共產黨轉型所需。最後，對於是否從波蘭獲得西部領土，或是在其所能接受的條件下歸還德國，史達林刻意保持懸而不決的態度。

在一九四五年夏天，史達林轉而去保護蘇聯的亞洲側翼。他出兵攻打駐紮在滿州的日軍，更加掌控蒙古，然後揮軍殺進韓國，最終止步於事前和美國協議的北緯三十八度線（Thirty-Eighth Parallel）。然而，史達林的主要利益仍然在歐洲，因為他要確保朝鮮半島能有一個獨立政體，「足以有效防止韓國日後被改變成可侵略蘇聯的基地，這不僅指日本，也是指任何意圖從東方對蘇聯施加壓力的勢力」。[20]

史達林在一九四五年時是歐洲的大贏家，獲得了夢寐以求的邊界。他持續保有在一九三九年至一九四〇年之間占據的領土，包括：前芬蘭的卡雷利亞（Karelia）、前羅馬尼亞的比薩拉比亞和波羅的海諸國，當然還有波蘭東部。史達林在雅爾達會議上指出，他出於地緣政治的不安全感才會併吞波蘭的領土。他說道：「綜觀歷史，波蘭一向是敵人攻擊俄羅斯的走廊……德國曾兩度借道波蘭攻打我們的國家。」[21]

希特勒和史達林在歐洲留下了慘不忍睹的歷史。除了保加利亞、丹麥和阿爾巴尼亞，從俄國的頓河（Don）到比斯開灣（Bay of Biscay）之間，幾乎所有的猶太人都慘遭殺害。波美拉尼亞（Pomerania）、賽利西亞（Silesia）和東普魯士（East Prussia）的德國人被集體西遷，入住到占領區，蘇台德（Sudeten）的德國人也遭到相同的待遇。居住在平斯克（Pinsk）、蘭伯格（Lemberg）和布列斯特—立陶夫斯克（Brest-Litovsk）的波蘭人口也被迫西遷，在原來德國人空出的土地上定居下來。除了少數特例，數百年來中歐和東歐多元族群共處的特點不復存在。

一九四五年七月，史達林在戰勝國列強舉辦的波茲坦會議（Potsdam Conference）上明確表示，他無意讓中歐和東歐人民決定自己的未來。他如此宣稱：「這些國家只要舉辦過自由選舉，都可能會反對俄羅斯，我們不允許這種事情發生。」[22]然而，史達林當時只直接干預了具有重要戰略地位的波蘭和德國。他允許捷克斯洛伐克、匈牙利和羅馬尼亞舉行選舉。話雖如此，在新的歐洲（特別是歐洲的東半部），史達林介入的痕跡歷歷在目。

VIII

二戰後的國際體系也是如此。史達林將他的想法加諸於一九四五年五月到六月於舊金山會議（San Francisco Conference）[23]決定的新治理架構上，藉此強調他提升的地緣政治地位。新成立的聯合國將包括會員大會（General Assembly）以及由戰勝國代表組成的安理會（Security

Council），而戰勝國則是英國、法國、美國、蘇聯和中國。在史達林的堅持下，安理會的常任理事國享有否決權。曾經密切參與起草聯合國憲章的英國外交官和歷史學家查爾斯・韋伯斯特（Charles Webster）指出，這一來使得聯合國「成為有一個列強聯盟鑲嵌在其中的全球化組織。」[24]由於史達林的運作，蘇聯便是這個聯盟的其中一員。

然而，到了一九四五年的秋季，史達林面臨一項致命的新挑戰。美國對日本城市投擲了二顆原子彈，結束了遠東地區的戰事。儘管史達林的諜報網絡和杜魯門總統都在事前對他提出警告，但原子彈的毀滅性威力依然令他震驚。其後不久，史達林便說：「廣島的核爆震驚了全世界，平衡已經被打破了。」[25]他也提出警告：「他們這次炸死的是日本人，但也是在威嚇我們。」[26]史達林多次提到，關鍵在於要保持冷靜。他如此說道：「華盛頓和倫敦希望我們短時間內無法自行研發原子彈。與此同時，他們利用美國壟斷能力……在影響歐洲和世界的問題上強迫我們接受他們的計畫。然而，那是不可能的事。」[27]史達林下令俄國科學家盡快研發出俄國的原子彈。

史達林和西方的關係很快就惡化。英國允許數十萬的德軍戰犯繼續在什列斯維格荷爾斯坦邦（Schleswig-Holstein）保持武裝，甚至於允許鄧尼茲（Doenitz）[28]的政府繼續運作超過一個月，這一切讓史達林擔憂這些德軍可能會被用來對付他。此外，史達林遭到拒絕，無法共同治理義大利和比利時，或在日本設立俄國占領區，他的心情更差了。更糟糕的是，他還未確實掌握東歐的大片土地：某些游擊隊組織一直讓他頭痛，例如波羅的海地區的「森林兄弟」（forest brethren），以及盤據在波蘭東部和蘇聯西部的烏克蘭民族主義分子。史達林深深懷疑這些團體是否獲得了資本勢力的資助。

為了回應此等威脅，這位俄國獨裁者加倍努力，沿著其西方和東方邊界建立緩衝區。他殘酷打壓波蘭的獨立政治言論（因此違反雅爾達協議的條款），在德國占領區內亦復如是。另一方面，只要匈牙利、羅馬尼亞和捷克斯洛伐克在戰略上確實仍在他的掌控範圍內，史達林比較傾向於給予這些國家些許民主政治的空間。芬蘭有反抗能力，能夠造成史達林的損失，所以只要它嚴守外交中立，足以成為蘇聯西北方的緩衝區，史達林就允許芬蘭選擇其國內的政治走向。

隨著進入冷戰時期，史達林仍然著眼於德國。在二戰剛結束時，他盡量拖延，不將斯塞新（Stettin）交還波蘭，藉此示意德國民族主義人士，表示他願意與他們達成協議。他拖延西方提出正式廢除普魯士的要求。史達林也授權德國共產黨去強烈反對法國的意圖。

一九四六年四月底，他將俄國控制區的老德國共產黨和社會民主黨合併，打算利用新的「統一社會黨」（Socialist Unity Party）將俄國的影響力推展至所有的西方占領區域。

然而，史達林先前打的如意盤算落空，未能全力推進，部分原因是蘇軍的舉措（起初濫殺無辜、集體強暴以及有系統性地毀壞德國工業）讓當地民眾強烈反感，另外是因為共產主義在本質上讓多數百性厭惡，即便工人階級也是如此。民族主義者看到有可能結束分治而受到吸引，但愈來愈少的德國民眾對生活在共產黨專權的統一國家感到興趣。史達林不僅在德國的政令紊亂，連他似乎都無法決定自己的目標是讓德國成為由蘇聯主導的國家、去軍事化的中立國，或者介於這二者的政體。

史達林的作為也在歐洲促成一個想要反制他以取得平衡的聯盟。美國實施「圍堵」（containment）政策，要將蘇聯勢力排除在史達林尚未控制的區域之外。經濟支援方案「馬歇爾援助」（Marshall Aid）[29]於焉展開，讓歐洲國家更能在國內對抗共產主義病毒。如果那些國家接受西方援助，這項方案也能削弱蘇聯在東歐的勢力。英國和美國合併了雙方各自在德國的占領區，然後開始貨幣改革，明確表示他們計畫建立一個西德國家。陷入困境的英國將地中海的棒子交給了美國人。資本主義的世界不僅沒有分裂，反倒是聯合一致對抗革命。

史達林看到西方想在歐洲一起圍堵他，於是加以反制，整合對中歐和東歐的掌握勢力。當時，他已經完全控制東德和波蘭，而到了一九四七年和一九四八年，史達林就藉由共產黨的一黨專政，加強了對匈牙利、保加利亞、羅馬尼亞和捷克斯洛伐克的掌控。此外，史達林也成立共產黨和工人黨情報局（Cominform），這是接續舊共產國際（Comintern）的組織，用於操控東歐的各個共產黨，同時確保國際共產黨的活動符合莫斯科的利益。然而，史達林並未嘗試在法國或義大利推動共產黨革命，因為他自忖時機不夠成熟，只會讓資本主義人士找到打垮共產黨的藉口。

長久以來，真正重要的區域一直是德國。史達林認為，西方合併其占領區、改革貨幣以及實施馬歇爾計畫，乃是準備建立一個西德國家，並且最終在盟國的庇護下統一德國。他想的一點都沒錯。此舉會嚴重威脅史達林在歐洲的地位，因此他決心先下手為強，於是在一九四八年六月下達封鎖命令，切斷水電供應和通往盟國控制的柏林區域，斷絕一切陸路交通。這項行動的原意並非要將盟國從柏林驅逐出去，而是要防止柏林被拉入盟國陣營。

史達林在生命的最後四年依然加強對西方的施壓。蘇聯在一九四九年八月試爆了第一顆原子彈，雖然當時的軍力仍然遠遠落後美國多年，但自此便可一掃美國獨占核武領域的陰霾。不久之前，史達林發現世界其他地區的問題足以讓人分心，無法專注於歐洲事務，因此他設法在全球騷擾美國，讓他們放鬆對歐洲（特別是對德國）的掌控。一九四九年三月，柏林危機的敗象已現，史達林便同意提供北韓領導人金日成大量的現代化武器。緊接著北韓南侵，開啟韓戰，這是史達林藉由亞洲來達成歐洲目標的其中一項戰略環節。

一九五二年，史達林在一項重要的地緣政治博弈中下了最後一步棋。顯而易見，這事關德國。在一系列後來被稱為「史達林照會」（Stalin Notes）的文件中，他嘗試探詢德國統一後成為中立國的可能性。西德總理康拉德・艾德諾（Konrad Adenauer）當時堅定站在西方的立場，因此並未上當。德國維持著分裂狀態，讓蘇聯西線無所遮掩。史達林在一九五三年逝世時，這項基本的地緣政治難題依然懸而未決。

當時，史達林不僅是在歐洲、也在全球其他地區挑起反制作為。西方強權在一九四九年決定在他們的占領區內成立德意志聯邦共和國（Federal Republic of Germany），同年也成立北大西洋公約組織（North Atlantic Treaty Organization，簡稱ＮＡＴＯ），其功能是對抗蘇聯，維繫集體安全。隨後德國也重新武裝。雖然歐洲統一計畫部分是由於畏懼德國再度崛起而執行，但其主要意圖是為了強化歐陸對抗蘇聯的能力。史達林跟希特勒一樣，創造自己恐懼萬分的無敵聯盟。

IX

當然，希特勒和史達林的大戰略有許多不同之處。希特勒的大戰略既自我克制，卻又更加激進。除了在一九四一年到一九四二年的短暫時期，希特勒從未打算或希望要主導世界。他從來沒有想過要完全毀滅或取代他既羨慕且畏懼的英美集團，頂多希望成為全球的四強或五強之一，並且享有相等的地位。史達林則更具野心，他是忠貞的共產黨員，目標是要臣服並同化整個「資本主義」世界（亦即共產主義之外的所有地區）。

然而，希特勒採取的方法無論是在對外侵略或暴力程度上都激進許多。他不同於史達林，乃是一位賭徒，他曾經坦言，不作為必定會滅亡，即便只有百分之五的成功機會也要去嘗試。[30]其實，這位德國獨裁者促成了他試圖防止的危機。從希特勒的戰略可明顯看出一點：不可過分傲慢，也別自不量力。

相較之下，史達林的戰略較為成功，但離真正的成功尚有一大段距離。可以確定的是，他行事比較謹慎，因此能夠有所斬獲。如果說希特勒親手創建了對抗他的全球聯盟，史達林則是先後處理了德國和日本。然而並沒有達成發動世界革命的終極目標，即便是掌握德國或使其中立化的這個小目標也沒有成功。史達林也讓西方組成聯盟反制他，最終西方聯盟更是擊垮了蘇聯。就這點而言，這兩人都讓自己打算預防的威脅衍生而出，但他們之間仍有所差別，因為希特勒親眼目睹了自己的敗亡，史達林則在他逝世多年以後，蘇聯才垮台滅亡。

Chapter

8

毛澤東和嵌套戰爭

莎拉・潘恩（S.C.M. Paine）在美國海軍戰爭學院的戰略與政策學系擔任歷史與大戰略課程的威廉・西姆斯大學教授，著有《Wars for Asia, 1911–1949》和《Japanese Empire》，並與布魯斯・埃爾曼（Bruce A. Elleman）合著《Modern China: Continuity and Change 1644 to the Present》。[1]

中國共產黨之所以能夠崛起，乃是因為共產黨比其政治和軍事對手更為了解中國的戰略窘境。毛澤東區分了嵌套戰爭（nested warfare）的三個層級，分別是：一、從一九一一年到一九四一年，中國內戰頻傳，持續了好幾世代，而時至一九二八年，北伐（Northern Expedition）完成，名義上讓軍閥割據的中國歸於統一，此後不久，局勢又演變成國共內戰；二、一九三一年到一九四五年的中日區域性戰爭逐步上升到第三級；三、一九四一年到一九四五年爆發的全球戰爭，當時日本在太平洋各地打擊西方勢力，試圖阻斷外界對國民黨的援助。毛澤東在戰亂之中，盡量減少摧毀了敵手的跨層級戰略（cross-cutting strategies between the layers），趁機維護他的領導地位，讓共產黨得以統一中國。

毛澤東致力於創建中國共產黨，然後將其轉變為影子政府（shadow government），從而取代蔣介石領導的國民黨政府。他利用八年抗戰，在同時進行的國共內戰（一九二七年到一九四九年）取得了勝利。他在日本將國民黨軍隊打得丟盔棄甲之際，於日本戰線後方和戰線之外無人統治的腹地建立了根據地或蘇維埃（soviet），然後等待美國在二戰中殲滅日本，最終在更有利的條件下繼續和國民黨內戰。只要低估嵌套戰爭（內戰、區域戰爭或世界大戰）、將作戰勝利與戰略勝利混為一談，或者未能追蹤對手的主要敵人，便無法達成戰略目標，落得滿盤皆輸。

I

毛澤東能夠順利奪權，一切都歸功於時局。當時的中央政府機構崩潰，中國成了失敗國家（failed state），積弱不振，又遭受日本的外侮。他並非採取在民主國家或強大獨裁國家奪取權力的策略。中國政府乃是緩慢地徹底垮台。[2]滿洲人屬於少數民族，隨著時間的推移，清朝（國祚從一六四四年到一九一一年）的滿族統治勢力逐漸減弱，便在大廈將頹之際將兵權交給漢族統領，不料漢人擁兵自重，直接反叛，爾後發生了三次革命：第一次革命（一九一一年到一九一二年）推翻了清朝，當時有二十一省宣布獨立，但駐紮在北京的中央軍隊仍在名義上統治中國。第二次革命（一九一三年）隨後爆發，東南七個省分打算（脫離北洋政府而）獨立，但最後功敗垂成。袁世凱自立為帝以後，東南方的八個省於第三次革命（一九一六年）再度宣布獨立。同年，袁世凱突然逝世，中國自此支離破碎，各地都由一名擁有私人軍隊的將官管轄。這些人便是軍閥。某些軍閥只想偏安一隅，有些則想入主北京，南面稱王。軍閥的鬥爭逐漸演變成戰爭，多數戰事集中在華北，起初只有數萬人參戰，最終演變成數十萬人殺伐。這些戰爭通常以省分或是軍閥的名字命名，譬如：直皖戰爭（一九二〇年）、第一次直奉戰爭（一九二二年）、第二次直奉戰爭（一九二五年）、奉浙戰爭（一九二五年），以及奉系—馮玉祥戰爭（一九二五到一九二六年）。日本和俄羅斯都在資助各方軍閥，藉此影響戰果。

華北軍閥連年惡鬥，元氣大傷，南方勢力卻摒棄前嫌，通力合作。孫中山作為國民黨的創始人與近代中國國父（國共兩黨皆承認）曾在一九一七年到一九一八年、一九二一年到一九二二年，以及一九二三年到一九二五年試圖建立南方中國政府，但皆以失敗告終，主因是缺乏精良的部隊。俄羅斯遂趁機介入，打算改變勢力平衡，在廣東設立黃埔軍校（Whampoa Military Academy），訓練和武裝軍官，使其能夠指揮軍隊去統一中國。然而，俄羅斯開出的條件是國民黨必須接納中國共產黨員，讓他們在政府或軍隊中任職，雙方組成統一陣線。蔣介石成為第一任黃埔軍校校長，周恩來則擔任政治部主任，周後來一直擔任共產黨的準外交部長，直到一九七六年去世為止。

在第一次國共合作（First United Front）[3]期間，毛澤東在一九二三年加入國民黨，一九二五年擔任國民黨中央執行委員會（Nationalist Party Central executive Committee）宣傳部（Propaganda Department）代理部長，一九二六年擔任國民黨中央委員會（Nationalist Party's Central Commission）農民運動（Peasant Movement）講習所所長，在任期間做了詳細的田野調查，後來將成果彙整成獨創性的《湖南農民運動考察報告》（Report on the Peasant Movement in Hunan）並對外發表（一九二七年）。[4]

在一九二〇年代，國共兩黨有共同的敵人，他們就是軍閥，這些軍人擁兵自重，四處割據，阻礙中央政府統一國家。蔣介石領導北伐（一九二六年到一九二八年），擊敗或拉攏了華南和華中的各路軍閥，當時各方參戰將士總數超過一百萬人。蔣介石一路向北高歌猛進之際，驚覺共產黨打算在武漢成立新政府，藉機從內部瓦解國民黨。因此，他的軍隊在一九二七年快抵達上海時便停下腳步，轉而攻打共產黨，大肆屠殺共產黨員，第一次國共合作就此結束。共產黨爾後便將國民黨視為頭號敵人，毛澤東的軍旅生涯於此時開始。國民黨清黨之後，毛打算在老家湖南建立根據地，但出師不利，秋收起義（Autumn Harvest Uprising）失敗。一九二八年，蔣介石繼續北伐，收復首都北京。滿洲軍閥張作霖（Zhang Zuolin）棄城逃逸，日本人便趁機暗殺他，張作霖的家族因此痛恨日本人。其子張學良（Zhang Xueliang）繼任以後，歸順國民政府，自此中國實現形式上的統一。

國民黨的戰略是依序擊垮敵人，首先對付華南軍閥，接著掃蕩華北軍閥，再來肅清共產黨，最後才處理日本人。從一九二九年到一九三六年之間，蔣介石在北伐歷戰無數，與軍閥生死鏖鬥，其中最驚險的莫過於中原大戰（Central Plains War，一九三〇年），參戰人數超過一百萬人，稱得上是流血漂櫓。此後，國民黨逐漸留意共產黨，因為共產黨持續在鄉村組建勢力。從一九三〇年到一九三四年，蔣介石發動五次包圍攻勢，將華中和華南的共產基地連根拔起，尤其是中央革命根據地（Jiangxi Soviet）[5]，其總政委是毛澤東，總司令則是朱德（Zhu De）。[6]

共產黨在一九二七年被驅逐出城市地區以後，只好在交通不便之處建立根據地，通常是省界邊緣的窮鄉僻壤。毛澤東認為，合格的基地有幾項要素：一、黨組織；二、眾多有組織的農民工；三、強大的紅軍和紅衛兵；四、「能夠以弱勝強、利於守勢的戰略要地」。[7]游擊小隊在建造管理根據地的民生和軍事機構方面發揮了關鍵作用。他們既可當作棄子，執行九死一生的關鍵任務，一旦失敗，也不會危及共產黨的命脈，而且這些人也能在未來於新基地擔任共產軍隊和政府的核心要角。毛澤東在一九四〇年寫道：「在游擊小隊，黨員受到鍛鍊，幹部受到訓練，黨政群組織受到鞏固。」[8]小型游擊隊開始在無人統治地區建立新基地以後，紅軍便開始從事更高層次的體制建設和擴大根據地的任務，包括「組織群眾，武裝群眾，建立政權，摧毀反動勢力，推動革命高潮。」[9]

共產黨從蘇聯學習建構基地地區的策略，然後加以調整，透過社會革命，轉移民眾的忠誠，進而贏得失敗國家的內戰。這套戰略將軍事委員（軍官）以及與祕密警察有關的政治委員（忠誠黨員）配對，其中祕密警察負責執行命令，處決不服從的軍官，藉此掌控局勢。為了轉移民眾的忠誠，共產黨在內戰期間提出誘餌，謊稱要進行土地改革，承諾要給農民土地，藉此贏得他們的支持。因此，農民出人出力，為共產黨軍隊提供人員和物資，但在勝利以後，這些新獨立的農民卻被視為反動階級，在集體化的大纛下未曾得到他們力爭的土地。

共產黨在從事革命的道路上大幅重新分配土地，不時公開處決有錢商賈和地主，讓民眾立馬得到滿足，然後宣傳這類殘忍行徑，吸引更多黎民百姓，奠定了共產黨的實力。毛澤東調整了戰略，不著眼於中國缺乏的無產階級，而是看重中國擁有的大批農民。他率先建立共產黨，然後訓練黨員創建和控制游擊隊，爾後部署贏得內戰所需的常規軍隊。蘇聯當年重新運用沙皇的軍官和義務兵，而這些人是一戰老兵，因此蘇聯跳過了游擊階段。

毛澤東需要盟友，並且選擇盟友時做出了前所未見的舉動。除了農民之外，他建議要吸納女性、少數民族、年輕人、知識分子和俘虜，來者不拒。共產黨能受農民歡迎，不只是因為土地改革和教育措施，也因為共產黨治軍嚴謹，不像國民黨軍隊默許士兵燒殺擄掠。[10]毛澤東知道，「婦女占人口半數」並「特別受壓迫」，證明「勞動婦女的解放，與整個階級的勝利是分不開的，只有階級的勝利，婦女才能得到真正的解放」。[11]在當時來看，他給女性的權益簡直不可思議：

在蘇聯政府統治下，男女絕對平等。職業婦女不只有……選舉權和被選舉權，而且她們應該被招募去參與政府的一切工作。[12]

對於少數民族，毛澤東讓他們自治，這在以前根本無法想像：

凡屬回族的區域，由回民建立獨立自主的政權，解決一切政治、經濟、宗教、習慣、道德、教育以及其他的一切事情……我們的政策是明確的民族自決……永遠不會對他們使用武力……無論我們面對的是回族、突厥人、藏人、彝族、苗族、蒙古人、傈僳族，或是中國的其他少數民族部落，都是如此。[13]

這些少數民族並不知道，共產黨在危難之際會信口開河，未來勝利後並不會履行承諾，而是會將槍口對準妄想獨立的少數民族。

毛澤東也盡力吸納青少年和知識分子。最異想天開的是，他也歡迎敵方的軍官和士兵，這是他讓共產黨人滲透到國民黨軍隊去瓦解敵軍的策略。「每個縣應有計畫、有組織地選拔大批工農同志，送到反動軍隊中當士兵、搬運工、炊事員等，在敵人的內部發揮作用。」[14]共產黨的宣傳應該針對敵方士兵。幹部要在敵軍內部祕密組織；「不起眼的」幹部婦女要到農村去鼓動宣傳。這將對敵人的士氣產生累積影響，導致敵軍「動搖並最終崩潰」。[15]毛澤東費盡心思拉攏利用農民、女性、少數民族、青少年、知識分子，甚至分化敵軍，種種因素相加，最終扭轉局勢，贏得內戰勝利。

為了動搖敵軍，毛澤東雙管齊下，一邊說服他人，一邊武力恫嚇。他在一九二八年指出，「共產黨是要在左手拿宣傳單，右手拿槍彈，才可以打倒敵人的。」[16]共產黨透過可用的媒體（訊息、信使和媒介），利用可接受的信使，視不同受眾來調整宣傳內容。[17]他們視地方的不滿情緒來調整宣傳訊息，從中培養忠誠他們的人，接著叫宣教人員（政治委員）找出「當地惡霸和一切反動分子」，然後派遣軍事人員（那些持槍的傢伙）去解決問題。[18]政委也會組織群眾集會、在戰場上兼任醫務人員、策反敵方戰俘，並且承擔鼓舞己方士氣的責任。[19]他們是共產黨的耳目。毛澤東曾說：「紅軍宣傳工作的任務，就是紅軍最優先的任務。」[20]他利用各種媒體來傳播訊息：「透過口耳相傳，透過傳單和布告，透過報紙、書籍和小冊子，透過戲劇和電影，透過學校，透過群眾組織，以及透過我們的幹部。」[21]毛澤東也利用自己擔任小學教師的經歷去教育文盲（兒童學校、幹部學校、農民冬季學校）來傳達訊息。[22]

毛澤東基於自己對農村的深刻理解而提出他的訊息。他在一九二六年指出：「農民問題乃國民革命的中心問題，農民不起來參加並擁護國民革命，國民革命不會成功。」[23]他明瞭「農民是農業的基礎，我們國家的基礎」。[24]

從一九二六到一九三三年，毛澤東大量進行數據調查，找出誰擁有什麼、誰在哪裡耕種，以及誰為誰工作，遂成為農村經濟專家。[25]他在一九四一年總結所見所聞：

我知道……百分之六的人口占有土地百分之八十……百分之八十的人口則僅占有土地百分之二十。因此得出的結論，只有兩個字：革命。[26]

從這些調查結果以及前三次的江西剿共戰爭（Encirclement Campaign）軍事經驗，毛澤東學會如何調整土地改革來招募新兵、創造收入、偵蒐情報和獲取糧食以資助和保衛根據地。

毛澤東將地主視為舊秩序的關鍵：

這四種權力——政權、族權、神權、夫權，代表了全部封建宗法的思想和制度，是束縛中國人民特別是農民的四條極大的繩索……地主政權，是一切權力的基幹。[27]

從地主手中奪走土地，體制就會崩潰，但土地改革需要採取非常手段，用他的話來說，就是「恐怖」。[28]「直言之，每個農村都必須造成一個短時期的恐怖現象，非如此絕不能鎮壓農村反革命派的活動，絕不能打倒紳權。」[29]毛澤東的目的是要粉碎地主的權威和權力。

毛澤東根據自己的評估，擬訂了行動計畫：「實現土地革命的意義，不但是給占全國人民百分之八十的農民群眾解除封建的剝削，而且同時就是推動這百分之八十的人民積極參加民族解放。」[30]毛利用階級來培養忠誠度，透過倒轉社會金字塔來團結底層的人去鎮壓頂層的人：「查田運動的策略，是以工人為領導者，依靠貧農，聯合中農，去削弱富農，消滅地主。」[31]他如此解釋：「我們必須把土地改革深入推進，如此才能把億萬貧苦農民團結起來，奪取中國革命的勝利。紅軍是在土地革命鬥爭中誕生的。」[32]

他依序規劃了行動：「在進行階級調查之前，必須有一個宣傳階段，就是討論階級概念的階段。在沒有公開廣泛討論階級的情況下展開調查會引起群眾恐慌。」[33]毛鼓勵地方廣泛參與決定階級地位來培養忠誠度：「對於被劃分階級的人來說，這可是攸關生死。」[34]為了盡量提高支持率，進而提高黨的合法性，他選擇高度官僚化的程序，先從地方民眾以多數票決定，然後需要得到黨的層層批准，最後才在群眾會議上一古腦兒宣布階級地位。他抓住時機，為共產黨和軍隊招募人員，確保能善用土地重新分配所釋出的利益。[35]

儘管毛澤東打算最終將所有土地集體化，但他感覺時機尚未成熟，因為所有農民都非常渴望擁有土地。「集體化必定是未來的趨勢……為了贏得農民對國家志業的支持，必須滿足他們對土地的需求。」[36]同理，毛澤東也沒有立即消滅富農，**「因為富農生產在一定時期內是必不可少的」**。[37]

毛澤東會適度使用暴力，以最大限度贏得民眾的效忠以及維持生產，從而求取生存並贏得內戰。他還會仔細追蹤不斷改變的主要敵手，最初是軍閥，再來是國民黨，然後是日本人，然後又回到國民黨。一九二八年時，國民黨是主要對手，毛澤東當時如此告誡幹部：

團結貧農；留意中農；投身土地革命；嚴厲實施紅色恐怖；屠殺地主豪紳及其走狗，絕不手軟；用紅色恐怖威脅富農，使他們不敢援助地主階級。[38]

然而，當國民黨和共產黨組成第二次抗日統一戰線時，毛澤東卻暫時擱置土地改革，直到日本戰敗以後才重提，以免土地改革轉移國民黨的注意力而無法全力抗日，也免得讓日本轉而去留意共產黨。[39]

國共兩黨都想贏得內戰，並帶領中國重回昔日亞洲霸主之位，差別在於共產黨想通過從下而上的方式奪取權力，而國民黨則想通過自上而下的方式去維護權力。

II

日本並非不知道這些事態發展。它擔心中國會振興，重新成為大國。俄羅斯也與中國共產黨政府一樣，致力推動世界革命。在經濟大蕭條（Great Depression）期間，日本的友國拋棄了它。連鎖效應隨之而來。美國透過一九三〇年的斯姆特—霍利關稅（Hawley-Smoot Tariff，美國解決大蕭條優先方案）將關稅提高到歷史高點後，依賴貿易的日本便入侵滿洲，並在上海發起一場運動，向國民黨施壓，使其承認失去這塊領土。日本眼見蘇聯持續擴張，打算創造一個緩衝區，同時讓中國認清現實，莫妄想要完全統一；此外，日本還想擴大日本帝國的規模，以便能在關稅壁壘盛行的時代自給自足。日本迅速穩定了滿洲，其投資很快就使滿洲成為除日本本土島嶼之外亞洲工業化程度最高的地區，這與其他飽受戰火蹂躪的中國地區形成鮮明的對比。

日本的政策目標是在艱困的國際環境中保護國家安全和維繫繁榮；如果別國不進行貿易，日本就需要建構規模夠龐大的帝國，設法自給自足。打下滿洲輕而易舉，中國正規軍迅速被擊敗，這是在日本領袖們的意料之中，但他們誤以為作戰勝利，中國就願意正式割讓滿洲。中國雖被擊敗了，卻不斷叛亂，不願認輸投降，否認日本勝利，使得經濟無法穩定，讓日本難以繁榮。只要叛亂持續發生，戰爭就沒有結束。日本旋即發現，敵人雖然孱弱，對其發起戰爭卻不見得能輕易獲勝。事實證明，戰略勝利比軍事勝利更加重要，繁榮和安全等戰略目標與戰場的作戰目標並不相同。

讓人意料不到的是，滿洲以外的中國人開始抵制日貨，從而損害了日本經濟。國民黨政府則狀告同情中國的國聯，日本旋即退出國聯，而日本占領下的中國人則發動叛亂。日本接著窮兵黷武，持續濫行攻伐，不斷深入中國內地，妄想靠著作戰勝利便能獲得戰略勝利。國民黨原本打算反擊日本之前先消滅共產黨，但日本侵華，對中國鯨吞蠶食，激起強烈的反日民族情緒，國民黨只能拋棄謹慎的軍事戰略，改採禁不起推敲的政治戰略。

對國民黨來說，要擊敗日本這種強國，必須進行國內改革。中國以農立國，需要發展必要的工業和增強金融能力。正規戰爭需要常規武器，常規武器則需要仰賴工業生產。國民黨比共產黨更早體認農民問題至關重要，因為共產黨多年以來一直關注幾乎不存在的城市無產階級。孫中山提出「耕者有其田」的口號，國民黨也成立了研究農民土地所有權和改革地稅的組織，而毛澤東是在第一次國共合作時才開始構思這類組織。[40]國民黨跟共產黨一樣，也尋求多方合作，開辦學校，教育百姓。

從一九二七年到一九三七年的十年間，國民黨政府與明治時期的日本和最後統治十年的清朝一樣，試圖將政治、金融、法律和公務員制度西化，並且投資重工業、基礎設施、技術和教育，還進行土地改革和規範稅收。[41]中國政府還保有關稅自主權，能自行設定貿易關稅（立即提高對日本的關稅），但俄羅斯拒絕透過談判將滿洲的鐵路[42]歸還中國，雙方於是在一九二九年爆發鐵路戰爭（Railway War）[43]，最後由俄國取勝。[44]此後，與日本的區域戰爭使改革計畫無法落實，蔣介石也無法進行後續的軍事戰略。另外，日本侵略滿洲以後，國民黨無法專心進行第三次剿共戰爭。倘若日本不擔心國民黨統一中國，或許可能幫助國民黨剷除共產黨。

國民黨連續出動數十萬軍隊剿共，對於何種是抵禦國民黨攻勢的最佳軍事戰略，共產黨領導層意見分歧。領導層最後遵循蘇聯教導，優先考慮控制城市和占據領土。[45]毛澤東優先考慮士兵，要保護自己的軍隊，消滅敵人的軍隊。他說道：「總的原則是誘敵深入方針，把敵人引到蘇區內，集中優勢兵力各個擊破，粉碎敵之『圍剿』。」[46]毛澤東還特別強調「退卻終點」（terminal point of retreat）。[47]共產黨保衛或失去一個根據地時，需要確定一個最佳的退卻終點。例如，就長征（Long March）而言，延安（Yan'an）地處俄羅斯援助範圍內，就屬於這種地點。

毛澤東將軍事單位的類型和領土的類型相互匹配。領土分為：一、根據地；二、敵占區；三、游擊區，代表前述兩者間不受管轄的介面。毛澤東認為，紅軍應主要部署在比較安全的根據地，游擊隊則應在游擊區周邊活動。唯有小型游擊隊才可以冒險滲透敵方控制的領土。[48]

毛澤東認為，共產黨應該只打有把握的仗，以便保存實力，消滅整個敵軍。[49]他認為，弱者若能一次消滅整個敵軍單位，如此積累戰果，最終便能變強。「對於敵，擊潰其十個師不如殲滅其一個師。」[50]唯有強者才有資源去落實消耗戰略。

共產黨有兩個軍種：一是游擊隊，二是正規軍（主力軍）。游擊隊負責擾亂敵占區，將敵後鬧得雞犬不寧，迫使敵軍分散，使其容易殲滅。[51]如此一來，敵人將損失慘重，難以為繼。[52]毛澤東寫道：

> 游擊隊的主要活動範圍是在敵後。他們自己沒有後方……游擊隊的責任是消滅敵人的小

> 部隊；騷擾和削弱大型部隊；攻擊敵方通訊線路；建立能夠支援敵後獨立作戰的基地；迫使敵人分散力量；以及和遙遠戰線上的正規軍彼此呼應……毫無疑問，我們的正規軍是最重要的，因為只有他們才能起決定作用。游擊戰幫助他們做出這個有利的決定作用。[53]

與常規戰爭不同，「游擊戰不存在決戰」。[54]

在前三次剿共戰爭中，毛澤東不顧其他共產黨領導人反對，堅持己見，奉行上述信念，共產黨於是推派項英（Xiang Ying）委員接替毛澤東。[55] 共產黨在第五次剿共戰爭落敗以後，被逐出華南和華中，爾後被迫開始長征，此時項英的保衛領土戰略達到了頂峰。[56] 與其說長征，其實是「長敗」（Long Rout）；共產黨損失了超過百分之九十的兵力。[57]

俄羅斯和日本一樣，對這些事件瞭若指掌。鄰國很常見這種情況。蘇聯在其邊境協助創建共產黨，但在西歐煽動共產主義革命方面卻沒有任何進展。反觀法西斯主義卻大行其道：它若是被定義為「獨裁民族主義右翼政府和社會組織體系（an authoritarian nationalistic right-wing system of government and social organization）」[58]，義大利、德國、日本，甚至連國民黨統治的中國都算採行法西斯主義。這些政府與共產黨所青睞的獨裁民族主義左派政府和社會組織體系背道而馳。法西斯主義者和共產主義者的分歧主要集中在意識形態、財產權和偏好的社會階層，而非獨裁陰謀，或者實現這項目標的殘酷手段。

當德國和日本在一九三六年草簽《反共產國際條約》（Anti-Comintern Pact，共產國際〔Comintern/Communist International〕是蘇聯在全球傳播共產主義的計畫）時，史達林擔心腹背受敵，要與法西斯主義兩線作戰，西邊是德國，東邊是日本。希特勒的《我的奮鬥》和大日本帝國陸軍長期的北方推進戰爭計畫證實了他的觀點。俄羅斯的這兩個鄰國在擴張領土時，都盤算著要蠶食鯨吞它的土地。從創立黃埔軍校起，這位蘇聯領袖就在精心培養共產黨和國民黨。兩黨領導人都曾在莫斯科接受教育。史達林也資助了蘇聯邊境的主要軍閥。

在《反共產國際條約》簽署後的幾週內，史達林打出他所有的中國牌，打算建立第二個民族主義—共產主義統一戰線來促成中國停止內戰，而這一次是為了對抗日本，而不是抵抗軍閥，因為他正確推斷出日本無法同時對抗中國和俄羅斯。中國的城市百姓眼見日本悄悄入侵，故要求對其採取行動，蔣介石只好停止剿共，轉而對付日本，因為無論他「先剿共再抗日」的順序戰略（sequential strategy）多麼明智，礙於政治情勢卻不再可行。共產黨和國民黨同意再度聯手去對抗日本，以換取俄羅斯提供抗日所需的常規軍事援助，但他們錯估情勢，誤以為俄羅斯將參戰。如果中國人從俄羅斯的角度去思考這場戰爭，便可能會預料到，一旦他們介入，俄羅斯就會退出。[59] 他們可能已經意識到，日本是中國的大敵，而不是俄羅斯的主要對手。俄羅斯最大的威脅是在歐洲。

爾後國民黨和日本軍隊發生衝突，國民黨沒有跟過去一樣退縮，反而頑強抵抗，日本則加強攻勢，投入大規模部隊參戰。日本無休止擴張勢力，結果讓國共聯合起來抗衡，讓它甚為震驚，於是日本軍隊便在一九三七年沿著鐵路線橫掃中國海岸，順沿長江逆流而上，依靠鐵路或水運占領整個中國。然而，無論日本如何升高戰事，國共兩黨都沒有棄械投降。

日本錯估了情勢，不顧一切去打這場區域戰爭，絲毫沒有考慮到國共在進行內戰。它暗殺滿洲軍閥張作霖，讓他原本反國民黨的兒子歸附了國民黨。中國人分裂已久，日本悄悄入侵以後，反而讓中國人吳越同舟、攜手抗敵，各派系都將日本視為主要敵人，然後團結一致，抵抗外侮。中國人不肯退讓，日本便攻勢漸強，暴行日增，導致流血漂櫓，刺激了中國人的民族主義。此外，日本人也沒有考慮到對手可能採取的反制行動，日本的敵人包括：一、聯合抗敵的國民黨和共產黨；二、促成了第二次統一戰線的俄羅斯人；三、西方列強，他們很快就對日本實施禁運。日本人大舉進犯中國沿海和河流流域，認為戰爭很快便可結束。儘管打下滿洲耗時甚短，但華北的戰鬥卻曠日持久。日本人沒有考慮到民族主義、戰區規模、中國人破釜沈舟的決心、漢人的戰鬥意志，甚至沒料到過度擴張將會鞭長莫及、無以為繼。日本人依賴河流和鐵路作戰，但只有滿洲有密集的鐵路網。不久之後，日本人便發現攻打中國實在弊大於利。

國民黨執行了他們長期的戰爭計畫，緩慢而有序撤退，讓日本人逐步陷入泥淖，蒙受難以承受的損失。國民黨退居四川盆地後堅守陣地，該處鐵路無法到達，地處長江上游，前有崇山峻嶺，堪稱牢不可摧。[60]期間雙方不時交戰，這類常規戰鬥的參戰人數高到數十萬，以下稍微列舉某些會戰的地點和時間：上海（一九三七年）、南京（一九三七年）、台兒莊（一九三八年）、武漢（一九三八年）、隨棗會戰（一九三九年）、長沙（一九三九年）、南昌（一九三九年）、冬季攻勢（一九三九年到一九四〇年）、棗宜會戰（一九四〇年）、百團大戰（一九四〇年）、豫南會戰（一九四一年）、長沙（一九四一年），以及日本帝國「五号作戰」（一九四一年至一九四三年）[61]。

在上述戰役中，共產黨人只參與了一場，就是百團大戰，但光這一次就讓毛澤東的正規軍損失慘重，幾乎全軍覆沒，爾後日本人更報復平民，把華北的共產基地連根拔起。[62]毛澤東此後從未捲土重來，決定袖手旁觀，讓別人和日本人決一死戰。一九四〇年一月，周恩來估計，從一九三七年到一九三八年八月，中國傷亡人數超過百萬，其中只有三萬一千人是共產黨員。到了一九四四年十二月，共產黨的總傷亡人數也少於十一萬人。[63]

事實證明，國民黨的「不願認輸投降，否認日本勝利」的策略重創了日本經濟，讓日本更加依賴進口，無法落實自給自足的策略。此舉讓日本付出了慘痛的代價，無法富強繁榮。日本暴行日增，不僅過度擴張勢力，更在世界各地樹敵無數，最終陷於危險之境。中國幅員遼闊，難以占領，而共產黨人利用區域戰爭，在日本戰線後方和戰線之外廣闊無人統治的地方培養農民的好感，藉機收攏人心，而且不用擔心受到日本人和國民黨的迫害。

蔣介石和日本的軍事將領思維模式如出一轍，皆著眼於帶兵打仗，對於戰爭的政治和經濟層面置若罔聞，遑論人性這一面。一九三八年，日軍圍攻武漢這個內陸的經濟中心，蔣介石當時下令在多處地方決堤，七萬平方公里良田被淹沒，近九十萬人命喪洪水，三百九十萬人流離顛沛，淪為難民。後續十年間，黃河洪災不斷，決堤只是稍微拖延了日軍，武漢最終還是淪陷。此舉殺害的中國人比日軍從一九三一年以來殺的還要多。[64] 國民黨不僅缺乏共產黨精心整合的軍民戰略，還視人命如草芥，完全沒想到人民是補充軍隊之所需。

III

一九三九年，當區域戰爭陷入僵局時（但並非其代價使各方相持不下），日本轉而採取經濟戰略，切斷外界對國民黨最後的援助。一九三七年，戰事升溫，西方國家逐步嚴格限制出口戰略物資到日本，打得日本措手不及。日本為了切斷國民黨對外界的最後一條陸路通道而入侵法屬印度支那（French Indochina），結果讓美國全面採取石油禁運。日本的石油儲備僅夠撐一年半，只能在庫存耗盡以前立即奪取荷屬東印度（Dutch East Indies）的油田。此後，日本四處征服各地，以便奪取石油、確保海上航線安全以運送石油，並且建立堅不可摧的外圍邊界，讓它這個新興的海上帝國免受敵人威脅。日本所做的一切，都是為了切斷中國的援助，同時確保後勤補給無虞。

日本在太平洋和南亞發起過眾多襲擊行動，偷襲珍珠港（Pearl Harbor）只是其中之一。日本很快就達成他們在二戰太平洋戰區的作戰目標。從一九四一年十二月七到八日起，一直到一九四二年五月之間，它占領了香港、關島（Guam）、威克島（Wake Island）、泰國、馬來亞（Malaya）、新加坡、荷屬東印度、菲律賓和緬甸。歷來沒有哪個國家能在如此短暫的時間內在如此廣闊的戰區內占領如此巨大的領土，同時造成如此嚴重（不成比例）的傷亡損失。日本政府希望占領這些領土後能向人民證明，其所實施的戰爭戰略雖然在十年裡屠殺了無數百姓，但為了追求國家福祉，這樣做是合理的。日本占據的地區包括：荷屬東印度的油田，可藉此抗衡盟軍的石油禁運措施，讓日本現代軍隊得以行動無阻；另有緬甸，此舉切斷了國民黨最新的最後一條陸路，亦即滇緬公路（Burma Road），這條公路連接臘戍（Lashio）

的終點站、緬甸和昆明（Kunming）。盟軍旋即另闢蹊徑，改走空路，從印度的阿薩姆（Assam）經過喜馬拉雅山（Himalayas）運送物資到昆明，這條空中走道稱為「駝峰航線」（"the Hump"），但大宗的物資一直仍是通過陸路或海路運輸，空運甚少，因此美國租借法案的援助物資幾乎沒有送進中國。

日本在區域戰爭和它在全球戰爭中遇到的問題雷同：戰敗國政府拒絕投降，因此戰爭曠日持久且戰區擴大，各國百姓益發痛恨日本。日本在陷入僵局的區域戰爭中已經蒙受過度擴張的苦果，難以守住先前戰果。國民黨採取新戰略後有了強大的盟友，包括美國、英國、澳洲和紐西蘭，這些國家實施消耗戰略，讓原本資源匱乏的日本捉襟見肘、難以因應。此外，日本參與二戰以後，很快就必須重新部署兵力，將軍隊和飛機從中國轉移到太平洋戰區，結果遭遇更大的問題，礙於海上航線延長，更難守住領土，而且邊疆廣闊遙遠，也難加以捍衛，遑論要汲取足夠資源去落實這一切。

日本採取戰事升高的戰略以後，更加仰賴進口物資。以原油來說，在一九三五年，百分之六十七的原油是進口而來，到了一九三七年，比例升到百分之七十四，一九三九年更是飆漲到百分之九十。與此同時，南太平洋戰區的軍事行動益發頻繁，石油消耗量也日增，耗油量從一九四二年的一千五百四十萬桶飆升到一九四三年的三千五百一十萬桶。多數原油來自荷屬東印度，當地在一九四二年可以提供八百一十萬桶，一九四三年可供應九百八十萬桶，但由於美國潛艇襲擊造成了損失，在一九四四年時供應量銳減到只剩一百六十萬桶。一九四四年五月以後，這些運輸原油的航線便中斷了。到了一九四五年，連要將原油運送到韓國都得冒著危險。65

中國發揮了關鍵作用，讓將近一百八十萬日兵陷於區域戰爭，無法分身對抗攻擊日本的美軍，另有兩百萬人保衛日本、北韓和台灣，這些地區是戰前大日本帝國的核心，只剩大約一百萬日軍在太平洋戰區對抗美軍。因此，在美軍集中火力的戰區，日軍數量比較少：菲律賓只有十萬人，中太平洋只有十八萬六千一百人。66這就是為何美國會把中國納入租借法案對象、派遣轟炸機駐守中國，並且將中國視為強力盟友，進而邀請它參加開羅會議（Cairo Conference）。中國至關重要，將多數日軍牽制在大陸，為全球戰爭的勝利立下汗馬功勞。

反過來說，美國也發揮了至關重要的作用，讓日本兵敗於區域戰爭。它切斷了日軍與其帝國的聯繫，使其軍隊和人民挨餓。下列因素綜合累積起來，讓日本政府停止抵抗而棄械投降：海上封鎖使其和世界隔絕；潛艇戰役摧毀了日本的商業貿易；空襲頻繁和毀天滅地的原子彈，摧毀了日本城市地區和現代經濟；蘇聯即將入侵日本本土（它只花費幾週便占領了滿洲）；以及十五年快節奏的戰爭徹底摧毀了整個亞洲的生活水準，日本人身陷其中而疲憊不堪。日本在一九三一年或一九三七年，甚至一九四一年的生活都比一九四五年好得多。

日本和美國打二戰之際，壓根都沒有考慮中國的內戰。日本最後試圖結束區域戰爭，以便在全球戰爭中生存下來，於是在「一号作戰」（Ichigō Campaign，一九四四年四月到一九四五年二月）[67]一鼓作氣打穿華中，消滅了國民黨軍隊。這是日本歷來規模最大的陸地戰役，打算建立不受海上封鎖影響的陸路補給線，同時防止盟國從中國對日本進行轟炸。然而，這場戰役與世界大戰無關，盟軍是透過太平洋而非中國來贏得二戰勝利的。話雖如此，日本十五年間燒殺無情，重創國民黨軍隊，打得他們士氣低落，讓共產黨有可趁之機，最終在長期內戰中獲得勝利。[68]一九七〇年代，日本首相田中角榮（Tanaka Kakuei）訪陸時，毛澤東就曾向他致謝，感謝日本為中國共產黨的勝利[69]做出了巨大的貢獻。[70]

美國也有類似的失察，進而加劇了日本所犯的錯誤。部署在中國的美國軍官希望他們的戰區成為世界大戰的決定性戰區，因此要求：一、從中國對日本城市實施不可行的轟炸行動，但這得仰賴從喜馬拉雅山空運的燃料、飛機和零件；二、在緬甸發動一場無關緊要的地面攻勢，表面上是為了保護印度，但此舉連英國都拒絕了。[71]美國強迫國民黨向緬甸部署最現代化的軍隊和裝備，而正如蔣介石所料，日本趁機瞄準中國，很快便發生了「一号作戰」。[72]如果美國在中國使用飛機為國民黨軍隊提供近距離空中支援，並且讓國民黨的現代軍隊留在中國，蔣介石將更有可能贏得隨後的內戰。在全球戰爭的最後一年，日軍日益陷入困境，蔣甚至可能對其取得重大的軍事勝利，這將使他成為百姓心目中的勝利者，並且大大提高部隊的士氣。只要蔣介石保有裝備，他的部隊就能變得強大，有時甚至可以擊敗日本主力，這是共產黨從未辦到的事情。長沙的前三場戰役都是數十萬人規模的大戰，蔣介石都擊敗了日軍主力，唯有在「一号作戰」期間於第四次長沙會戰才敗北，讓長沙陷落。

然而，俄羅斯了解這場戰爭的三個層面。它終止中國內戰，導致日本深陷一場區域戰爭，派軍深入中國南方，而非往北進入西伯利亞，然後與德國和義大利盟友聯手對抗俄羅斯。俄羅斯斡旋之後，促成了第二次國共合作，讓蘇聯不至於在二戰中的戰敗，甚至讓中國連年征戰而元氣大傷，無法在戰後迅速崛起，成為它的潛在競爭對手。

Ⅳ

毛澤東也了解這場戰爭的三個層面。他故意袖手旁觀，不理會多數的區域和全球戰爭，以便持續在日本戰線後方和戰線之外的地區籌組勢力，替「後區域／全球」戰爭和內戰攤牌做好準備。他提出人民抗日戰爭理論，但這套理論其實更適於長期的內戰。

毛澤東明白，他的革命戰爭是在一場全面區域戰爭的背景下發生的，而這場區域戰爭又是在剝削別人的帝國主義列強與其受害者之間的全面鬥爭中發生的。為了打敗日本，毛澤東強調三個先決條件：「第一是中國要進步（亦即內戰），這是基本和首要的事情。二是要讓日本面臨困難（亦即區域戰爭）。第三是爭取國際支持（亦即強力盟友）。」[73]他還指出革命戰爭的四個主要特徵：一、中國是一個發展不平衡的半殖民地大國，它是透過偉大革命而興起的；二、面對強大的敵人；三、紅軍弱小；四、正處於土地革命之中。[74]第一個和第四個特徵（中國幅員遼闊和土地革命）讓共產黨有可能勝利，但第二個和第三個特徵（日本強大和中國衰弱）會使戰爭曠日持久，結果難以預測。然而，日本有其弱點，共產黨便有取勝的機會。日軍人力不足，游擊隊得以四處襲擊。此外，日軍侵華，燒殺擄掠，虐待百姓，讓共產黨更容易招兵買馬。日軍領導階層小覷中國人，遂陷入困境，彼此勾心鬥角，引發內訌，讓共產黨游擊隊可上下其手。[75]國民黨也能抓住日軍的這些弱點來善用機會。

根據這項評估，毛澤東擬訂持久戰的戰略。他如此寫道：

> 第一個階段，是敵之戰略進攻、我之戰略防禦的時期。第二個階段，是敵之戰略保守、我之準備反攻的時期。第三個階段，是我之戰略反攻、敵之戰略退卻的時期。[76]

毛試圖將這種人民戰爭的三階段模式套用到抗日戰爭，但贏得這場戰爭的是美國，而非共產黨的正規軍。這些階段其實適用於長期的內戰，第一階段對應第一次國共合作（一九二三年到一九二七年），第二階段呼應第二次中日戰爭[77]，第三階段符合二戰後重啟的內戰（一九四五年到一九四九年）。

毛澤東認為，人民戰爭始於戰略防禦（防止失敗階段），終於戰略進攻（奪取勝利階段）。中期是僵局，經過長期鬥爭、勢力平衡之後，最終有利於叛亂分子。第一階段強調透過全民動員、根據地建設和游擊戰爭進行文武制度建設。這些活動貫穿三個階段，隨著能力日增而加添新的活動。

這些活動大致促成了向第二階段的過渡，增加了運動戰、常規戰和外交鬥爭。在前兩個階段中，共產黨努力贏得農民的信賴以支持他們。在這個階段中，「敵之要求在於我集中主力與之決戰。我之要求則相反，在選擇有利條件，集中優勢兵力，與之做有把握的戰役和戰鬥上的決戰。」[78]

在第三階段中，共產黨的活動重點從動員農民朋友轉向消滅敵軍，所以軍事策略也從躲避敵軍主力的游擊戰和運動戰轉向為攻占領土的陣地戰，以及在大規模戰鬥中擊敗國民黨的軍隊：

> 第三階段……主要地依靠中國自己在前階段中準備著的力量。然而單只自己的力量還是不夠的，還需依靠國際力量和敵國內部變化的援助，否則是不能勝利的，因此加重了中國的國際宣傳和外交工作的任務。79

因此，在第二階段，外交工作對於組建一個工業化盟友至關重要，這批盟友可以提供中國缺乏的常規武器，以便過渡到第三階段並贏得最後階段的常規戰爭。俄羅斯在全世界扮演著「老朋友」（Big Friend）的角色。正是如此，毛澤東才把延安當作長征的撤退終點，他要「打通進入蘇聯的道路」。80

到了最後階段，共產黨「瓦解」敵軍的戰略達到了新的高度，讓敵方士兵紛紛叛逃，其結果如何，取決於寬大處理的策略。共產黨沒有處決敵方囚犯或間諜，反而稍微向所有人宣傳理念，招募了願意入夥的人士，並且放走不願加入的人，刻意在這場殘酷無情的戰爭中塑造共產黨悲天憫人的形象。毛澤東認為，共產黨寬大仁厚，國民黨殘暴冷血，兩者的對比將變得十分鮮明。

任何國內反共派向我進攻被我捕獲之俘虜官兵、偵探人員、特務人員及叛徒分子，不論如何反動與罪大惡極，原則上一概不准殺害。這一政策是孤立與瓦解反共派的最好方法，應使全黨全軍從上至下有普遍深入的了解……其處置辦法，凡反動分子及無用人員則優待釋放之，凡可參加我軍的士兵及有用人員則收留之，一律不准加以侮辱（如打罵及寫悔過書等）或報復。81

第三階段按計畫進行，在日本投降後便馬上開始，但俄羅斯沒有立即提供太多常規軍事援助。俄羅斯首先要解決歐洲的領土問題，將數十萬日本戰俘以及滿洲的工業基地運送到西伯利亞（Siberia）來補償戰爭損失。同時，國民黨軍隊席捲中國，於一九四七年六月渡過松花江（Songhua/Sungari River），深入滿洲。正當他們即將占領位於哈爾濱的滿洲中央鐵路樞紐時，美國卻堅持國共停火，幻想雙方可以組成聯合政府。美國未能深入調查這兩派敵對勢力。如果它有的話，美方就會知道國共水火不容，要他們共治簡直是無稽之談。

毛澤東引誘蔣介石深入滿洲，這是共產黨設下的死胡同，只有一條鐵路線可以通往中國的其他地區，如此一來，便能預測國民黨如何調動軍隊。共產黨不讓國民黨透過港口進入戰區，同時讓難民湧入國民黨控制的城市，然後封鎖這些城市，讓所有人挨餓，並將隨後爆發的人道主義災難歸咎於國民黨。共產黨歷經四年苦戰，終於摧毀了蔣介石在滿洲碩果僅存的精銳軍隊。一九四八年，共產黨打贏了持續六個月的兗州戰役（Shandong Campaign），讓國民黨無法增援在滿洲陷入困境的軍隊。共產黨很快就贏得了為期七週的遼西會戰／遼瀋戰役（Liaoning-Shenyang Campaign），雙方都有數十萬將士參與戰鬥，結果國民黨敗北，失去了滿洲。

一九四九年年初，華北又爆發兩次百萬人規模的大戰，亦即平津會戰（Beiping-Tianjin）和徐蚌會戰／淮海戰役（Huai-Hai）。國民黨潰不成軍，大批士兵叛變，正如毛澤東所預料的那樣土崩瓦解。共產黨接下來勢如破竹，高歌猛進，一舉奪取中國。國民黨沒有為黃河或長江的後備陣地做好準備，反而在十二月撤退到台灣。

V

日本和美國只專注於戰爭的其中一個層面。日本在演變為全球戰爭的區域戰爭中失去了一切。美國雖然贏得了世界大戰，卻因為沒有留意中國內戰而讓亞洲喪失了和平。美國要求從中國抽走稀缺的常規物資去轟炸日本或在緬甸作戰，這無關全球戰爭的勝敗，卻對隨後的中國內戰造成了影響。在區域戰爭中，日本摧毀了國民黨的軍隊，而國民黨卻是最有可能抵禦共產主義在亞洲擴張的堡壘。美國和日本做出這些選擇，為共產黨創造了有利條件，最終得以在內戰中勝出。這對日本來說是最糟糕的結果，對美國來說則是壞消息，因為冷戰（Cold War）的主要熱戰（hot war）[82]發生在亞洲，特別是朝鮮和越南。當初若是國民黨贏下內戰，十有八九可以避免朝鮮和越南的熱戰。

相較之下，俄羅斯和中國共產黨追蹤了這場戰爭的三個層面並取得了勝利。俄羅斯人將對抗日本的鬥爭外包給中國人，幾乎兵不血刃便在亞洲獲勝。共產黨跳過了大部分的區域和全球戰爭，但中國人民卻無法躲過區域戰爭或內戰。尋常烽煙，枉作烽火，他們的家園成了戰場。他們加入中國的正規軍，付出血汗，犧牲性命，讓共產黨得以取勝。

日本人和國民黨過於注重軍事行動，卻沒有達成他們的目標。日軍燒殺擄掠，讓中國人死守到底。蔣介石曾在日本接受正規的軍事教育，因此與日本領袖如出一轍，也認為作戰方能致勝，誤將戰場勝利與戰略勝利混為一談。蔣也想透過殺戮來奪取權力，而美國上將威廉・魏摩蘭（William Westmoreland）就是在越戰時採取死亡人數／屍體數策略（body-count strategy）[83]才會在越戰中陷入困境。蔣誤以為一旦透過自上而下精心策劃的行動獲得了戰事勝利，便可讓民眾重新組織起來建設國家。然而，中國農民已經不願相信他的夸夸其談，根本懶得加入他的軍隊。

毛澤東身為政治委員，明白共產黨若要勝利，不僅需要軍事工具，還要有一套更廣泛的國家權力工具。毛澤東拋棄國民黨自上而下的順序方針，反而自下而上同時進行改革和戰爭。正如他所證明的那樣，獲取民眾的忠誠比戰鬥勝利更為重要。他的大戰略整合了國家權力的各種要素，譬如農民（不分男女）、宣傳、土地改革、根據地、體制建設、戰爭和外交工作。毛澤東如此說道：

> 我們過去的一切經驗都證明：只有土地問題得到正確的解決，農村階級鬥爭的火焰在堅決的階級口號下達到最高點，我們才能動員廣大農民，在無產階級領導下參與革命戰爭和蘇維埃建設的各個面向，建立堅實的革命根據地；增強蘇維埃運動的力量，並且取得更大的發展和更大的勝利。84

當國民黨把農民拖入軍隊與日本人作戰時，共產黨人正在日本戰線以外教育農民以及將土地重新分配給他們。在第二次中日戰爭（對日抗戰）期間，對農民來說，要投靠國民黨還是共產黨，答案不言而喻。毛澤東獲得農民效忠才贏得了戰爭，但他勝利以後卻對農民刀劍相向以實現農業集體化。農民失去了他們先前奮力爭取的土地。擁有土地的農民不明白，他們其實是共產黨的階級敵人。

當你擊敗一個對手，另一個對手又出現，或者優先事項有所變化之際，正確列出主要對手的順序非常重要。日本人在戰後發現，隔壁的共產主義、而非民族主義成了他們最大的安全威脅。如果他們能夠和國民黨聯手壓制共產主義，日本今天將會安全許多，遑論日本當年還曾陷入軍事和經濟過度擴張，導致許多人喪生，也讓日本帝國慘遭毀滅。同理，美國犯下了錯誤，沒有正確對共產黨和國民黨的敵人評比排序，如同共產黨和國民黨沒有對俄羅斯的敵人正確評比排序，也像國民黨錯誤對美國的敵人評比排序。這些錯誤的代價是高昂的。美國不需要在國共兩個死敵之間促成不可行的中國聯合政府，而要想辦法讓國民黨至少獲取部分的中國領土。共產黨和國民黨都不應期待俄羅斯會直接軍事干預對日戰爭，而應該明白俄羅斯部署軍隊時會著眼於其主要對手身上，而這些對手一直位於西方，而不是在東方。同理，國民黨不應期望美國直接軍事干預二戰後重新爆發的中國內戰，反而應該明白，美國的重建工作和軍隊部署將集中在歐洲，藉此遏制俄羅斯，而不是冒著過度擴張的風險去陷入中國的泥淖。毛澤東則正確指出了自己的主要對手：那就是國民黨，而不是日本。因此，他利用日本人重創了國民黨。

毛澤東不僅贏得了內戰而已。史達林於一九五三年去世以後，毛澤東躋身國際共產主義運動的領袖。毛將馬克思主義中國化（Sinification of Marxism），進入了偉大馬克思主義思想家的萬神殿（Pantheon），使得馬克思主義在二戰後更能推廣至以農村為主的新獨立國家。毛澤東明白表示：「所謂『全盤西化』的主張，乃是一種錯誤的觀點。形式主義地吸收外國的東西，在中國過去是吃過大虧的……必須讓馬克思主義的普遍真理擁有一定的民族形式才有用處，絕不能主觀地公式地應用它。」[85]他也清楚指出：「我們努力解放中國肯定不是為了把本國交給莫斯科！」[86]毛澤東的戰略讓他獲得軍事的勝利，也讓共產黨壟斷了權力，可惜卻沒有迎來富庶繁榮。

註釋

前言

1. There is a robust literature on the meaning and nature of strategy. As examples, see Lawrence Freedman, *Strategy: A History* (New York, NY: Oxford University Press, 2014); Hal Brands, *What Good is Grand Strategy? Power and Purpose in American Statecraft from Harry S. Truman to George W. Bush* (Ithaca, NY: Cornell University Press, 2014); John Lewis Gaddis, *On Grand Strategy* (New York, NY: Penguin, 2018); Paul Kennedy, *Grand Strategies in War and Peace* (New Haven, CT: Yale University Press, 1992); Edward Luttwak, *Strategy: The Logic of War and Peace* (Cambridge, MA: Harvard University Press, 2002); Hew Strachan, *The Direction of War: Contemporary Strategy in Historical Perspective* (New York, NY: Cambridge University Press, 2013); Beatrice Heuser, *The Evolution of Strategy: Thinking War from Antiquity to the Present* (Cambridge: Cambridge University Press, 2012).
2. Edward Mead Earle, "Introduction," in *Makers of Modern Strategy: Military Thought from Machiavelli to Hitler*, Earle, ed. (Princeton, NJ: Princeton University Press, 1943 [republished New York, NY: Atheneum, 1966]), vii.
3. Many of the Europeans were refugees from Hitler's Germany. See Anson Rabinach, "The Making of Makers of Modern Strategy: German Refugee Historians Go to War," *Princeton University Library Chronicle* 75:1 (2013): 97–108.
4. Earle, "Introduction," viii.
5. See Lawrence Freedman's essay "Strategy: The History of an Idea," Chapter 1 in this volume; also, Brands, *What Good is Grand Strategy?*
6. See Hew Strachan's essay "The Elusive Meaning and Enduring Relevance of Clausewitz," Chapter 5 in this volume; also, Michael Desch, *Cult of the Irrelevant: The Waning Influence of Social Science on National Security* (Princeton, NJ: Princeton University Press, 1943); Fred

Kaplan, *The Wizards of Armageddon* (Stanford, CA: Stanford University Press, 1991).

7. On the evolution of the franchise, see Michael Finch, *Making Makers: The Past, The Present, and the Study of War* (New York, NY: Cambridge University Press, forthcoming 2023).

8. Perhaps because the Cold War still qualified as "current events" in 1986, the book contained only three substantive essays, along with a brief conclusion, that considered strategy in the post-1945 era.

9. Peter Paret, "Introduction," in *Makers of Modern Strategy: From Machiavelli to the Nuclear Age*, Paret, ed. (Princeton, NJ: Princeton University Press, 1986), 3, emphasis added.

10. See, as surveys, Thomas W. Zeiler, "The Diplomatic History Bandwagon: A State of the Field," *Journal of American History* 95:4 (2009): 1053–73; Hal Brands, "The Triumph and Tragedy of Diplomatic History," *Texas National Security Review* 1:1 (2017); Mark Moyar, "The Current State of Military History," *Historical Journal* 50:1 (2007): 225–40; as well as many of the contributions to this volume.

11. The essays on them, however, are entirely original to this volume.

12. A point that the second volume of *Makers* also stressed. See Paret, "Introduction," 3–7.

13. See the essays by Francis Gavin ("The Elusive Nature of Nuclear Strategy," Chapter 28) and Eric Edelman ("Nuclear Strategy in Theory and Practice," Chapter 27) in this volume.

14. See Earle, "Introduction," viii; Paret, "Introduction"; as well as Lawrence Freedman's contribution ("Strategy: The History of an Idea," Chapter 1) to this volume.

15. The chronological breakdown of the sections is, necessarily, somewhat imprecise. For example, certain themes that figured in the world wars—the concept of total war, to name one—had their roots in earlier eras. And some figures, such as Stalin, straddled the divide between eras.

16. The same point could be made about the strategies being pursued by other US rivals today. See Seth Jones, *Three Dangerous Men: Russia, China, Iran, and the Rise of Irregular Warfare* (New York, NY: W. W. Norton, 2021); Elizabeth Economy, The World According to China (London: Polity, 2022).

17. On this debate, see the essays in this volume by (among others) Walter Russell Mead ("Thucydides, Polybius, and the Legacies of the Ancient World," Chapter 2), Tami Biddle Davis ("Democratic Leaders and Strategies of Coalition Warfare: Churchill and Roosevelt in World War II," Chapter 23), and Matthew Kroenig ("Machiavelli and the Naissance of Modern Strategy," Chapter 4).

18. The point is also made in Richard Betts, "Is Strategy an Illusion?" *International Security* 25:2 (2000): 5–50; Freedman, *Strategy*.

19. Lawrence Freedman, "The Meaning of Strategy, Part II: The Objectives," *Texas National Security Review* 1:2 (2018): 45.

20. On strategic failures as failures of imagination, see Kori Schake's "Strategic Excellence: Tecumseh and the Shawnee Confederacy," Chapter 15 in this volume.
21. Hal Brands, "The Lost Art of Long-Term Competition," *The Washington Quarterly* 41:4 (2018): 31–51.
22. This point runs throughout Alan Millett and Williamson Murray, *Military Effectiveness*, Volumes 1–3 (New York, NY: Cambridge University Press, 2010).
23. Henry Kissinger, *White House Years* (Boston, MA: Little, Brown, 1959), esp. 54.
24. Hal Brands, *The Twilight Struggle: What the Cold War Can Teach Us About Great-Power Rivalry Today* (New Haven, CT: Yale University Press, 2022).

第一章

1. "War Is Right, Peace Wrong, Says German General," *New York Times,* April 21, 1912。
2. 一八〇三年至一八一五年之間爆發的一連串軍事衝突。當時拿破崙領導的法蘭西帝國及其從屬國與反法同盟爆發了數場對抗。
3. 探討第一次世界大戰之前的戰略思維（strategic thinking）和戰爭規劃的文獻數量龐大且不斷增加。若想了解這段時期的戰略思維，請參閱：Azar Gat, *The Development of Military Thought: The Nineteenth Century* (Oxford: Oxford University Press, 1992)；Beatrice Heuser, *The Evolution of Strategy: Thinking War from Antiquity to the Present* (Cambridge: Cambridge University Press, 2010)；Peter Paret, Gordon A. Craig, and Felix Gilbert, eds., *Makers of Modern Strategy from Machiavelli to the Nuclear Age* (Princeton, NJ: Princeton University Press, 2010)；Martin Van Creveld, Command in War (Cambridge, MA: Harvard University Press, 1985)。若想了解進攻崇拜，以下文獻非常有用：Robert Citino, *Quest for Decisive Victory: From Stalemate to Blitzkrieg in Europe, 1899–1940* (Lawrence, KS: University Press of Kansas, 2002) 以及Steven Miller, Sean M. Lynn-Jones, and Stephen Van Evera, eds., *Military Strategy and the Origins of The First World War* (Princeton, NJ: Princeton University Press, 1991)。Frank Jacob, The *Russo-Japanese War and Its Shaping of the Twentieth Century* (New York, NY: Routledge, 2017)以及Rotem Kowner, *The Impact of the Russo-Japanese War* (New York, NY: Routledge, 2006)探討日俄戰爭對當代思想的影響。Christopher Clark, *Sleepwalkers: How Europe Went to War in 1914* (New York, NY: HarperCollins Publishers LLC, 2012) 以及Margaret MacMillan, *The War That Ended Peace: The Road to 1914* (New York, NY: Random House, 2013) 涵蓋這段時期的外交局勢。若想了解戰爭計畫HewStrachan的*The First World War, Volume 1: To Arms* (Oxford: Oxford University Press, 2001) 不可或缺。Richard F. Hamilton and Holger Herwig, eds. *War Planning 1914* (Cambridge: Cambridge University Press, 2009) 以及Richard Fr. Hamilton and Holger Herwig, *Decisions for War, 1914–1917* (Cambridge: Cambridge University Press, 2004) 收錄探討特定強權的優秀論文。若想更了解三國協約（Triple Entente），請參閱：Samuel

Williamson, *The Politics of Grand Strategy: Britain and France Prepare for War, 1904–1914* (London: Ashfield Press, 1990)；Douglas Porch, *The March to the Marne: The French Army 1871–1914* (Cambridge: Cambridge University Press, 2010)；以及John Gooch, *The Plans of War: The General Staff and British Military Strategy c.1900–1916* (London: Routledge, 1974)。有關三國同盟（Triple Alliance），請參閱：Gordon Craig, *The Politics of the Prussian Army 1640–1945* (Oxford: Oxford University Press, 1964)；Holger Herwig, "Disjointed Allies: Coalition Warfare in Berlin and Vienna, 1914," in *War Studies Reader: From the Seventeenth Century to the Present Day and Beyond*, Gary Sheffield, ed. (London: Continuum, 2010)；Marcus Jones, "The Alliance That Wasn't: Austria-Hungary and Germany in World War I," in *Grand Strategy and Military Alliances*, Peter Mansoor and Williamson Murray, eds. (Cambridge: Cambridge University Press, 2016)；Norman Stone, "Moltke-Conrad: Relations between the Austro-Hungarian and German General Staffs, 1909–14," The Historical Journal 9:2 (1966)：201–28；以及Graydon Tunstall, *Planning for War against Russia and Serbia: Austro-Hungarian and German Military Strategies, 1871–1914* (New York, NY: Columbia University Press, 1993)。

4. civilian指相對於軍人的文職人員，或者相對於武官的文官。
5. 這是史里芬計畫，目標是在左翼的德法邊境部署較少兵力吸引法軍進攻，同時於右翼集結重兵，爾後取道中立的比利時，進入法國，包抄法軍後方，企圖一舉殲滅法軍主力。
6. MacMillan, *The War That Ended Peace*, 346。
7. 又譯海權或海上武力。
8. The French nation，指法蘭西第二帝國。
9. Craig, *The Politics of the Prussian Army 1640–1945*, 280。
10. 這種海軍思維主張以潛艇、飛機、魚雷艇、輔助巡洋艦等低成本海軍武器對抗多艘海軍戰艦組成的大艦隊。
11. 旨在破壞海上貿易的海戰形式，亦即在戰時允許武裝私掠船攻擊敵方商船。
12. 指射擊時彈頭能達到的範圍。
13. 一九一四年戰爭爆發後，德國入侵比利時與盧森堡之後所開闢的戰區。
14. Van Creveld, *Command in War*, 153。
15. Paret, ed., *Makers of Modern Strategy*, 202–3。
16. 國防軍最高統帥部，德語為Oberkommando der Wehrmacht，通稱「OKW」。
17. 以「實際驗證」為核心的思想體系，認為真正的知識要奠基於實驗與經驗驗證。
18. Gat, *The Development of Military Thought*, 175–78。

19. Paret, ed., *Makers of Modern Strategy*, 511。
20. Porch, *The March to the Marne*, 120。
21. Gat, *The Development of Military Thought*, 219。
22. 俄方稱亞瑟港，契合英文名稱。
23. Kowner, *The Impact of the Russo-Japanese War*, 265。
24. Hamilton and Herwig, eds., *War Planning 1914*, 160。
25. Gat, *The Development of Military Thought*, 487。
26. 又稱黑山共和國，位於巴爾幹半島上的小國。
27. 基於利害關係的聯盟。
28. Hamilton and Herwig, *War Planning 1914*, 190。
29. 萊茵河的上游自瑞士巴塞爾至德國萊茵河畔賓根之間的河段。
30. 關於這些問題，請參閱MacMillan, *The War That Ended Peace*。
31. Terrence Zuber, *Inventing the Schlieffen Plan: German War Planning, 1871–1914* (New York, NY: Oxford University Press, 2002)。
32. 法國東北部的大區，北鄰比利時、盧森堡和德國。
33. 狹義上則僅指荷蘭、比利時、盧森堡三國，合稱「荷比盧」。
34. Strachan, *First World War*。
35. 德意志帝國的元首，總共歷經三任皇帝，末代皇帝威廉二世於一九一八年一戰結束後退位。
36. 斜體字的英語為原文。Hamilton and Herwig, *War Planning 1914*, 63。
37. 表示專橫勢凌的武力。
38. MacMillan, *The War That Ended Peace*, 229。
39. 此處歷史複雜，依據《一八六七年奧匈折衷方案》，奧地利和匈牙利共同組成立憲制二元君主國，亦即奧匈帝國，該帝國一戰後因戰敗而解體。
40. Herwig, *Disjointed Allies*, 99。
41. 作者指波耳戰爭，這是英國與南非波耳人建立的共和國之間的戰爭，史上一共有兩次波耳戰爭。

42. 英國於十九世紀末期採取的外交策略，其核心為不干預歐洲事務，避免永久結盟。英國在二〇一六年通過脫歐公投，許多人將其視為光榮孤立的傳統再度復興。
43. 又稱英法協約。
44. 法國將軍陰謀陷害法軍中一名猶太軍官的不光彩事件。這起事件爾後激起為期十多年且天翻地覆的社會改造運動。
45. 第二次摩洛哥危機，又稱阿加迪爾危機。
46. Herwig and Hamilton, *War Planning 1914*, 157。
47. Bruce Menning, "War Planning and Initial Operations in the Russian Context," in *War Planning 1914*, Hamilton and Herwig, eds., 121。
48. 位於波蘭東北部的一個多湖泊的地區。
49. 末代德意志皇帝兼普魯士國王，一八八八年至一九一八年在位。
50. MacMillan, *The War That Ended Peace*, 616。
51. Stone, *Moltke-Conrad*, 214–16。
52. MacMillan, *The War That Ended Peace*, 252。

第二章

1. Carl von Clausewitz, *On War*, Michael Howard and Peter Paret, trans. and eds. (Princeton, NJ: Princeton University Press, 1975), 579。
2. 希臘神話中掌管財富和運氣的女神，表示「機緣」或「幸運」。
3. 維基百科的拼法是Archidamus。
4. ephor，又譯民選執政官，斯巴達民選五長官之一，對國王有監督權。
5. Thucydides, *History of the Peloponnesian War*, trans. Rex Warner (London: Penguin, 1954), 82。
6. 全副武裝步兵的密集隊形。
7. Thucydides, *History of the Peloponnesian War*, 83。
8. Victor David Hanson, *A War Like No Other: How the Athenians and Spartans Fought the Peloponnesian War* (New York, NY: Penguin, 2006)。
9. God was on the side of the big battalions，直譯為：「上帝站在大部隊的一邊」。

10. 拿破崙兵敗萊比錫的那一年。
11. 十八世紀時，普魯士、奧地利帝國和俄羅斯帝國開始瓜分波蘭領土，此瓜分一共分成三個階段進行，第三階段最終導致波蘭滅亡。
12. 探討拿破崙軍事行動的最重要文獻仍然是David Chandler, *The Campaigns of Napoleon* (London: Weidenfeld and Nicolson Ltd., 1966)。
13. 作者應該指神聖羅馬帝國。
14. 戰後第三次反法同盟隨之瓦解，隔年直接導致神聖羅馬帝國覆滅。
15. Chandler, *The Campaigns of Napoleon*, 935–36。
16. John M. Sherwig, *Guineas and Gunpowder, British Foreign Aid and the Wars with France, 1793–1815* (Cambridge, MA: Harvard University Press, 1969), 287–88。
17. 第一代威靈頓公爵亞瑟．韋爾斯利（Arthur Wellesley，1st Duke of Wellington）。他在一八〇八年率領英國遠征軍在葡萄牙海岸登陸，此後征戰至西班牙，七年後（一八一五年）在滑鐵盧一役中終結拿破崙。
18. C.W. Crawley, ed., *The New Cambridge Modern History: War and Peace in an Age of Upheaval, 1793–1830* (Cambridge: Cambridge University Press, 1965), Volume 9, 40。
19. Stephen B. Broadberry and Kevin H. O'Rourke, eds., *The Cambridge Economic History of Modern Europe* (Cambridge: Cambridge University Press, 2010), Volume 1, 199。
20. Clausewitz, *On War*, 593。
21. 若想了解最詳實的戰爭歷史，請參閱：James McPherson, *Battle Cry of Freedom, The Civil War Era* (Oxford: Oxford University Press, 1988)。若想了解戰爭的軍事歷史，請參閱：Williamson Murray and Wayne Wei-siang Hsieh, *A Savage War: A Military History of the Civil War* (Princeton, NJ: Princeton University Press, 2017)。
22. 一八六九年至一八七七年擔任第十八任美國總統的軍官兼政治家。
23. Ulysses S. Grant, *The Personal Memoirs of U.S. Grant* (New York, NY: Charles L. Webster and Company, 1885), 368–69。
24. 經常簡稱為李將軍。
25. 指北維吉尼亞軍團，這是南方邦聯的一支主要軍團，其活動地區全都是在東線。
26. 南北戰爭東部戰區中聯邦的主要軍團。
27. 又譯非德里堡。

28. 又譯第二次牛奔河之役。
29. 關於安提頓戰役，請參閱：Stephen W. Sears, *The Landscape Turned Red: The Battle of Antietam* (New York, NY: Houghton Mifflin, 1983)。
30. 南方的美利堅聯盟國。
31. 若想了解這次會議的討論情況，請參閱：Murray and Hsieh, *A Savage War*, 268。
32. Stephen Sears, *Gettysburg* (Boston, MA: Harper Collins, 2003)將蓋茨堡會戰講述得最為詳盡。
33. 若想比較歐洲與美國的面積，請參閱：Murray and Hsieh, *A Savage War*, 42。
34. Antoine-Henri Jomini是拿破崙時代的法國軍事家，出版過幾部討論戰爭和軍事理論的鴻篇巨著。
35. 又譯納士維，田納西州的首府。
36. Murray and Hsieh, *A Savage War*, 415。
37. William T. Sherman, *The Memoirs of William T. Sherman* (New York, NY: D. Appleton, 1875), Volume 2, 399。
38. Murray and Hsieh, *A Savage War*, 361–62。
39. 喬治亞州的東部港市。
40. Murray and Hsieh, *A Savage War*, 466–67。
41. 位於美國維吉尼亞州西部。
42. 位於美國阿拉巴馬州的港市。
43. 英國殖民地維吉尼亞州的第一個行政區。英文hundred是英國郡的行政單位，可支持一百戶住宅，故名。
44. 為了安撫某些政治集團和派別，將指揮權給予沒有豐富軍事經驗的將軍。
45. 另一個名稱是minister president of Prussia。
46. 這是俾斯麥規劃的統一戰爭。
47. 泛指行動者在特定環境中的行動能力。
48. Marcus Jones, "Strategy as Character," in *The Shaping of Grand Strategy, Policy, Diplomacy, and War*, Williamson Murray, Richard Hart Sinnreich, and James Lacey, eds. (Cambridge: Cambridge University Press, 2011), 86。
49. A.J.P. Taylor, *Bismarck, The Man and the Statesman* (New York, NY: Hamish Hamilton, 1967), 70。

50. pseudo-Empire，應指法蘭西第二帝國。
51. 法蘭西第三共和國。
52. Geoffrey Jukes, *The Russo-Japanese War, 1904–1905* (Wellingborough: Osprey, 2002), 16–20。
53. 西方譯成亞瑟港。
54. 第二十六任美國總統，俗稱老羅斯福。
55. Holger H. Herwig, "The Immorality of Expediency, the German Military from Ludendorff to Hitler," in *Civilians in the Path of War*, Mark Grimsley and Clifford J. Rogers, eds. (Lincoln, NE: University of Nebraska Press, 2002)。
56. Letter from Geyer von Schweppenburg to Basil Liddell Hart, 1948, B.H. Liddell Hart Archives, King's College, London, September 24, 1961, 32。
57. 希臘、羅馬神話中的特洛伊公主，具有預言能力。
58. 英國－普魯士聯盟與法國－奧地利聯盟之間發生的戰爭，始於一七五六年，一九六三年結束，持續長達七年，故名。
59. 神聖羅馬帝國的內戰演變而成的一場大規模歐洲戰爭。
60. Azar Gat, *A History of Military Thought, from the Enlightenment to the Cold War* (Oxford: Oxford University Press, 2001), 331。
61. 有關戰前思想和戰略的深思熟慮著作，可特別參閱：Michael Howard, "Men against Fire: The Doctrine of the Offensive in 1914," in *The Makers of Modern Strategy from Machiavelli to the Nuclear Age*, Peter Paret, ed. (Princeton, NJ: Princeton University Press, 1984)。
62. Gerhard P. Gross, *The Myth and Reality of German Warfare: Operational Thinking from Moltke the Elder to Heusinger* (Lexington, KY: University Press of Kentucky, 2016), 68。
63. Gerd Hardack, *The First World War, 1914–1918* (Berkley, CA: University of California Press, 1977), 55。
64. 有關西方戰役和史里芬計畫失敗的最新研究，請參閱：Holger H. Herwig, *The Marne 1914: The Opening of World War I and the Battle that Changed the World* (New York, NY: Random House, 2009)。
65. Gerald D. Feldman, *Army, Industry, and Labor, 1914–1918* (Oxford: Oxford University Press, 1996), 46。
66. Nicholas A. Lambert, *Planning Armageddon: British Economic Warfare and the First World War* (Cambridge, MA: Harvard University Press, 2012)。
67. 請參閱：Avner Offer, *The First World War: An Agricultural Interpretation* (Oxford: Oxford University Press, 1989)。
68. 取代黑火藥的無煙發射藥，即白火藥，讓槍支射程穩、速度快且殺傷力更強。

69. 昔日在艦上受訓以備甄選的低階軍官。
70. David Zabecki, *The Generals' War: Operational Level Command on the Western Front in 1918* (Bloomington, IN: Indiana University Press, 2018), 13–14。
71. 比利時北部的荷蘭語地區。
72. 索姆河位於法國北方。為了突破德軍防禦，英法與德國在此地爆發激烈衝突，而這是一戰中規模最大的一次會戰，雙方傷亡高達一百三十萬人。
73. William Philpott, *Three Armies on the Somme: The First Battle of the Twentieth Century* (New York, NY: Penguin, 2010), 261。
74. 有關一九一八年德國的春季攻勢，請參閱：David Zabecki, *The German 1918 Offensives: A Case Study in the Operational History of War* (London: Routledge, 2006)。
75. 一戰期間的英國陸軍野戰部隊，在整個戰爭期間一直活躍於西線。
76. Jonathan Boff, *Winning and Losing on the Western Front: The British Third Army and the Defeat of Germany in 1918* (Cambridge: Cambridge University Press, 2012), 243。
77. 通稱納粹德軍，一九三五年至一九四五年間納粹德國的武裝部隊，包含陸海空三軍，而黨衛軍部隊亦隸屬其麾下。
78. 請參閱*Robert Corum, The Roots of Blitzkrieg: Hans von Seeckt and German Military Reform* (Lawrence, KS: University Press of Kansas, 1992)。
79. 關於德國的經濟問題，請參閱：Williamson Murray, *The Change in the European Balance of Power, 1938–1939: The Path to Ruin* (Princeton, NJ: Princeton University Press, 1984), Chapter 1。
80. 德語Führer原本表示領袖或嚮導，但納粹德國大幅使用這個詞，如今通常指希特勒。
81. 二戰期間納粹德國最高軍事指揮部，直屬於「元首」希特勒。
82. Berenice Carroll, *Design for Total War* (The Hague: Mouton, 1968), 73。
83. 所謂的藍水，泛指遠洋的藍色海水。藍水海軍能夠在外海長時間執行任務，保護本國及海外國土的利益和安全。
84. air power，可指空權，空軍或空中武力。
85. 這些論點頗讓人感到諷刺。在一九一四年至一九一八年的空戰，交戰方的飛行員和飛機損失慘重。
86. 若想概略了解這兩國的空權思維，請參閱：Williamson Murray, *Luftwaffe* (Baltimore, MD: Nautical & Aviation Publishing Company of America, 1983), appendix 1。
87. 馬漢（Alfred Thayer Mahan）曾寫過《海權對歷史的影響》（*The Influence of Sea Power Upon History*）闡述海權的理論以及

歷史。

88. 一戰時德意志帝國海軍的一支主力艦隊。
89. 正式名稱為沿用帝政時期和威瑪共和時期的國號德意志帝國，又稱納粹德國。
90. 若想了解該如何徹底摧毀閃電戰理論，請參閱：Murray, *The Change in the European Balance of Power*, Chapter 1。
91. 原本指「沒有猶太人」（free of Jews），尤其指大屠殺期間「清洗」過猶太人的地區。
92. 希特勒自始至終都堅持他的戰略願景，一直到一九四五年四月還不放棄。
93. 至於有哪些可能性，請特別參閱：Murray, *The Change in the European Balance of Power*, Chapter 11。
94. 英格蘭北部城市。
95. Murray, *The Change in the European Balance of Power*, 352。
96. 若想了解一九四〇年西線戰役廝殺的激烈程度，請參閱：Williamson Murray, "May 1940: Contingency and Fragility of the German RMA," in *The Dynamics of Military Revolution, 1350–2050*, MacGregor Knox and Williamson Murray, eds. (Cambridge: Cambridge University Press, 2001)。
97. 一九四一年德軍在蘇聯作戰的精彩回顧，請參閱：the David Stahel, *Operation Barbarossa and Hitler's Defeat in the East* (Cambridge: Cambridge University Press, 2011); David Stahel, Kiev, 1941, *Hitler's Battle for Supremacy in the East* (Cambridge: Cambridge University Press, 2013); David Stahel, *Operation Typhoon, Hitler's March on Moscow, October 1941* (Cambridge: Cambridge University Press, 2015); and David Stahel, The Battle for Moscow (Cambridge: Cambridge University Press, 2015)。
98. Tooze, *The Wages of Destruction*, 588。
99. David Glantz and Jonathan House, *When Titans Clashed: How the Red Army Stopped Hitler* (Lawrence, KS: University Press of Kansas, 1995), 101。
100. 又名英倫空戰，乃是二戰期間納粹德國對英國發動的大規模空戰。
101. 這些數字是基於Sir Charles Webster and Noble Frankland, *The Strategic Air Offensive against Germany, Volume 4, Appendices* (London: Her Majesties Stationary Office, 1961), appendix XXXIV, 497。
102. Murray, *Luftwaffe*, tables XXII and XXIV。
103. 德國工業發達的地區。
104. Bundesarchiv, Militärarchiv, RW 20, 6/9, Kriegstagebuch der Rüstungsinsektion VI, 1 April bis 30 Juni 1943。
105. Tooze, *The Wages of Destruction*, 598。

106. Murray, *Luftwaffe*, table XLV。
107. Phillips Payson O'Brien, How the War Was Won: Air-Sea Power and Allied Victory in World War II (Cambridge: Cambridge University Press, 2015), 484。
108. 有關一九四三年和一九四四年第八航空隊飛官和轟炸機損失的訊息，請參閱：Murray, *Luftwaffe*, tables XXXIII, XXXIV, and XL。
109. Andrew Roberts, "High Courage on the Axe of War," *The Times*, March 31, 2007。
110. Paul A. Rahe, *Sparta's Second Attic War, The Grand Strategy of Classical Sparta, 446–418 B.C.* (New Haven, CT: Yale University Press, 2019), 127。

第三章

1. 提比略・尤利烏斯・凱撒・奧古斯都（Tiberius Julius Caesar Augustus）。
2. 日耳曼尼庫斯・尤利烏斯・凱撒（Germanicus Julius Caesar）。
3. 公元九年，阿米尼烏斯（Arminius）聯合日爾曼各部族，在萊茵河東岸擊敗來犯的羅馬日爾曼地區總督瓦魯斯的軍團（第十七、十八、十九軍團），史稱「條頓堡森林之役」，又稱「瓦魯斯之役」。
4. John Lynn, *Bayonets of the Republic, Motivation and Tactics in the Army of Revolutionary France, 1791–1794* (Champagne, IL: University of Illinois Press, 1984), 56。
5. Wolfgang Kruse, "Revolutionary France and the Meaning of the Leveé en Masse," in *War in the Age of Revolution, 1775–1815*, Roger Chickering and Stig Förster, eds. (Cambridge: Cambridge University Press, 2010), 311。
6. Kruse, "Revolutionary France and the Meaning of the Leveé en Masse," 302。
7. 英文為subject，有別於共和國的公民（citizen）。
8. Carl von Clausewitz, *On War*, Michael Howard and Peter Paret, trans. and eds. (Princeton, NJ: Princeton University Press, 1975), 467, 591–92。
9. John Lynn, "A Nation at Arms," in *The Cambridge History of War*, Geoffrey Parker, ed. (Cambridge: Cambridge University Press, 2020), 199。
10. Clausewitz, *On War*, 610。
11. 熱月黨人反對羅伯斯比爾領導下雅各賓專政的一次成功政變。雅各賓派政府倒台之後，法國大革命最激進的恐怖統治時期也隨之告終。

12. 拿破崙在一七九九年發動政變，任命自己為「第一執政」，爾後成為法蘭西帝國皇帝。
13. David Chandler, *The Campaigns of Napoleon* (London: Scribner, 1966), 867。
14. Chandler, *The Campaigns of Napoleon*, 867。
15. Clausewitz, *On War*, 609。
16. 此處的英文是dump，可指廣義的建築物或臨時的軍需品供應站。
17. 又稱Confederate States，脫離合眾國而引發南北戰爭的十一個南方蓄奴州，其他譯名有：美利堅聯盟國、美利堅邦聯、邦聯或迪克西（通俗說法）。
18. Williamson Murray and Wayne Wei-siang Hsieh, *A Savage War: A Military History of the Civil War* (Princeton, NJ: Princeton University Press, 2016), 61。
19. Murray and Hsieh, *A Savage War*, 516。
20. Brooks Simpson and Jean V. Berlin, eds., *Sherman's Civil War: Selected Correspondence of William T. Sherman, 1860–1865* (Chapel Hill, NC: University of North Carolina Press, 1999), 609。
21. Emphasis added. Simpson and Berlin, *Sherman's Civil War: Selected Correspondence of William T. Sherman, 1860–1865*, 252。
22. *The War of the Rebellion: A Compilation of the Official Records of the Union and Confederate Armies*, Part III, Volume 39, 660，各位可從HathiTrust資料庫取得文本，https://www.hathitrust.org/。
23. 薛曼的部隊特別針對用獵犬追捕逃亡奴隸的種植園園主。戰爭爆發以後，這些園主讓獵犬去捕捉逃跑的聯邦士兵。當時，聯邦士兵只要一看到豢養一批獵犬的園主，便會去摧毀他的整片種植園。
24. 查理頓是南卡羅來納州的一座城市，當時是僅次於費城、紐約、波士頓和魁北克的北美第五大城市。
25. William T. Sherman, *Memoirs of General William T. Sherman, By Himself* (New York, NY: D. Appleton and Company, 1887), Volume 2, 228。
26. Sherman, *Memoirs of General William T. Sherman, By Himself*, Volume 2, 227。
27. Clausewitz, *On War*, 77。
28. Murray and Hsieh, *A Savage War*, 468。
29. Nicholas A. Lambert, *Planning for Armageddon: British Economic Warfare and the First World War* (Cambridge, MA: Harvard University Press, 2013)。

30. 軍事需要原則允許不按戰爭慣例行事，但不得違反戰爭法律。
31. 若想了解德國「軍事需要」原則，下面是出色的探討書籍，請參閱：Isabel V. Hull, *Absolute Destruction: Military Culture and the Practices of War in Imperial Germany* (Ithaca, NY: Cornell University Press, 2005)。
32. 狹義上指荷蘭、比利時、盧森堡三國，合稱「荷比盧」。
33. 指一九一四年戰爭爆發以後，德國入侵比利時與盧森堡所開闢的戰區。
34. Hull, *Absolute Destruction*, 1,051。
35. Hull, *Absolute Destruction*, 1,055–58。
36. William H. Morrow, Jr., *The Great War in the Air: Military Aviation from 1909 to 1921* (Washington, DC: Smithsonian Institution Press, 1993), 102, 122, 329。
37. 英文有to squeeze someone until the pips squeak的說法，表示要把某人的金錢榨乾。
38. Gerd Hardach, *The First World War, 1914–1918* (Berkeley, CA: University of California Press, 1977), 77。
39. 威爾遜下令美國軍隊袖手旁觀，譬如不擬定計畫，讓部隊做好可能參與歐洲戰爭的準備。
40. 羅斯福那時已經擔任總統。
41. Hew Strachan, *The First World War*, Volume 1: To Arms (Oxford: Oxford University Press, 2003), 1,036。
42. Erich Ludendorff, *Ludendorff's Own Story, August 1914–November 1918* (New York, NY: Harper, 1919), 313。
43. 若想了解一戰時西方戰線的戰術調整，請參閱：Williamson Murray, "Complex Adaptation, The Western Front, 1914–1918," in his, *Military Adaptation in War: For Fear of Change* (Cambridge: Cambridge University Press, 2017), chapter 3。
44. Gerald D. Feldman, *Army, Industry, and Labor* (London: Bloomsbury, 1992), 259。
45. 一戰結束之後在巴黎和會召開後組成的跨政府組織，乃是全球首個以維護世界和平為主要目標的國際組織，為現今聯合國之前身。
46. 有件事值得一提。在一九三八年夏天之前擔任總參謀長的路德維希．貝克將軍（General Ludwig Beck）確實從戰略角度一連串批判過希特勒發動攻勢征服捷克斯洛伐克（Czechoslovakia）的準備行動。他嚴謹分析了德國的戰略情勢，但其他的德軍戰略領袖幾乎沒有加以回應。請參閱：Williamson Murray, *The Change in the European Balance of Power, 1938–1939: The Path to Ruin* (Princeton, NJ: Princeton University Press, 1984), Chapters 6, 7, and 8。
47. 協約國和戰敗的同盟國於一戰後簽訂的和約。
48. "Aufzeichnung Liebmann, " *Vierteljahrshefte für Zeitgeschichte*, 2:4 (October 1954)。

49. 英文unhuman的對應德語為Untermensch，納粹德國使用這個貶義詞來形容非雅利安的低下種族，包括納粹口中的「東方民族」，好比猶太人、羅姆人和斯拉夫人。

50. 關於這兩場戰爭的交集，請參閱：Adam Tooze, *The Wages of Destruction: The Making and Breaking of the Nazi Economy* (London: Penguin Books, 2007), Chapter 14。

51. 德國當時迫切需要工人，大量消滅猶太人完全適得其反。英國歷史學家亞當·圖茲（Adam Tooze）估計，大屠殺（Holocaust）奪走了兩百四十萬人的性命，而這些人原本可以做工為德國效力，促進經濟成長。請參閱：Tooze, *The Wages of Destruction*, 522。

52. 即便在軍事行動層面，德國也不關心情報或後勤，但這兩者卻是克敵制勝的關鍵。

53. Murray, *The Change in the European Balance of Power*, table I–5, 20–21。

54. Gerhard Förster, *Totaler Krieg und Blitzkrieg* (Berlin: Deutscher Militärverlag, 1967), 101。

55. Klaus Reinhardt, *Die Wende vor Moskau: Das Scheitern der Strategie Hitlers im Winter 1941/1942* (Stuttgart: Deutsche Verlags-Anstalt, 1972), 258。

56. 納粹德國及其盟國為了爭奪蘇聯南部城市史達林格勒而進行的一場戰役，蘇聯最終獲得決定性勝利，德國蒙受巨大損失，喪失對蘇聯的兵力優勢。

57. 納粹德國時期的國民教育兼宣傳部部長，為人擅於講演，號稱「宣傳的天才」。

58. Murray, *The Change in the European Balance of Power*, 1938–1939, Chapters 8 and 9。

59. 若想知道英國及其軍隊在戰爭中的所投入的心血，請參閱：Williamson Murray, "British Military Effectiveness in the Second World War," in *Military Effectiveness*, Volume 3: *The Second World War*, Allan R. Millett and Williamson Murray, eds. (Boston, MA: Allen and Unwin, 1988)。

60. 請參閱：Tooze, *The Wages of Destruction*。

61. W. K. Hancock and M. M. Gowing, *British War Economy* (London: His Majesty's Stationary Office, 1949), 519。

62. 美國國會在二戰初期通過的一項法案，目的是在美國不捲入戰爭之際為同盟國提供戰爭物資。

63. 「如果美國沒有幫助我們，我們就不會贏得戰爭。如果我們必須與納粹德國單挑，我們就無法頂住德國的壓力，最後會輸掉戰爭。」Nikita Khrushchev, *Memoirs of Nikita Khrushchev*, Volume 1, *Commissar, 1914–1945* (College Park, PA: Penn State University Press, 2005), 675–76。

64. 美國在二戰期間大量製造的貨輪。美國艦隊購買了大量的自由輪來替代被德國潛艇擊沉的商船，同時透過租借法案提供英國許多自由輪。

65. James Lacey, *The Washington Wars: FDR's Inner Circle and the Politics of Power that Won World War II* (New York, NY: Bantam, 2019), 367。
66. 又稱慕尼黑陰謀，指二戰之前，英法兩國為避免戰爭爆發，與納粹德國和義大利簽訂《慕尼黑協定》，犧牲捷克斯洛伐克蘇台德區的一項綏靖政策。
67. 簡稱歐俄，指俄羅斯位於歐洲的部分。
68. David M. Glantz and Jonathan M. House, *When Titans Clashed: How the Red Army Stopped Hitler* (Lawrence, KS: University Press of Kansas, 2015), 71–72。
69. Tooze, *Wages of Destruction*, 588。
70. Glantz and House, *When Titans Clashed: How the Red Army Stopped Hitler*, Table D, 306。
71. MacGregor Knox, "Mass Politics and Nationalism as Military Revolution: The French Revolution and After," in *The Dynamics of Military Revolution, 1350–2050*, MacGregor Knox and Williamson Murray, eds. (Cambridge: Cambridge University Press, 2001), 65。
72. 作者應指法國戰役（英語：Battle of France），當時德國入侵法國和低地國家，最後德法簽署停戰協定，正式宣布停火。由法國元帥貝當領導的維琪法國中立政權取代了法蘭西第三共和國。法國淪陷以後，二戰時的歐洲西線戰場的地面戰事告一段落，直到一九四四年的諾曼第登陸為止。

第四章

1. Henry Kissinger, *Diplomacy* (New York, NY: Simon and Schuster, 1995), 41–47; Walter McDougall, *The Tragedy of U.S. Foreign Policy* (New Haven, CT: Yale University Press, 2016), 137。
2. 美西戰爭。在這場戰爭之後，美國成為加勒比海地區的主要勢力，同時獲得西班牙在太平洋的領地。
3. 美菲戰爭。美國戰勝，菲律賓第一共和國瓦解，菲律賓成為美國的非併入領土。
4. 古希臘伊比鳩魯學派的創始人，倡導享樂主義，此處隱喻為歡喜聆聽著。
5. James Bryce, *The American Commonwealth* (London: MacMillan and Co., 1891), Volume 1, 303。
6. Robert Kagan, *Dangerous Nation: America's Place in the World From its Earliest Days to the Dawn of the Twentieth Century* (New York, NY: Knopf, 2006), 302。
7. William C. Widenor, *Henry Cabot Lodge and the Search for an American Foreign Policy* (Berkeley, CA: University of California Press,

1980), 106。

8. "U.S. International Trade in Goods and Services, monthly, 1992–Present," accessed May 28, 2015, http://www.econdataus.com/tradeall.html。

9. 在美西戰爭期間，俄勒岡號花費了將近兩個月才從加州抵達佛羅里達州，因此美國亟需一條貫通東西兩岸的航道，遂與哥倫比亞磋商，打算購買興建運河的權利。然後，這項磋商旋即中斷，等到巴拿馬於一九〇三年脫離哥倫比亞而獨立之後，巴拿馬才允許美國興建運河並擁有運河沿岸的管理權。

10. Widenor, *Henry Cabot Lodge*, 105。

11. Akira Iriye, *Across the Pacific* (New York, NY: Harcourt, Brace, and World, 1967), 123。

12. Zara Steiner and Keith Neilson, *Britain and the Origins of the First World War* (New York, NY: St. Martin's Press, 1977), 175–76。

13. Walter F. Kuehl, *Seeking World Order: United States and the International Order to 1920* (Nashville, TN: Vanderbilt University Press, 1969), 48, 211。

14. 社會福音運動認為，人活在罪惡的社會而敗壞道德，若要讓人得救，首先必須改造社會。

15. Andrew Preston, *Sword of the Spirit, Shield of Faith: Religion in American War and Democracy* (New York, NY: Anchor, 2012), 185。

16. Dubin, "Elihu Root and the Advocacy of a League of Nations, 1914–1917," *The Western Political Quarterly* 19:3 (1966): 440。

17. Widenor, *Henry Cabot Lodge*, 134。

18. Robert E, Osgood, *Ideals and Self-Interest in American Foreign Policy* (Chicago, IL: University of Chicago Press, 1953), 87。

19. Dubin, "Elihu Root," 441–42。

20. Kuehl, *Seeking World Order*, 144; Harley Notter, *The Origins of the Foreign Policy of Woodrow Wilson* (Baltimore, MD: The Johns Hopkins Press, 1937), 276。

21. 威爾遜出生於維吉尼亞州。在南北戰爭時期，維吉尼亞加入南方州聯盟，並與反對蓄奴的西維吉尼亞州分離，其首府里奇蒙亦成為南方邦聯的首都。

22. Arthur S. Link, Wilson, Volume III: *The Struggle for Neutrality*, 1914–1915 (Princeton, NJ: Princeton University Press, 1960), 1。

23. 法國、英國與俄國在一九〇七年組成的協約國。

24. Americanism: *Woodrow Wilson's Speeches on the War*, Oliver Marble Gale, ed. (New York, NY: The Baldwin Syndicate, 1918), 20。

25. Woodrow Wilson, "Jackson Day," Speech in Indianapolis, January 8, 1915, American Presidency Project。

26. Philip C. Jessup, *Elihu Root* (New York, NY: Dodd Mead, 1938), Volume 2, 313–14。
27. Theodore Roosevelt, "The International Posse Comitatus," *New York Times,* November 8, 1914. Emphasis in original。
28. Carl Russell Fish, *American Diplomacy* (New York, NY: Henry Holt and Co., 1938), 427。
29. 蘇塞克斯號（Sussex）是定期往來英吉利海峽的法蘭西籍客輪，曾經遭到德國潛艦擊傷，造成兩名美籍旅客受傷，美方事後向德國提出嚴正抗議，以斷絕美德關係為要脅，逼迫德國上談判桌來達成這項承諾。
30. Arthur S. Link, Wilson, Volume V: *Campaigns for Progressivism and Peace,* 1916–1917 (Princeton, NJ: Princeton University Press, 1965), 23–24。
31. Link, *Wilson,* Volume V, 217。
32. "Scene in the Senate as the President Speaks," *New York Times,* January 23, 1917。
33. "Scene in the Senate as the President Speaks"。
34. John Milton Cooper, *The Vanity of Power: American Isolationism and the First World War, 1914–1917* (Westport, CT: Greenwood Publishing, 1969), 136。
35. Ronald Steel, *Walter Lippmann and the American Century* (London: Routledge, 1980), 108。
36. Stephen Gwynn, ed., *The Letters and Friendships of Sir Cecil Spring Rice, a Record* (Boston, MA: Houghton Mifflin Company, 1929), Volume 2, 376。
37. 請參閱："War Message," April 2, 1917, available at https://www.mtholyoke.edu/acad/intrel/ww18.htm。
38. Link, *Wilson,* Volume V, 402–5。
39. 請參閱："War Message," April 2, 1917。
40. Speech excepts, January 27–February 3, 1916, in *Americanism: Woodrow Wilson's Speeches on the War,* Oliver Marble Gale, ed. (Chicago, IL: Baldwin, 1918), 14; Arthur S. Link, *Wilson, Volume IV: Confusion and Crises* (Princeton, NJ: Princeton University Press, 1964), 46–48; Thomas Knock, *To End All Wars: Woodrow Wilson and the Quest for New World Order* (Princeton, NJ: Princeton University Press, 1995), 66; John M. Cooper, *Woodrow Wilson: A Biography* (New York, NY: Knopf, 2009), 326。
41. Knock, To *End All Wars,* 66; Cooper, *Woodrow Wilson,* 326。
42. "War Message," April 2, 1917。
43. Klaus Schwabe, *Woodrow Wilson, Revolutionary Germany, and Peacemaking, 1918–1919: Missionary Diplomacy and the Realities of Power* (Chapel Hill, NC: University of North Carolina Press, 2011), 20。

44. 英國自由黨政治家，曾在一九一六年至一九二二年間領導戰時內閣。
45. 他認為各民族應享有自決的權利，同時積極參與籌組國際聯盟，強調國際間以協調解決事務的重要性。
46. Schwabe, *Woodrow Wilson, Revolutionary Germany, and Peacemaking*, 33, 24。
47. Woodrow Wilson, "Fifth Annual Message," December 4, 1917, *The American Presidency Project*, available at https://www.presidency.ucsb.edu/documents/fifth-annual-message-6。
48. 曾任工黨主席（黨魁），一戰期間持反戰立場。
49. Allan Nevins, *Henry White: Thirty Years of American Diplomacy* (New York, NY: Harper and Bros., 1930), 344–45。
50. John A. Thompson, *Woodrow Wilson* (London: Routledge, 2002), 160。
51. 德國西北部萊茵河兩岸的土地。
52. Margaret MacMillan, *Paris 1919: Six Months that Changed the World* (New York, NY: Random House, 2003), 23。
53. Peter J. Yearwood, *Guarantee of Peace: The League of Nations in British Policy 1914–1925* (Oxford: Oxford University Press, 2009), 127。
54. 二戰結束以後，同盟國和軸心國（不包括納粹德國和大日本帝國）從一九四六年七月底到十中召開的巴黎和會來締結巴黎和平條約。
55. Nevins, *Henry White*, 357。
56. Knock, *To End All Wars*, 149–50, 153; Nevins, *Henry White, 359; Kuehl, Seeking World Order*, 227, 256。
57. Yearwood, *Guarantee of Peace*, 92。
58. George Bernard Noble, *Policies and Opinions at Paris, 1919: Wilsonian Diplomacy, the Versailles Peace and the French Public Opinion* (New York, NY: The MacMillan Company, 1935), 88, 200。
59. David Hunter Miller, *The Drafting of the Covenant* (New York, NY: G.P. Putnam Son's, 1928), Volume 2, 242–43。
60. Miller, *The Drafting of the Covenant*, Volume 2, 210; David Hunter Miller, *The Drafting of the Covenant* (New York, NY: G.P. Putnam Son's, 1928), Volume 1, 256。
61. Miller, *The Drafting of the Covenant*, Volume 1, 209。括號的強調是原文便有的。
62. Miller, *The Drafting of the Covenant*, Volume1, 169–70。
63. John M. Cooper, *Breaking the Heart of the World: Woodrow Wilson and the Fight for the League of Nations* (Cambridge: Cambridge University Press, 2001), 155。

64. Kuehl, *Seeking World Order*, 189。
65. John A. Garraty, *Henry Cabot Lodge: A Biography* (New York, NY: Knopf, 1953), 349a。
66. Jessup, *Elihu Root*, Volume 2, 313–14a。
67. legalist，又可譯成法律原則至上論者或法律學家。
68. Jessup, *Elihu Root*, Volume 2, 373。
69. Woodrow Wilson address, September 27, 1918; Woodrow Wilson Address, March 4, 1919; Woodrow Wilson Address, January 22, 1917, American Presidency Project。
70. Noble, *Policies and Opinions at Paris*, 116; and Knock, *To End All Wars*, 222。
71. Noble, *Policies and Opinions at Paris*, 220。
72. Woodrow Wilson, "Address at Boston," February 24, 1919, Cary T. Grayson Papers, Woodrow Wilson Presidential Library, http://presidentwilson.org/items/show/22126。
73. Woodrow Wilson, "War and Peace," in *The Public Papers of Woodrow Wilson*, Arthur S. Link et al., eds. (Princeton, NJ: Princeton University Press, 1967), Volume 2, 304–10。
74. 指美國。
75. Jason Tomes, *Balfour and Foreign Policy: The International Thought of a Conservative Statesman* (Cambridge: Cambridge University Press, 1997), 189; Yearwood, Guarantee of Peace, 60。
76. 指第一線，隨時可參加戰鬥。
77. David C. Evans and Mark R. Peattie, *Kaigun: Strategy, Tactics, and Technology in Imperial Japanese Navy, 1887–1941* (Annapolis, MD: Naval Institute Press, 2012), 192。
78. Sadao Asada, "From Washington to London: The Imperial Japanese Navy and the Politics of Arms Limitation, 1921–1930," *Diplomacy & Statecraft*, 4:3 (1993): 146, 151。
79. 沃倫·哈定（Warren Harding），美國歷史上公認做得最爛的總統，他在一九二一年當選美國總統，兩年後卻因心臟病突發，病逝於任內，享年五十七歲。
80. Cooper, *Breaking the Heart of the World*, 227。
81. 威爾遜總統屬於民主黨。
82. William Howard Taft, Address to the National Congress for a League of Nations, February 25, 1919, St. Louis。

83. 當時共和黨控制了參議院，兩黨針對美國加入國聯一事而激烈鬥爭，威爾遜因此中風昏倒。由於他拒絕妥協，美國加入國聯案最終未能在參議院過關，但國聯依舊於一九二〇年成立。
84. Gordon Martel, "A Comment," in *The Treaty of Versailles: A Reassessment after 75 Years*, Manfred F. Boemecke, Gerald D. Feldman, and Elisabeth Glaser, eds. (Cambridge: Cambridge University Press, 2006), 627。

第五章

1. Coalition Warfare。
2. 若想了解軸心國為何合作失敗，請參閱：Gerhard Weinberg, *A World at Arms* (Cambridge: Cambridge University Press, 1994), 744–49。
3. Alex Danchev, "Being Friends: The Combined Chiefs of Staff and the Making of Allied Strategy in the Second World War," in *War, Strategy, and International Politics: Essays in Honour of Sir Michael Howard*, Lawrence Freedman, Paul Hayes, and Robert O'Neill, eds. (Oxford: Clarendon Press, 1992), 204。
4. Maurice Matloff, "Allied Strategy in Europe," in *Makers of Modern Strategy from achiavelli to the Nuclear Age*, Peter Paret, ed. (Princeton, NJ: Princeton University Press, 1986), 682。
5. 探討這個主題的文獻多如牛毛。請參閱：Richard Overy, *Why the Allies Won* (London: Jonathan Cape, 1995); Warren Kimball, *Forged in War: Roosevelt, Churchill, and the Second World War* (New York, NY: William Morrow, 1997); Warren Kimball, *Churchill and Roosevelt: The Complete Correspondence* (Princeton, NJ: Princeton University Press, 1984). 至今仍然必不可缺少的是：Robert Sherwood, Roosevelt and Hopkins (New York, NY: Grosset and Dunlap, 1950)以及Herbert Feis, *Churchill, Roosevelt, Stalin: The War They Waged and the Peace they Sought* (Princeton, NJ: Princeton University Press, 1967)。Max Hastings, *Finest Years: Churchill as Warlord, 1940–1945* (London: Harper Collins 2009) 具有啟發性。關於羅斯福，請參閱：Doris Kearns Goodwin, *No Ordinary Time* (New York, NY: Simon & Schuster, 1994); Robert Dallek, *Franklin D. Roosevelt and American Foreign Policy, 1932–1945* (New York, NY: Oxford University Press, 1979)。Mark Stoler, *Allies and Adversaries: The Joint Chiefs of Staff, the Grand Alliance, a US Strategy in World War II* (Chapel Hill, NC: University of North Carolina Press, 2000) 也不可或缺。實用的官方歷史文獻包括：Maurice Matloff and John Snell, *Strategic Planning for Coalition Warfare, 1941–1942* (Washington, DC: Office of the Chief of Military History, 1953); Matloff, *Strategic Planning for Coalition Warfare, 1943–1944* (*1958*)。
6. Max Hastings, *Finest Years: Churchill as Warlord, 1940–1945* (London: HarperCollins, 2009), xviii。
7. 請參閱：Churchill to Roosevelt, May 20, 1940, in *Churchill and Roosevelt: The Complete Correspondence*, Kimball ed., Volume I, 40。
8. Robert Sherwood, *Roosevelt and Hopkins: An Intimate History*, revised edition (New York, NY: Grosset and Dunlap, 1950), 133。

9. Sherwood, Roosevelt and Hopkins, 150; Maurice Matloff and Edwin Snell, *Strategic Planning for Coalition Warfare, 1941–1942* (Washington, DC: Office of the Chief of Military History, Department of the Army, 1953), 13–21。
10. 小羅斯福是民主黨員。
11. 慕尼黑危機是導致第二次世界大戰的轉捩點之一。這場危機始於納粹德國要求吞併與德國接壤的捷克斯洛伐克的蘇台德地區。
12. Sherwood, Roosevelt and Hopkins, 149; David Kennedy, *Freedom from Fear*: The American People in Depression and War, 1929–1945 (New York, NY: Oxford University Press, 1999), 449–52。
13. 內維爾的話引述於：Matloff and Snell, *Strategic Planning for Coalition Warfare*, 22。
14. Kennedy, *Freedom from Fear*, 451。
15. John Morton Blum, *Roosevelt and Morgenthau* (Boston, MA: Houghton Mifflin, 1972), 348。
16. 又稱十月革命，這是一九一七年俄國革命中推翻俄羅斯帝國的二月革命後的第二次革命，布爾什維克推翻以克倫斯基為領導的俄國臨時政府。
17. 請參閱：Kimball, *Churchill and Roosevelt: The Complete Correspondence*, Volume I, 211。
18. 又稱羅斯福邱吉爾聯合宣言，由美國總統羅斯福和英國首相邱吉爾於一九四一年八月十三日在大西洋北部紐芬蘭阿金夏海灣的奧古斯塔號軍艦簽署，並在兩星期後公布。
19. 請參閱："Message to Congress on the 'Atlantic Charter' " (August 21, 1941) in *Nothing to Fear: The Selected Addresses of Franklin Delano Roosevelt, 1932–1945*, B.D. Zevin, ed. (Boston, MA: Houghton Mifflin, 1946), 284–86。
20. Dallek, *Franklin D. Roosevelt*, 287。
21. Gerhard Weinberg, *Germany, Hitler, and World War II* (Cambridge: Cambridge University Press, 1995), 195。
22. Franklin Roosevelt, "Fireside Chat on the Entrance of the United States into the War," December 9, 1941, in *Nothing to Fear*, Zevin, ed., 305, 308。
23. Henry Stimson and McGeorge Bundy, *On Active Service in Peace and War* (New York, NY: Harper & Brothers, 1947), 393。
24. 山本五十六，二戰期間擔任日本海軍聯合艦隊司令長官。
25. 語出克勞塞維茲的《戰爭論》。
26. 模糊的中東地理名稱，泛指地中海東部諸國及島嶼。
27. Churchill to Roosevelt, December 16–17, 1941, in *Churchill and Roosevelt*, Kimball, ed., Volume I, 294, 297–98。

28. Matloff and Snell, *Strategic Planning for Coalition Warfare*, 1941–1942, 104。
29. Danchev, "Being Friends," 196–97; Stoler, *Allies and Adversaries*, 64–65。
30. Danchev, "Being Friends," 202。
31. Alex Danchev, *Very Special Relationship: Field Marshal Sir John Dill and the Anglo-American Alliance* (London: Brassey's, 1986), 11。
32. Danchev, "Being Friends," 200。
33. Overy, *Why the Allies Won*, 28。
34. Overy, *Why the Allies Won*, 32。
35. 用於商路破襲的艦艇。
36. 請參閱：Craig Symonds, *World War II at Sea* (New York, NY: Oxford University Press, 2018), 103–29; Overy, *Why the Allies Won*, 25–62。
37. 位於英格蘭米爾頓凱恩斯布萊切利鎮內的一間宅邸。
38. 也可以指破譯的密碼。
39. Christopher Andrew, "Intelligence Collaboration between Britain and the United States during the Second World War," in *The Intelligence Revolution: A Historical Perspective*, Lt. Col. Walter T. Hitchcock, ed. (Washington, DC: Office of Air Force History, 1991), 111, 115; David Reynolds, *From World War to Cold War: Churchill, Roosevelt, and the International History of the 1940s* (New York, NY: Oxford University Press, 2006), 66。ULTRA指的是破譯德國高階密碼的工作。
40. Andrew, "Intelligence Collaboration," 114–17。
41. Symonds, *World War II at Sea*, 245。
42. 引述自安德魯・辛斯利爵士（Sir Harry Hinsley），出自Andrew, "Intelligence Collaboration," 115。
43. Sir Charles Webster and Noble Frankland, *The Strategic Air Offensive Against Germany, 1939–1945*, Volume I (London: HMSO, 1961), 353–63; Tami Davis Biddle, *Rhetoric and Reality in Air Warfare* (Princeton, NJ: Princeton University Press, 2004), 211–13。
44. 一九四三年，美國人遇到多雲時，也會開始進行穿越雲層的轟炸。在一九四〇年代中期，沒有任何一支空軍能夠進行如今所謂的「精準」轟炸。
45. Adam Tooze, *The Wages of Destruction: The Making and Breaking of the Nazi Economy* (London: Allen Lane, 2006), 598–603; Phillips Payson O'Brien, *How the War Was Won: Air Sea Power and Allied Victory in World War II* (Cambridge: Cambridge University Press, 2015), 349–57。

46. 又譯成加乘效應、增效作用或相乘效應。
47. Richard G. Davis, *Carl A. Spaatz and the Air War in Europe* (Washington, DC: Center for Air Force History, 1993), 590。
48. tephen Phelps, *The Tizard Mission: The Top-Secret Operation that Changed the Course of World War II* (Yardley, PA: Westholme Publishing, 2012), 143。
49. 美國政府在二戰期間將Sperry Top-Sider定位為美國海軍的官方用鞋。
50. Jennet Conant, *Tuxedo Park* (New York, NY: Simon and Schuster, 2003), 208。
51. Michael Howard, *The Mediterranean Strategy in the Second World War* (New York, NY: Praeger, 1968); Andrew Roberts, *Masters and Commanders: How Four Titans Won the War in the West* (New York, NY: Harper Perennial, 2008)。
52. Brooke as quoted by Brian Bond in "Alanbrooke and Britain's Mediterranean Strategy, 1942–1944" in *War, Strategy, and International Politics*, Freedman, ed., 180。
53. Matloff, "Allied Strategy in Europe," in *Makers of Modern Strategy*, Paret, ed., 688。
54. Phillips O'Brien, *How the War was Won*, 208。
55. Gerhard Weinberg, "Who Won World War II and How?," *Journal of Mississippi History* LVII:4 (1995): 279; Weinberg, *A World at Arms*, 611–12, 682–83。
56. Matloff, *Strategic Planning for Coalition Warfare*, 1943–1944, 495。
57. 請參閱：Bond, "Alanbrooke," 183, 185; and Danchev, "Being Friends," 208。
58. 請參閱：Churchill to Roosevelt, December 6, 1944, in *Churchill and Roosevelt*, Kimball, ed., Volume III, 438。
59. Michael Howard, "Total War in the Twentieth Century: Participation and Consensus in the Second World War," in *War and Society: A Yearbook of Military History*, Brian Bond and Ian Roy, eds. (New York, NY: Holmes and Meier, 1975), 221。
60. Overy, *Why the Allies Won*, 261。
61. David Reynolds, *Summits: Six Meetings that Shaped the Twentieth Century* (New York, NY: Basic Books, 2007), 106。軍事史學家福雷斯特・波格（Forrest Pogue）指出，在一九四四年六月至八月期間，德軍在東部戰線的傷亡人數約為九十萬人。他還解釋道，俄國發動攻勢時，得到了租借法案的大力援助。請參閱：*The Supreme Command* (Washington, DC: Center of Military History, 1954), 247。
62. Weinberg, *A World at Arms*, 709–11, 731–34。
63. 這項宣言規定這三大國要保證能夠通力合作，對新近被解放的國家實施民族自決原則。

64. S.M. Plokhy, *Yalta: The Price of Peace* (New York, NY: Penguin, 2011), xix, xx, 152–65; 196–206; 392–404。
65. Overy, *Why the Allies Won*, 249–51。
66. Danchev, "Being Friends," 209。
67. The Marshall Plan，官方名稱為歐洲復興計畫。
68. Reynolds, *From World War to Cold War* (New York, NY: Oxford University Press), 70。

第六章

1. Lyndon Hermyle LaRouche, Jr., *The Toynbee Factor is British Grand Strategy: An Executive Intelligence Review Strategic Study* (New York, NY: EIR News Service, 1982)。
2. 某位學者甚至指出，湯恩比的戰時備忘錄為英國參與建立聯合國「奠定了基礎」。這種對湯恩比讚譽出自於：Raymond Douglas, *The Labour Party, Nationalism and Internationalism, 1939–1951* (London: Routledge, 2004), 106–7, 112, 118–19。其實，湯恩比的影響力有限，而且是間接的。以英國的聯合國政策為例，主要貢獻者是時任英國外交部經濟與重建處（Economic and Reconstruction Department）處長格拉德溫·傑布，以及歷史學者查爾斯·韋伯斯特（Charles Webster），他是湯恩比在外國研究和新聞事務部（Foreign Research and Press Service）的同事。請參閱參見：Andrew Ehrhardt, "The British Foreign Office and the Creation of the United Nations Organization, 1941–1945," doctoral thesis submitted to King's College London, November 2020。
3. John Bew, "World Order: Many-Headed Monster or Noble Pursuit?," *Texas National Security Review 1:1* (2017): 14–35。
4. 指一九〇一年至一九一〇年英國國王愛德華七世在位時期。
5. William H. McNeill, *Arnold J. Toynbee: A Life* (New York, NY: Oxford University Press, 1989), 26。
6. Arnold Toynbee and Philip Toynbee, *Comparing Notes: A Dialogue Across a Generation* (London: Weidenfeld and Nicolson, 1963), 114, 118。
7. Arnold Toynbee, *Nationality & The War* (London: J.M. Dent, 1915), v。
8. Toynbee, *Nationality & The War*, 6。
9. Toynbee, *Nationality & The War*, 7, 10–11。
10. 這次會議的目的是要解決法國大革命戰爭和拿破崙戰爭導致的一系列關鍵問題，從而保證歐洲能夠長久維持和平。

11. Toynbee, *Nationality & The War*, 488。
12. Toynbee, *Nationality & The War*, 499–500。
13. 請參閱：Erik Goldstein, "Historians Outside the Academy: G. W. Prothero and the Experience of the Foreign Office Historical Section, 1917–20," *IHR Historical Research* 63:151 (1990): 195–211。
14. Arnold Toynbee, *The Tragedy of Greece: A Lecture delivered for the Professor of Greek to Candidates for Honours in Literae Humaniores at Oxford in May 1920* (Oxford: Clarendon Press, 1921), 6, 9。
15. 人類進行選擇和以選擇來影響世界的能力，通常與「自然力」相對，而agency又可翻譯成「能動性」。
16. Toynbee, *Tragedy of Greece*, 5–6。
17. Mark Mazower, *Governing the World: The History of an Idea* (New York, NY: Penguin, 2012), 194。
18. Arnold Toynbee, "America, England, and World Affairs," Harper's Monthly Magazine, December 1, 1925, 488。他在別處寫道：「西方科學發明日益進展，其勢萬難抵擋，因此大英帝國……被逐漸連結到歐陸最危險的地域。」Arnold Toynbee, *The Conduct of British Empire Foreign Relations Since the Peace Settlement* (London: Oxford University Press, 1928), 8。
19. 大英帝國殖民地制度下一個特殊的政體，擁有獨立議會，乃是殖民地邁向獨立的最後一步。一九三一年《威斯敏斯特法》（Statute of Westminster）確認加拿大、澳大利亞、紐西蘭、南非、愛爾蘭和紐芬蘭屬於英國的自治領。
20. Toynbee, "America, England, and World Affairs," 488。
21. Toynbee, *The Conduct of British Empire Foreign Relations*, 15–24。
22. Arnold Toynbee, *The World After the Peace Conference* (London: Oxford University Press, 1925), 56。
23. Toynbee, *The Conduct of British Empire Foreign Relations*, 29–30。
24. Toynbee, *The World After the Peace Conference*, 91。
25. 湯恩比指出，前提是大英帝國能夠「創建基礎穩固的英聯邦。」Toynbee, "America, England, and World Affairs," 489。
26. Toynbee, "America, England, and World Affairs," 490。
27. William H. McNeill, *Arnold J. Toynbee: A Life* (New York, NY: Oxford University Press, 1989), 128。
28. Toynbee, *The Conduct of British Empire Foreign Relations*, 10。
29. Toynbee, "America, England, and World Affairs," 488。
30. Arnold Toynbee, "World Order or Downfall?" BBC, November 10–December 15, 1930, MS. 13967/80, Toynbee Papers, Bodleian

Library, University of Oxford。

31. 麥克尼爾特別指出，前三冊主要「提供宏觀的背景，藉此倡導集體安全（collective security）」。McNeill, *Arnold J. Toynbee*, 160。
32. Arnold Toynbee, *A Study of History*, Volume III (London: Oxford University Press, 1934), 133。
33. Toynbee, *A Study of History*, Volume III, 204。
34. Arnold Toynbee, *A Study of History*, Volume IV (London: Oxford University Press, 1939), 319。
35. Toynbee, *A Study of History*, Volume IV, 3–4。
36. 粗體是他的強調字眼。Toynbee, *A Study of History*, Volume III, 304。
37. 蘭克認為勢力平衡是一項機制，可讓歐洲文明的獨特社會有序集結在一起，但湯恩比卻認為勢力平衡大有問題，即使政治家心存善念，費盡心思調和鼎鼐，仍然無法避免戰爭。
38. Toynbee, *A Study of History*, Volume III, 305。
39. 優於憲法和法律的上蒼法則或道德原則。
40. Toynbee, *A Study of History*, Volume IV, 320。
41. Toynbee, "The Issues in British Foreign Policy," *Royal Institute of International Affairs* 17:3 (1938): 307–407, esp. 309–10。
42. Toynbee, "The Issues in British Foreign Policy," 308, 318。
43. Toynbee, "The Issues in British Foreign Policy," 331–32。
44. Toynbee, "The Issues in British Foreign Policy," 332。
45. Christopher Brewin, "Arnold Toynbee, Chatham House, and Research in a Global Context," in *Thinkers of the Twenty Years' Crisis*, David Long and Peter Wilson, eds. (Oxford: Clarendon Press, 1995), 277–301, here 277。
46. Memorandum by Lionel Curtis, January 25, 1940, in Papers of Lionel Curtis, Bodleian Archives, University of Oxford; Michael Cox, "Review Essay: E. H. Carr, Chatham House and Nationalism," *International Affairs* 97:1 (2021): 219–28; Lionel Curtis, "World Order," *International Affairs* 18:3 (1939): 301–20。

   「世界秩序籌備小組」（World Order Preparatory Group）成立於一九三九年七月，隨即更名為「世界秩序研究小組」。Lionel Curtis to John Fischer Williams, November 8, 1939, MS, Curtis 111, Papers of Lionel Curtis, Bodleian Archives, University of Oxford。
47. 第一批論文於一九四〇年四月發表，其中包括：Sir John Fischer Williams on "World Order: An Attempt at an Outline"; Gilbert

Murray on "Federation and the League"; Sir William Beveridge on "Peace By Federation"; J.A. Spender commenting on the papers of Murray and Beveridge; and P. Horsfall on "Some Doubts as to the Imminence of the Millennium"。

48. 有關外國研究和新聞服務處的成立背景，請參閱：Andrea Bosco, *Federal Union and the Origins of the "Churchill Proposal"* (London: Lothian Foundation Press, 1992), 144, 154–58; Robert Keyserlingk, "Arnold Toynbee's Foreign Research and Press Service, 1939–43 and Its Post-War Plans for South-East Europe," *Journal of Contemporary History* 21:4 (1986): 542–46。

49. Toynbee, *A Study of History*, Volume IV, 298。

50. Copy of telegram from the Minister of External Affairs, Pretoria, to the High Commissioner, London, July 17, 1940, Number 547, FO 371/25207/W8805, Foreign Office Records, The National Archives, Kew, United Kingdom。

51. Duff Cooper to Foreign Secretary Lord Halifax, July 29, 1940, FO 800/325。

52. 該委員會由克萊門特・艾德禮（Clement Attlee）主持，成員包含樞密院議長（Lord President of the Council）、掌璽大臣（Lord Privy Seal，艾德禮本人）、空軍大臣（Secretary of State for Air）、外交大臣（Secretary of State for Foreign Affairs）、勞工和國民服務部大臣（Minister of Labour and National Service），以及資訊大臣（Minister of Information）。War Cabinet conclusions, August 23, 1940, W.M. (40) 233 Conclusions, CAB 65/8, The National Archives。

53. Duff Cooper, "Committee on War Aims: Proposed Terms of Reference," Note by the Minister of Information, W.A. (40) 2, October 7, 1940, copy in CAB 21/1581。

54. Clement Attlee to Arnold Toynbee, October 9, 1940, CAB 21/1581。

55. 湯恩比指的是小羅斯福和加拿大總理麥肯齊・金（Mackenzie King）於一九四〇年八月十七日簽署的《奧格登斯堡協議》（Ogdensburg Agreement）。

56. Arnold Toynbee, "Suggestions for a Statement on War Aims." This was circulated to the War Aims Committee by the Lord Privy Seal Clement Attlee on December 6, 1940。請參閱：CAB 87/90。

57. Arnold Toynbee, "The Spiritual Basis of Our War Aims," undated, CAB 21/1581。

58. Lord Halifax to Clement Attlee, October 23, 1940, CAB 21/1581；也請參閱：Lord Halifax, "The Spiritual Basis of Our War Aims." 幾個月以後，哈利法克斯提交了一份更長的備忘錄，內容充滿了宗教論述。請參閱：Draft Statement on War Aims, circulated by the Secretary of State for Foreign Affairs, W.A. (40) 14, November 13, 1940, CAB 87/90。

59. George Crystal to Arnold Toynbee, February 12, 1941, CAB 117/78。

60. Arnold Toynbee, "Prolegomena to Peace Aims," April 5, 1941, CAB 117/79。

61. 請參閱：Arnold Toynbee, "World Sovereignty and World Culture: The Trend of International Affairs Since the War," *Pacific Affairs*, 4:9

(1931): 753–78。

62. Memorandum by Arnold J Toynbee, "British-American World Order," July 25, 1941, FO 371/28902/W9336。
63. Memorandum by Arnold Toynbee, "The Oceanic versus the Continental Road to World Organisation: The Two Roads and their History," June 30, 1941, FO 371/28902/W9336。
64. Memorandum by Arnold Toynbee, "Why Great Britain Cannot Cut Herself off from the Continent," June 30, 1941, FO 371/28902/W9336。
65. Gladwyn Jebb minute, November 4, 1942, FCO 73/264/Pwp/42/48, as quoted in Sean Greenwood, *Titan at the Foreign Office: Gladwyn Jebb and the Shaping of the Modern World* (Leiden: Martinus Nijhoff Publishers, 2008), 164。
66. Minute by Laurence Collier, September 28, 1940, FO 371/25208/W10484。
67. P.A. Reynolds and E.J. Hughes, *The Historian as Diplomat: Charles Kingsley Webster and the United Nations, 1939–1946* (London: Martin Robertson, 1976)。
68. 傑布在一份戰後規劃的重要備忘錄中寫道，西歐是「文明的搖籃和母體，如今幾乎已傳播到全球每個角落」。他也非常重視英國所發揮的領導作用。他警告說，如果英國拒絕，「我們獨特的文明必然會崩潰，或者融合成古怪的新形態。」Memorandum by Gladwyn Jebb, "The 'Four-Power' Plan," October 20, 1942, 10–11, copy in FO 371/31525/U783。
69. 分裂和孤立的。
70. Toynbee, *A Study of History*, Volume I (London: Oxford University Press, 1934), 8。
71. Elie Kedourie, *The Chatham House Version and Other Middle Eastern Studies* (New York, NY: Praeger, 1970)。

第七章

1. 史學家們廣泛討論過希特勒的戰略和世界觀，近期的一個觀點出自於：Brendan Simms, *Hitler: Only the World Was Enough* (London: Penguin 2019)。對史達林最全面的論述仍然出自於Stephen Kotkin所撰寫的三冊史達林傳記。請參閱：Stephen Kotkin, *Stalin: Volume I: Paradoxes of Power, 1878–1928* (New York, NY: Penguin, 2014)；以及Stephen Kotkin, *Stalin:* Volume II: *Waiting for Hitler, 1928–1941* (New York, NY: Penguin, 2017)；另有Oleg Khlevniuk, *Stalin. New Biography of a Dictator* (New Haven, CT: Yale University Press, 2007)。已有很多著作討論希特勒的戰略。若想要瞭解各方論述，請參閱下面著作的章節："Nazi Foreign Policy. Hitler's Programme or 'Expansion without Object,' " in Ian Kershaw's *The Nazi Dictatorship: Problems and Perspectives of Interpretation* (London: Bloomsbury, 1985)。關於希特勒在入侵法國前已構思出「閃電戰」概念一事，下面著作已經詳加說明：Karl-Heinz Frieser, *The Blitzkrieg Legend: The 1940 Campaign in the West* (Annapolis, MD: Naval Institute Press, 2005)。至於德

國的戰時經濟和希特勒在其中所扮演的角色，Adam Tooze已經在其經典的著作探討：*The Wages of Destruction: The Making and Breaking of the Nazi Economy* (London: Penguin, 2006)。另請參閱：David Stahel, *Operation Barbarossa and Germany's Defeat in the East* (Cambridge: Cambridge University Press, 2009); Klaus Schmider, *Hitler's Greatest Miscalculation* (Cambridge: Cambridge University Press, 2011); Brendan Simms and Charlie Laderman, *Hitler's American Gamble: Pearl Harbor and the German March to Global War* (London: Basic Books, 2021)。關於史達林的資料較少，至少英語文獻是如此，但仍可參閱：Alexander Hill, "Stalin and the West," in *Companion to International History*, Gordon Martel, ed. (Hoboken, NJ: Wiley-Blackwell, 2007), 257–68; Sean McMeakin, *Stalin's War* (London: Basic Books, 2021); Milan Hauner, "Stalin's Big-Fleet Program," *Naval War College Review* 57 (2004): 87–120; Jonathan Haslam, *The Soviet Union and the Threat from the East, 1933–1941: Moscow, Tokyo and the Prelude to the Pacific War* (Pittsburgh, PA: Palgrave MacMillan, 1992)。有關冷戰早期的作品，請參閱：R.C. Raack, *Stalin's Drive to the West, 1938–1945: The Origins of the Cold War* (Stanford, CA: Stanford University Press, 1995); David Holloway, *Stalin and the Bomb: The Soviet Union and Atomic Energy, 1939–1956* (New Haven, CT: Yale University Press) and Silvio Pons, "Stalin, Togliatti, and the Origins of the Cold War in Europe," *Journal of Cold War Studies* 3:2 (2001): 3–27。Alfred J Rieber下面的著作因為出版太晚而無法收錄於本書：*Stalin as Warlord* (New Haven, CT; London: Yale University Press, 2022)。另有比較這二人的有趣文章，請參閱：Richard Overy, *The Dictators. Hitler's Germany. Stalin's Russia* (London: W.W. Norton, 2004); Alan *Bullock's Hitler and Stalin: Parallel Lives* (London: Vintage Books, 1991); Ian Kershaw and Moshe Lewin, eds., *Stalinism and Nazism: Dictatorships in Comparison* (Cambridge: Cambridge University Press, 1997); Roger Moorhouse, *The Devil's Alliance: Hitler's Pact with Stalin: 1939–1941* (New York, NY: Basic Books, 2014)。

2. Kotkin, *Stalin*, Volume II, 73–74。
3. Simms, *Hitler*, 96。
4. Kotkin, *Stalin*, Volume 1, 515。
5. Kotkin, *Stalin*, Volume 2, 44。
6. Vladislav Zubok and Constantine Pleshakov, *Inside the Kremlin's Cold War: From Stalin to Khrushchev* (Cambridge, MA: Harvard University Press, 1996), 4。
7. 人民陣線於一九三六年贏得西班牙大選後組成政府，但帶有法西斯主義色彩的右翼軍人發動內戰，歷經將近三年的戰鬥，人民陣線政府垮台，左翼領導人紛紛流亡，人民陣線便不復存在。
8. 又稱《德蘇互不侵犯條約》。
9. 如今的聖彼得堡。
10. 白俄羅斯的一個城市。

11. Simms and Laderman, *Hitler's American Gamble*, 35。
12. 納粹德國的地方長官。
13. Simms and Laderman, *Hitler's American Gamble*, 361。
14. Simms, *Hitler*, 450。
15. Simms and Laderman, *Hitler's American Gamble*, 60。
16. Simms, *Hitler*, 533。
17. Simms, *Hitler*, 534。
18. 英國外交大臣寇松在一九二〇年就波蘇戰爭提出的停火線。
19. Hannes Adomeit, "The German factor in Soviet Westpolitik," *Annals of the American Academy* 481 (1985): 17。
20. Kathryn Weathersby, *The Soviet Aims in Korea and the Origins of the Korean War, 1945–1950: New Evidence from Russian Archives*, Cold War International History Project, Woodrow Wilson International Center for Scholars, Working Paper Number 8, November 1993, 7。
21. Jonathan Haslam, "Soviet War Aims," in *The Rise and Fall of the Grand Alliance, 1941–45*, Ann Lane and Howard Temperley, eds. (London: Palgrave MacMillan, 1995), 27。
22. Andreas Hillgruber, *Die Zerstoerung Europas: Beitraege zur Weltkriegsepoche, 1914 bis 1945* (Frankfurt: Propyläen, 1988), 363。
23. 又稱聯合國國際組織會議。
24. Mark Mazower, *No Enchanted Palace: The End of Empire and the Ideological Origins of the United Nations* (Princeton, NJ: Princeton University Press, 2009), 7。
25. Caroline Kennedy-Pipe, *Russia and the World, 1917–1991* (London: Bloomsbury, 1998), 84。
26. Jonathan Haslam, "The Cold War as History," *Annual Review of Political Science 6* (2003):77–98, 92。
27. Melvyn P. Leffler, "Inside Enemy Archives," *Foreign Affairs* (July–August 1996), 132。
28. 二戰期間納粹德國海軍元帥，在希特勒自殺後繼任總統，成為德國二戰前的末代總統。
29. 馬歇爾計畫（The Marshall Plan）。
30. Simms, *Hitler*, 269。

第八章

1. 此處的觀點屬於作者個人，不一定是美國政府、美國國防部、美國海軍部或美國海軍戰爭學院的想法。
2. 若更想深入了解中國如何崩潰，請參閱：Bruce A. Elleman and S.C.M. Paine, *Modern China: Continuity and Change, 1644 to the Present*, 2nd ed. (Lanham, MD: Rowman & Littlefield, 2019), 259–97, 323–29。
3. 又稱聯俄容共。
4. Stuart R. Schram, ed., *Mao's Road to Power: Revolutionary Writings 1912–1949*, Volume 2 (Armonk, NY: M.E. Sharpe, 1994), xxx, xxxix, xlvi, xlix, 411, 425, 429。
5. 又稱中央蘇維埃區域，主要位於江西省南部和福建省西部。
6. Schram, *Mao's Road to Power*, Volume 3, lv。
7. Schram, *Mao's Road to Power*, Volume 3, 124。
8. Schram, *Mao's Road to Power*, Volume 7, 375。
9. Schram, *Mao's Road to Power*, Volume 3, 214。
10. Schram, *Mao's Road to Power*, Volume 3, 216, 283。
11. Schram, *Mao's Road to Power*, Volume 3, 217。
12. Schram, *Mao's Road to Power*, Volume 3, 227。
13. Schram, *Mao's Road to Power*, Volume 3, 202, 254。
14. Schram, *Mao's Road to Power*, Volume 3, 76。
15. Schram, *Mao's Road to Power*, Volume 3, 76。
16. Schram, *Mao's Road to Power*, Volume 3, 77。
17. 在我們第三版編輯的書中，這個框架來於：Andrea J. Dew and Marc Genest, *From Quills to Tweets: How America Communicates about War and Revolution* (Washington, DC: Georgetown University Press, 2019), 1, 8。
18. Srikanth Kondapalli, "China's Political Commissars and Commanders: Trends & Dynamics," No. 88, Institute of Defence and Strategic Studies, Singapore, October 2005, 45, 29. https://www.rsis.edu.sg/wpcontent/uploads/rsispubs/WP88.pdf。關於第二個引文，請參閱：Schram, Mao's Road to Power, Volume 3, 294。
19. Schram, *Mao's Road to Power*, Volume 3, 294–95。
20. Schram, *Mao's Road to Power*, Volume 3, 214。

21. Schram, *Mao's Road to Power*, Volume 6, 358。
22. Schram, *Mao's Road to Power*, Volume 3, 221。
23. Schram, *Mao's Road to Power*, Volume 2, 387。
24. Schram, *Mao's Road to Power*, Volume 2, 386。
25. Schram, *Mao's Road to Power*, Volume 1, xviii; Schram, *Mao's Road to Power*, Volume 2, 425, 429–64; Schram, *Mao's Road to Power*, Volume 3, 296–418, 594–655, 658–67; Schram, *Mao's Road to Power*, Volume 4, 413–30, 504–18, 550–67, 584–622, 623–40。
26. Schram, *Mao's Road to Power*, Volume 7, 816。
27. Schram, *Mao's Road to Power*, Volume 2, 453。
28. Schram, *Mao's Road to Power*, Volume 3, 74。
29. Schram, *Mao's Road to Power*, Volume 4, 435。
30. Schram, *Mao's Road to Power*, Volume 5, 281。
31. Schram, *Mao's Road to Power*, Volume 4, 434。
32. Schram, *Mao's Road to Power*, Volume 3, 559。
33. Schram, *Mao's Road to Power*, Volume 4, 436。
34. Schram, *Mao's Road to Power*, Volume 4, 437。
35. chram, *Mao's Road to Power*, Volume 4, 437, 440。
36. Schram, *Mao's Road to Power*, Volume 5, 272–73。
37. Schram, *Mao's Road to Power*, Volume 7, 298–99。粗體字部分是後續版本插入的文本。
38. Schram, *Mao's Road to Power*, Volume 3, 74。
39. Schram, *Mao's Road to Power*, Volume 1, xix; Schram, *Mao's Road to Power*, Volume 3, xix。
40. Schram, *Mao's Road to Power*, Volume 2, xlvii; 陳梅芳 [Chen Meifang], "試論十年內戰時期國民黨政府的農村經濟政策" ["On the Rural Economic Policy of the Nationalist Government, 1927–1937"], 中國經濟史研究 [Research in Chinese Economic History Quarterly],4 (1991): 63–76; 邱松慶 [Qiu Songqing], "簡評南京國民政府初建時期的農業政策" ["Comment on the Agricultural Policy of the Early Nanjing Government"], 中國社會經濟史研究 [Research on Chinese Social and Economic History], 4 (1999): 72–76。
41. S.C.M. Paine, *The Wars for Asia*, 1911–1949 (New York, NY: Cambridge University Press, 2012), 57–69。

42. 中東鐵路，亦即「中國東方鐵路」，原稱「大清東省鐵路」。
43. 中東路事件，或稱為一九二九年中蘇衝突。
44. 張生 [Zhang Sheng], "南京民國政府初期關稅改革述評" ["A Discussion of Customs Reform in the Early Nanjing Nationalist Government"], 近代史研究 [Modern Chinese History Studies], 74:2 (1993): 208–12。
45. Schram, *Mao's Road to Power*, Volume 3, 656; Schram, *Mao's Road to Power*, Volume 5, 476: Bruce A. Elleman and S.C.M. Paine, Modern China, 356–57。
46. Schram, *Mao's Road to Power*, Volume 5, 505。
47. Schram, *Mao's Road to Power*, Volume 5, 503。
48. Schram, *Mao's Road to Power*, Volume 7, 374, 376。
49. Schram, *Mao's Road to Power*, Volume 5, 489, 495, 501。
50. Schram, *Mao's Road to Power*, Volume 5, 456–57; 536–37。
51. Schram, *Mao's Road to Power*, Volume 6, 178–80, 324–25, 342–43; Schram, *Mao's Road to Power*, Volume 7, 375, 505。
52. Schram, *Mao's Road to Power*, Volume 5, 265–66。
53. Mao Tsetung, *On Guerrilla Warfare*, trans. Samuel B. Griffith II (Urbana, IL: University of Illinois Press, 1961), 52, 53, 56。作者雖署名毛澤東，但疑為其屬下代筆。
54. Mao Tse-tung, *On Guerrilla Warfare*, 52–53, 56。
55. Schram, *Mao's Road to Power*, Volume 3, lx; Schram, *Mao's Road to Power*, Volume 4, xxviii, xxxii–xxxiv, xciv; Schram, Mao's Road to Power, Volume 5, xxxviii, 488–89。
56. Schram, *Mao's Road to Power*, Volume 5, 505。
57. S.C.M. Paine, *The Wars for Asia*, 116。
58. "Facism,"Oxford Reference (Oxford: Oxford University Press, 2002), https://www.oxford reference.com/view/10.1093/oi/authority.20110803095811414。
59. Paine, *Wars for Asia*, 90–105。
60. Paine, *The Wars for Asia*, 133。
61. 又稱重慶作戰或四川作戰，抗日後期日本陸軍預定於一九四三年春季發動來攻占國民政府陪都重慶的作戰。

62. 石島紀之 [Ishijima Noriyuki], 中国抗日戦争史 [A History of China's Anti-Japanese War] (Tokyo: 青木書店, 1984), 171; 江口圭一 [Eguchi Kei-ichi], "中国戦線の日本軍" ["The Japanese Army on the China Front"] in 十五年戦争史 [A History of the Fifteen Year War, Volume 2], 藤原彰 [Fujiwara Akira] and 今井清一 [Imai Seiichi], eds. (Tokyo: 青木書店, 1989), 60–62; Edward L. Dreyer, China at War, 1901–1949 (London: Longman, 1995), 253–54; Dagfinn Gatu, Village China at War: The Impact of Resistance to Japan 1937–1945 (Vancouver, Canada: UBC Press, 2008), 357–60。

63. Jay Taylor, *The Generalissimo: Chiang Kai-shek and the Struggle for Modern China* (Cambridge, MA: Harvard University Press, 2009), 169, 298。

64. Paine, *The Wars for Asia*, 140。

65. Paine, *The Wars for Asia*, 169, 219。

66. 防衛庁防衛研修所戦史部 [Japan Defense Agency, National Defense College and Military History Department], eds., 関東軍 [*The Kantō Army*, Volume 2] (Tokyo: 朝雲新聞社, 1974), 296。

67. 又稱「大陸打通作戰」，亦即豫湘桂會戰，這是戰爭末期日本陸軍於河南、湖南和廣西貫穿三地進行的戰鬥。

68. Paine, *The Wars for Asia*, 200–3。

69. 《毛澤東私人醫生回憶錄》書中寫道：當田中為日本大戰期間的侵華罪行道歉時，毛說如果沒有日本侵華，也就沒有共產黨的勝利，更不會有今天的會談。

70. Li Zhisui, *The Private Life of Chairman Mao, trans.* Tai Hung-chao (New York, NY: Random House, 1994), 567–68。

71. Jonathan Templin Ritter, *Stilwell and Mountbatten in Burma: Allies at War, 1943–1944* (Denton, TX: University of North Texas Press, 2017), 33–34, 42, 56。

72. Paine, *The Wars for Asia*, 196–200。

73. Schram, *Mao's Road to Power*, Volume 6, 465。

74. Schram, *Mao's Road to Power*, Volume 5, 481–83。

75. Mao Tse-tung, *On Guerrilla Warfare*, 100; Schram, *Mao's Road to Power*, Volume 6, 468。

76. Schram, *Mao's Road to Power*, Volume 6, 341。

77. 又稱八年抗戰，對日抗戰或日本侵華戰爭。

78. Schram, *Mao's Road to Power*, Volume 6, 381。

79. Schram, *Mao's Road to Power*, Volume 6, 344。

80. Schram, *Mao's Road to Power*, Volume 5, 78。
81. Schram, *Mao's Road to Power*, Volume 5, 525。
82. 真刀真槍的戰爭。
83. 統計戰鬥結束後敵方的死亡人數。
84. Schram, *Mao's Road to Power*, Volume 4, 413。
85. Schram, *Mao's Road to Power*, Volume 7, 368。
86. Schram, *Mao's Road to Power*, Volume 5, 285。

莫若以明書房 BA8049

當代戰略全書 3・全球戰爭時代的戰略

一戰和二戰時期的戰略，如何形塑之後的國際政治

原文書名／The New Makers of Modern Strategy: From the Ancient World to the Digital Age
[Part Three: Strategy in an Age of Global War]
編　　者／霍爾・布蘭茲（Hal Brands）
譯　　者／吳煒聲
責任編輯／陳冠豪
版　　權／顏慧儀
行銷業務／周佑潔、林秀津、林詩富、吳藝佳、吳淑華

線上版讀者回函卡

總 編 輯／陳美靜
總 經 理／彭之琬
事業群總經理／黃淑貞
發 行 人／何飛鵬
法律顧問／台英國際商務法律事務所
出　　版／商周出版
115020 台北市南港區昆陽街 16 號 4 樓
電話：(02) 2500-7008　傳真：(02) 2500-7579
E-mail: bwp.service@cite.com.tw
發　　行／英屬蓋曼群島商家庭傳媒股份有限公司　城邦分公司
115020 台北市南港區昆陽街 16 號 8 樓
讀者服務專線：0800-020-299　24 小時傳真服務：(02) 2517-0999
讀者服務信箱 E-mail: cs@cite.com.tw
劃撥帳號：19833503　戶名：英屬蓋曼群島商家庭傳媒股份有限公司城邦分公司
訂購服務／書虫股份有限公司客服專線：(02) 2500-7718；2500-7719
服務時間：週一至週五上午 09:30-12:00；下午 13:30-17:00
24 小時傳真專線：(02) 2500-1990；2500-1991
劃撥帳號：19863813　戶名：書虫股份有限公司
E-mail: service@readingclub.com.tw
香港發行所／城邦（香港）出版集團有限公司
香港九龍土瓜灣土瓜灣道 86 號順聯工業大廈 6 樓 A 室
E-mail: hkcite@biznetvigator.com
電話：(852) 25086231　傳真：(852) 25789337
馬新發行所／城邦（馬新）出版集團 Cite (M) Sdn. Bhd.
41, Jalan Radin Anum, Bandar Baru Sri Petaling, 57000 Kuala Lumpur, Malaysia.
電話：(603) 9056-3833　傳真：(603) 9057-6622　E-mail: services@cite.my

國家圖書館出版品預行編目（CIP）資料

全球戰爭時代的戰略：一戰和二戰時期的戰略，如何形塑之後的國際政治 / 霍爾 . 布蘭茲 (Hal Brands) 編；吳煒聲譯 . -- 初版 . -- 臺北市：商周出版：英屬蓋曼群島商家庭傳媒股份有限公司城邦分公司發行，2024.09
面；　公分 . -- (當代戰略全書；3)(莫若以明書房；BA8049)
譯自：The new makers of modern strategy : from the ancient world to the digital age.
ISBN 978-626-390-243-5(平裝)
1.CST: 軍事戰略 2.CST: 國際關係
592.4　　113011494

封面設計／兒日設計　　內文排版／簡至成
印　　刷／鴻霖印刷傳媒股份有限公司
經 銷 商／聯合發行股份有限公司　地址：新北市新店區寶橋路 235 巷 6 弄 6 號 2 樓
電話：(02) 2917-8022　傳真：(02) 2911-0053

2024 年 9 月 5 日初版 1 刷　　Printed in Taiwan
定價：499 元（紙本）／ 370 元（EPUB）　版權所有，翻印必究
ISBN: 978-626-390-243-5（紙本）/ 9786263902398（EPUB）

城邦讀書花園
www.cite.com.tw